Introduction to Computer-aided Translation

计算机辅助翻译入门

主 编 吕 奇 杨元刚

副主编 刘文高

编 者 吕 奇 杨元刚 刘文高

梅 先 赵丹宏 骆 琪

李 聪 杜 嘉 左媛媛

U0250213

WUHAN UNIVERSITY PRESS
武汉大学出版社

图书在版编目(CIP)数据

计算机辅助翻译入门/吕奇,杨元刚主编.—武汉:武汉大学出版社,
2015.5(2020.12 重印)
ISBN 978-7-307-15481-0

Ⅰ.计… Ⅱ.①吕… ②杨… Ⅲ.自动翻译系统—研究 Ⅳ.TP391.2

中国版本图书馆 CIP 数据核字(2015)第 066370 号

责任编辑:林 莉 责任校对:汪欣怡 版式设计:马 佳

出版发行:**武汉大学出版社** (430072 武昌 珞珈山)
 (电子邮箱:cbs22@ whu.edu.cn 网址:www.wdp.com.cn)
印刷:武汉图物印刷有限公司
开本:787×1092 1/16 印张:24.75 字数:579 千字 插页:1
版次:2015 年 5 月第 1 版 2020 年 12 月第 5 次印刷
ISBN 978-7-307-15481-0 定价:48.00 元

前　　言

一、编写背景

自 2006 年和 2007 年我国分别开设翻译本科专业（BTI）和翻译硕士专业（MTI）以来，翻译学科取得了蓬勃发展，已逐渐成为国内高校新的学科增长点。截至 2014 年 7 月，全国获准开办翻译硕士专业的高校已达 206 所，开办翻译本科专业学位的高校达到 152 所。①与此同时，国内翻译市场的新变化又给翻译人才培养带来了影响，为此高校必须顺应翻译行业发展趋势，结合翻译市场需求，培养出更多实践型、创新型、应用型翻译人才；而"计算机辅助翻译"课程建设正是顺应了这一形势要求。全国翻译硕士专业学位教育指导委员会和教育部高等学校翻译本科专业教学协作组在近三年年会上特别强调：应加强"计算机辅助翻译"课程建设，重视培养学生掌握现代化翻译工具的能力。教育部高等学校翻译本科专业教学协作组（2012：4-8）更是将"计算机辅助翻译"课程列为"翻译知识与技能"模块，并将翻译工具能力列为本科翻译专业翻译能力基本要求之一。这些都凸显了"计算机辅助翻译"课程建设的重要性与紧迫性。

然而时至今日，全球化与本地化的浪潮已席卷世界，在翻译产业与翻译技术的发展已如火如荼之际，不少高校师生尚不了解 MT（机器翻译）与 TM（翻译记忆）的区别，对 CAT（计算机辅助翻译）知之甚少，甚至以为"译者所需要做的，就是将包含源语的电子文档导入电脑，便可静候电脑将翻译好的译文一一呈上"（Samuelsson-Brown，2010：83）。他们要么不曾了解、不愿了解甚至不屑了解 CAT：在他们的认知当中，所谓的 CAT 能做的不过是产出一些荒诞可笑的译文；要么是对 CAT 心存敬畏，仿佛那是充满神秘色彩而触不可及的高科技。类似这种认识上的两重误区，不仅存在于学生群体，也存在于一些关在象牙塔里闭门造车的高校学者之中。（吕奇，2014：89）

因此，本书旨在以教材的形式，为高校翻译本科专业（BTI）和翻译硕士专业（MTI）的"计算机辅助翻译"课程建设与实践型、创新型、应用型翻译人才培养提供参考，其适用对象主要为翻译本科专业和翻译硕士专业学生，也适合于计算机辅助翻译初学者和爱好者自学，同时为国内高校从事计算机辅助翻译教学的同行提供借鉴。

二、本书特点

作为一本入门级教材，本书在编写理念、内容安排和行文方式上具有以下三大特点：

---

① 数据来源：中国译协网，http：//www.tac-online.org.cn/ch/tran/2014-07/23/content_ 7085283. htm.

1

在编写理念上，本书明确定位为"计算机辅助翻译"课程学习入门级教材，在理论与实践相结合的基础上，意在突出计算机辅助翻译实践性、应用性强的特点，着眼于为读者揭开计算机辅助翻译的神秘面纱，帮助他们"走近"并"走进"计算机辅助翻译的世界——使其通过系统学习本书中的内容，厘清计算机辅助翻译的一些基本概念，消除认识上的一些误区；了解计算机辅助翻译的基本原理，掌握多种国内外主流计算机辅助翻译软件和工具的基本操作，锻炼动手能力；并对翻译项目管理和本地化翻译等相关知识形成初步的认知，以适应相关行业和领域的工作需要。

在内容安排上，本书框架明晰，内容丰富，详略得当。全书共分十章并设置了附录，分为五大模块，可供一个学期使用。

- "模块一"为本书第一章，侧重理论铺垫，主要概述计算机辅助翻译发展简史、基本概念与工作原理。
- "模块二"为本书第二章，侧重广义层面的翻译工具应用介绍。
- "模块三"包括第三章至第九章，为本书核心模块，侧重介绍与讲解数款国内外主流计算机辅助翻译软件的基本功能与操作流程。
- "模块四"为本书第十章，侧重介绍计算机辅助翻译技术在翻译项目管理中的实际运用。
- "模块五"为附录部分，侧重提供国内外计算机辅助翻译网站、论坛、视频教学资源；同时介绍翻译行业服务规范的国家标准。

上述各章均附有思考与练习题，供读者参考使用，结合素材自行操练。需要说明的是，本书第三章至第九章重点介绍的计算机辅助翻译软件，尽量选取其最新版进行讲解（例如 SDL Trados Studio 2014、传神 iCAT 和雪人 CAT，国内鲜有同类教材涉及此三款软件最新版的入门指南）。即便如此，在编写期间，有的软件又发布了更新版（例如 Déjà Vu X3 和 memoQ 2014），因而这些内容，有待日后再版时予以更新和修订。

在行文方式上，本书以平实、简洁的语言对计算机辅助翻译基本概念和软件工具操作方法进行述介与讲解。在述介基本概念时，尽量避免过多使用艰涩难懂的术语；如无法避免，则尽量以脚注等形式加以解释。在讲解操作方法时，力求杜绝简单罗列操作说明书上的步骤，而是对流程中每个重要环节随列随释，予以必要的说明、强调和指导，即不仅告诉读者应当怎样做，还要告诉为何要这样做。

除了上述三大特点以外，本书在编写团队人员构成方面也有着创新尝试，即采取"校企合作"模式。编写团队成员除了在高校从事翻译教学和研究工作多年的学者，还邀请了武汉大学珞珈人翻译有限公司总经理刘文高先生、传神（中国）网络科技有限公司项目经理梅先生和上海予尔信息科技公司项目经理赵丹宏先生等在翻译项目管理和计算机辅助翻译实践方面具有丰富实战经验的业内专家参与本书的审校和编写工作。这种在编写团队人员构成上的"校企合作"模式，有效保证了本书在理论和实践上能够有机结合，优势互补，避免"纸上谈兵"的现象。

综上所述，本书所起到的作用，正如为读者打开一扇门，推开一扇窗；而计算机辅助翻译更为奇幻的风景，有待读者进一步去领略、去探索、去发现。

三、编写说明

本书的编写工作得到了以下机构和人士的鼎力相助，作者谨致谢忱：

感谢传神（中国）网络科技有限公司和北京东方雅信软件技术有限公司提供以及上海予尔信息科技公司、佛山市雪人计算机有限公司和上海泰彼信息科技有限公司（中国代表处）授权使用的技术手册资料；感谢崔启亮博士、王华树博士、曾立人教授、闫栗丽女士，是他们在作者参加由中国翻译协会、全国翻译硕士专业学位教育指导委员会和教育部高等学校翻译专业教学协作组举办的"首届全国高等院校翻译专业师资翻译与本地化技术、翻译与本地化项目管理培训班"期间，传道授业解惑，将作者带进了计算机辅助翻译的神奇世界；感谢武汉大学出版社叶玲利编辑、林莉编辑和湖北大学外国语学院江晓梅教授，她们为本书的策划、撰写和出版等工作提供了宝贵建议和大力协助，在此表示衷心的感谢。

本书由吕奇和杨元刚共同设计编写框架和体例，刘文高和杨元刚参与部分章节的初稿审校。全书各章节具体编写情况如下：第一章由吕奇编写；第二章由杜嘉和左媛媛共同编写；第三章由吕奇和赵丹宏共同编写；第四章和第七章由骆琪和杨元刚共同编写；第五章和第九章由吕奇和李聪共同编写；第六章由梅先编写；第八章由李聪编写；第十章由刘文高编写；附录部分由吕奇和左媛媛共同整理编写；全书最后由吕奇负责统稿、修订和审校。

由于编者水平有限，而本书涉及的领域发展又日新月异，书中难免存在一些疏漏和不妥之处，敬请各位专家、同行和广大读者批评指正。

吕　奇

2015 年 2 月

湖北大学逸夫人文楼

目　　录

第一章　计算机辅助翻译概述

计算机辅助翻译，英文名为 Computer-aided Translation 或 Computer-assisted Translation，缩写为 CAT。它不同于以往的机器翻译，不是纯粹依赖于计算机的自动翻译，而是在人的参与下完成整个翻译过程；它能够帮助译者优质、高效、轻松地完成翻译工作。本章将简要回顾计算机辅助翻译发展史，厘清计算机辅助翻译的基本概念，并对国内外若干主流计算机辅助翻译软件进行介绍。

第一节　计算机辅助翻译发展简史①

对于计算机辅助翻译发展史，国内学者如张政（2006）、钱多秀（2011）、陈善伟（2014）等有着不同的划分依据，在关键概念上也存在计算机翻译、计算机辅助翻译、电脑辅助翻译等差异。此处，我们借鉴陈善伟（2014）的划分方式，将计算机辅助翻译②发展简史划分为以下四个阶段——第一阶段：萌芽初创期（1967—1983）；第二阶段：稳步发展期（1984—1992）；第三阶段：迅速发展期（1993—2002）；第四阶段：全球发展期（2003 至今）。

一、第一阶段：萌芽初创期

计算机辅助翻译源于机器翻译，而机器翻译则始于计算机的发明。自 1946 年第一台计算机 ENIAC 问世以来，机器翻译在世界各国发展迅速。1947 年，洛克菲勒基金会（Rockerfeller Foundation）的瓦伦·韦弗（Warren Weaver）与英国伦敦大学伯克贝克学院（Birkbeck College，University of London）安德鲁·唐纳德·布思（Andrew Donald Booth）是最早提议用新发明的计算机来翻译自然语言的两位学者。（Chan，2004：290-291）

随后，西方一些国家纷纷建立机器翻译研究机构，相继召开国际会议，机器翻译蓬勃发展起来。然而，1966 年，美国语言自动处理咨询委员会（Automatic Language Processing Advisory Committee，简称 ALPAC）公布的报告指出：机器翻译是一次失败的尝试，没有发展前景。受其影响，机器翻译的研究陷入了萧条。（张政，2006：3）。

作为计算机辅助翻译中的一个主要概念与功能，翻译记忆恰好在这一时期出现绝非偶

---

① 本部分参考了陈善伟（2014）的相关内容。

② 陈善伟（2014）在《翻译科技新视野》一书中使用的是"电脑辅助翻译"这一术语，该术语在香港地区使用更为普遍；为保证术语的统一规范性，如无特殊说明，本书全部使用"计算机辅助翻译"。

然。按照约翰·哈钦斯（John Hutchins）的说法，翻译记忆的概念可以追溯到 20 世纪 60 年代至 80 年代。1978 年，艾伦·梅尔比（Alan Melby）在杨伯翰大学（Brigham Young University）翻译研究组研究机器翻译和开发交互式翻译系统（Interactive Translation System）时，已经将翻译记忆的概念融入"重复处理"（Repetition Processing）工具中，从中寻找匹配的字符串（Melby, 1978；Melby & Warner, 1995：187）。次年，彼得·阿芬恩（Peter Arthern）在欧盟委员会就是否应该采用机器翻译的研讨会上提出"以文本检索翻译"（Translation by Text-retrieval）的方法。由此可见，在 20 世纪 70 年代末至 80 年代，翻译记忆的概念已经确立。虽然哈钦斯认为首先提出翻译记忆理念的是阿芬恩，但梅尔比与阿芬恩几乎在同一时间提出翻译记忆的概念，因此可以并称为翻译记忆概念的先驱。（陈善伟，2014：3）

翻译记忆的概念最早应用于梅尔比与他在杨伯翰大学的研究伙伴共同开发的商用"自动化语言处理系统"（automated processing systems, ALPS）。该系统可提供之前译过的完全相同的分段（Hutchins, 1998：291）。部分学者将这种完全匹配（full match）的功能类型归为第一代翻译记忆系统（Elita & Gavrila, 2006：24-26；Gotti et al., 2005；Kavak, 2009）。它的主要缺点在于完全匹配的句子数量极少，翻译记忆重复使用的机会极少，翻译记忆库的作用亦很小（王正，2011：141）。

其后，翻译记忆技术在相当长的一段时间内还只是处于探索阶段，并未出现真正意义上的商用计算机辅助翻译系统。因此，从 1967 年到 1983 年这段时期只能算作计算机辅助翻译发展的萌芽初创期。

二、第二阶段：稳步发展期

1984—1992 年是计算机辅助翻译的稳步发展期。这一时期，伴随着公司运作，计算机辅助翻译系统逐步走向商业化，其发展规模也日趋庞大。

1984 年，最早的两家计算机辅助翻译公司成立，它们分别是德国塔多思公司（Trados GmbH）和瑞士的 STAR 集团（STAR Group）。这两家公司对计算机辅助翻译的发展带来了深远的影响。德国塔多思公司由约亨·胡梅尔（Jochen Hummel）和希科·克尼森（Iko Knyphausen）在斯图加特创立。该公司以软件服务商为开端，在成立那年，致力于 IBM 公司的翻译项目，后来又为协助完成项目而开发计算机辅助翻译软件。因此，Trados 软件的开发与应用可视为计算机辅助翻译稳步发展的起点（陈善伟，2014：4-5）。

计算机辅助翻译系统商业化始于 1988 年，当时国际商业机器公司日本分公司的住田荣一郎（Eiichiro Sumita）和堤丰（Yutaka Tsutsumi）发布了 Easy TO Consult（ETOC）工具，该工具实质上是一款升级版的电子词典。虽然该系统并未使用"翻译记忆"这个术语，而是将译文数据库依然称作"词典"，但它显然已经基本具备了现在"翻译记忆"的基本特征（Sumita & Tsutsumi, 1988：2）。

1990 年，塔多思公司发布首个术语库 MultiTerm，它是磁盘操作系统（DOS）储存与记忆的多术语管理工具。这个工具极具创意，将所有数据存储于单一及结构自由的数据库，条目按照用者自定义属性进行分类（Eurolux Computers, 1992a；http：//www.translationzone.com；Wassmer, 2011）。

1991 年，瑞士 STAR 集团的 Transit 1.0 32 位磁盘操作系统版向全世界发行。该版本 1987 年开始研发，一直只供公司内部使用。Transit 1.0 的模块是当前计算机辅助翻译系统的标准功能，具有分隔但又同步的源语与译语窗口及有标记保护的专用翻译编辑器、翻译记忆引擎、术语管理组件及项目管理功能。从系统发展的角度来看，术语管理和项目管理这两个概念始于 Transit 1.0。

1992 年，塔多思公司发布了名为 Trados 的第一套商用计算机辅助翻译系统，标志着商用计算机辅助翻译系统的开端（陈善伟，2014：6）。

这一年也可以看作是计算机辅助翻译区域扩展的开端，各国生产的翻译软件进步神速：

德国塔多思公司发布了计算机辅助翻译系统 Translator's Workbench I 及 DOS 版的 Translator's Workbench II。此外，塔多思公司开始在全球建立分公司，扩大市场（Brace，1994；Eurolux Computers，1992；http：//www. translationzone.com；Hutchins，1988：287-307）。美国国际商业机器公司发布 Translation Manager/2（TM/2），配备已整合在演示管理界面（presentation manager interface）下的多种翻译辅助工具的操作系统 Operating System/2（OS/2）。此系统可能是第一个加入机器翻译系统的混合计算机辅助翻译系统（Brace，1993；Wassmer，2011）。此外，斯韦特兰娜·索科洛娃（Svetlana Sokolova）和亚历山大·谢列布里亚科夫（Alexander Screbryakov）这两位俄罗斯专家于 1991 年在圣彼得堡创建 Promt 公司。该公司除了研发机器翻译技术外，还向用户提供全方位的翻译解决方案。同时，英国也成立了专门从事翻译软件生产的公司。由马克·兰开斯特（Mark Lancaster）成立的 SDL 国际有限公司，提供软件全球化服务（陈善伟，2014：7）。

三、第三阶段：迅速发展期

1993—2002 年是计算机辅助翻译的迅速发展期。之所以将其划分为迅速发展期，主要是以下列三个方面为特征：

一是商用计算机辅助系统越来越多，其内置功能越来越强大。1993 年以前，市场上只有三个计算机辅助翻译系统，即塔多思 Translator's Workbench II、国际商业机器公司的 TM/2 及 STAR 集团的 Transit 1.0。1993 年到 2003 年这 10 年间，约有 20 个计算机辅助翻译系统经开发后在市场销售，包括被人熟知的 Déjà Vu、Eurolang Optimized、Wordfisher、SDLX、ForeignDesk、TransSuite 2000、雅信 CAT、Wordfast、Across、OmegaT、MultiTrans、华建、Heartsome①及译经。在这个时期，商用计算机辅助翻译系统增长速度是以前的 6 倍。同时，这一阶段开发的基本组件功能更多，有更多组件逐渐嵌入计算机辅助翻译系统中。在所有新开发的功能中，对齐、机器翻译及项目管理的工具最为突出。例如塔多思的 Translator's Workbench II 中嵌入了 T Align 对齐功能，后来被称为 WinAlign。其他系统例如 Déjà Vu、SDLX、Wordfisher 及 MultiTrans 也相继采取这一行动。机器翻译也嵌入计算机辅助翻译系统之中，并用于处理翻译记忆库中无法找到的字段（陈善伟，2014：8-13）。值

---

① 瀚特盛（Heartsome）公司，因财务状况等方面的原因，已于 2014 年 7 月 31 日停止运营，并终止任何技术支持。

得一提的是，随着市场领导地位越来越巩固，这一时期的塔多思，已然成为业界先锋和市场领导者，拥有包括 Trados Translator's Workbench（Windows 和 DOS 版本）、MultiTerm Pro、MultiTerm Lite 及 Multi Term Dictionary 等一系列翻译软件。

二是窗口操作系统（windows operating system）越来越居于主导地位。1993 年之前建立的计算机辅助翻译系统是在 DOS 或 OS/2 系统上进行的。1993 年这些系统的 Windows 版纷纷推出，逐渐成为主流。例如，国际商业机器公司和塔多思公司分别在年中发布 Windows 版的 TM/2 和 Translator's Workbench，当年 6 月在西班牙发布的 ATRIL Déjà Vu 1.0 初版，其他在 Windows 运行的新发布的系统包括 SDLX、ForeignDesk、Trans Suite 2000、雅信 CAT、Across、MultiTrans、华建及译经（陈善伟，2014：13）。

三是支持的文件格式越来越多，支持翻译的语言数目越来越大。这阶段的计算机辅助翻译系统可以直接或通过过滤器（filter）处理更多的文件格式，包括 Adobe InDesign、FrameMaker、HTML、Microsoft PowerPoint、Excel、Word、QuarkXPress 甚至是 PDF 等。相比于 1992 年的 Translator Workbench Editor（只支持 5 种欧洲语言，即德语、英语、法语、意大利语和西班牙语），这一时期由国际商业机器公司研发的 TM/2 能够支持 19 种语言，包括汉语、韩语和其他 OS/2 兼容的编码字符集。这在很大程度上是由于 1994 年统一码（Unicode 3.0）的贡献。统一码提供了任何语言在所有现代软件的文本数据处理、存储和交换的依据，从而让计算机辅助翻译系统开发商逐步解决语言处理上的障碍（陈善伟，2014：14）。

四、第四阶段：全球发展期

2003 年以后，计算机辅助翻译在全球众多国家都取得了长足的发展，翻译技术继续走向全球化。北美（如加拿大、美国等国）、欧洲（如英国、法国、德国、匈牙利、卢森堡、瑞士、捷克、俄罗斯等国）、亚洲（如中国、日本等国）均研发或升级了最新的计算机辅助翻译系统，其功能也日趋强大。陈善伟（2014：28-29）将这段时期呈现出的主要趋势归纳为以下四点：

一是注重 Windows 和 Microsoft Office 的系统兼容性。目前市场上的 67 种商用系统，只有一种不可以在 Windows 操作系统上运行。许多计算机辅助翻译系统为求兼容，都力求紧跟 Windows 和 Microsoft Office 的前进步伐。

二是将工作流程控制嵌入计算机辅助翻译系统中。除了再用或循环使用重复性文本和文本术语的翻译外，在此期间开发的系统都有新增功能，例如项目管理、拼写检查、质量保证和内容控制。以 SDL Trados Studio 2011 为例，该版本可为大多数语言进行拼写检查，还配备了 PerfectMatch 2.0，可对源文件进行追踪修订。市场上大多数系统都可以执行语境匹配功能，即翻译文件和翻译记忆库中的上下文语段是完全相同的匹配。

三是利用网络或在线系统。由于新的信息技术快速发展，这一阶段大多数计算机辅助翻译系统以服务器、网络甚至是云端为基础，有很大的数据存储量。到 2012 年底，市场上可供个人或企业使用的云端计算机辅助翻译系统共有 15 种。如 Lingotek Collaborative Translation Platform，SDL World Server 及 XTM Cloud（Muegge，2012：17-21）。

四是采用计算机辅助翻译系统新格式。由于不同计算机辅助翻译系统有不同格式，系统与系统之间的数据交换一直是一个棘手的问题，如 Déjà Vu X 的格式是 dvmdb，而 SDL Trados Translator's Workbench 8.0 的格式是 tmw。由于这些特定格式的程序不能相互识别，行业内便不能实现数据共享。过去，国际本地化行业标准协会在数据交换标准的发展和推广中曾起过显著作用，如断句规则交换标准，翻译记忆交换格式、术语库交换标准及 XML 本地化交换文件格式。可以预测，为进一步方便数据交换，未来系统的发展方向之一是格式要符合行业标准。

所有数据表明，在过去几十年间，翻译技术发展日新月异，且必将在未来数十年继续保持其发展势头（钱多秀，2011）。

第二节 计算机辅助翻译基本概念

一、计算机辅助翻译 = 机器翻译？

不少计算机辅助翻译初学者，时常混淆计算机辅助翻译和机器翻译两个概念之间的差别，事实上二者在核心技术、工作原理和人工参与程度等方面均有本质不同。钱多秀（2011：2）曾指出，多年来大部分人想当然地以为计算机辅助翻译就是机器翻译，是全自动的。因此我们只有厘清计算机辅助翻译与机器翻译的几个关键概念，消除误解，才能为下一步的学习作好铺垫。这种区分有助于初学者对 CAT 有更为准确的定位和认知。下面我们首先初步了解一下机器翻译的基本概念与工作原理。

1. 机器翻译的基本概念

机器翻译（machine translation）是使用电子计算机把一种语言（源语言，source language）翻译成另外一种语言（目标语言，target language）的一门新学科。这门新学科也同时是一种新技术。它涉及语言学、计算机科学、数学等许多部门，是非常典型的多边缘的交叉学科（冯志伟，2007）。

Hutchins & Somers（1992：148）将翻译过程中人与机器的参与程度和不同角色总结为图 1.1。

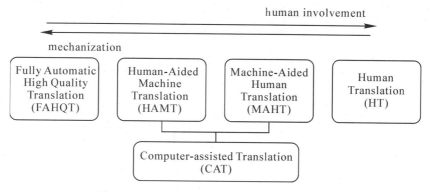

图 1.1 机器翻译与人工翻译参与程度关系图

图 1.1 最左侧一级为全自动高质量机器翻译（fully automatic high quality machine translation，简称为 FAHQT），此时机器参与程度最大，人工参与程度最小（无限接近于零），是最接近真正意义上的机器翻译形式，也是最为理想的一种机器翻译形式，但目前在现实中难以实现；最右侧一级为人工翻译（human translation，简称为 HT），此时人工参与程度最大，机器参与程度最小（无限接近于零）。图示中居中的两级，称作机器辅助翻译（machine assisted translation，简称为 MAT），是利用人机交互来共同完成翻译任务的一种方式，也是最接近真正意义上的计算机辅助翻译形式。MAT 又可以进一步划分为人辅机译（human-aided machine translation，简称为 HAMT）和机辅人译（machine-aided human translation，简称 MAHT）。二者的区别在于，人辅机译以机器为主，人在关键部分或计算机处理较难的部分给机器以辅助，如消歧；而机辅人译以人为主，机器帮助人进行各种简单的翻译工作，如查词典、查例句等。

2. 机器翻译的工作原理[①]

根据核心技术和算法不同，机器翻译可分为四种基本类型：
（1）基于规则的机器翻译
基于规则是指机器翻译系统建立在语言规则的基础上，包括直接法、转换法和中间语言法。
直接法是指把源语（source language，简称为 SL）的单词和句子直接替换成目标语（target language，简称为 TL）的单词和句子，在必要的时候对语序进行适当调整（Hutchins & Somers，1992：72）。其工作原理如图 1.2 所示。

图 1.2　直接法原理图（张政，2006：19）

转换法是指利用中间表达式在源语和目标语之间过渡，又可进一步分为句法转换和语义转换（Hutchins，1986：54）。转换法分三个步骤进行：第一步是把源语转换成源语的表达式，第二步是把源语的表达式转换成目标语的表达式，第三步是把目标语的表达式转换成目标语也就是译文。其工作原理如图 1.3 所示。

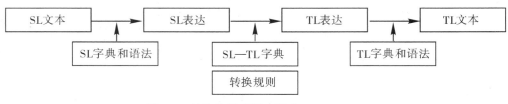

图 1.3　转换法原理图（张政，2006：21）

---

① 本部分参考了钱多秀（2011）的相关内容。

中间语言法是指把源语转换成一种无歧义的、对任何语言都通用的中间语言（interiingua），再用目标语的词汇和句法结构表达中间语言的意义（Hutchins，1986：55）。其工作原理如图1.4所示。

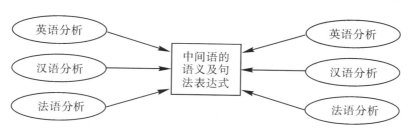

图1.4　中间语言法原理图（张政，2006：21）

（2）基于统计的机器翻译

基于统计的机器翻译方法把机器翻译看成是一个信息传输的过程，用一种信道模型对机器翻译进行解释。源语言句子到目标语言句子的翻译是一个概率问题，任何一个目标语言句子都有可能是任何一个源语言句子的译文，只是概率不同，机器翻译的任务就是找到概率最大的句子。具体方法是将翻译看做对原文通过模型转换为译文的解码过程。因此统计机器翻译又可以分为以下几个问题：模型问题、训练问题、解码问题。所谓模型问题，就是为机器翻译建立概率模型，也就是要定义源语言句子到目标语言句子的翻译概率的计算方法。而训练问题，是要利用语料库来得到这个模型的所有参数。所谓解码问题，则是在已知模型和参数的基础上，对于任何一个输入的源语言句子，去查找概率最大的译文。基于统计的机器翻译工作原理如图1.5所示。

$$S \longrightarrow 噪声信道 \longrightarrow T$$

图1.5　基于统计的机器翻译工作原理图（冯志伟，2004：45）

（3）基于实例的机器翻译

与基于统计的机器翻译方法相同，基于实例的机器翻译方法也是一种基于语料库的方法，其基本思想由日本著名的机器翻译专家长尾真提出。他研究了英语初学者的基本模式，发现初学英语的人总是先记住最基本的英语句子和对应的日语句子，而后做替换练习。参照这个学习过程，他提出了基于实例的机器翻译思想，即不经过深层分析，仅仅通过已有的经验知识，通过类比原理进行翻译。其翻译过程是首先将源语言正确分解为句子，再分解为短语碎片，接着通过类比的方法把这些短语碎片译成目标语言短语，最后把这些短语合并成长句。对于实例方法的系统而言，其主要知识源就是双语对照的实例库，不需要什么字典、语法规则库之类的东西，核心的问题就是通过最大限度的统计，得出双语对照实例库。基于实例的机器翻译系统原理图如图1.6所示。

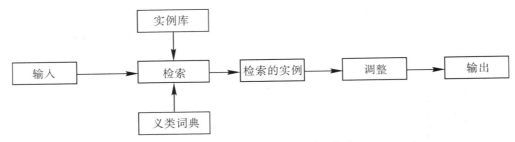

图 1.6　基于实例的机器翻译系统原理图（张政，2006：25）

二、计算机辅助翻译核心技术——翻译记忆

1. 翻译记忆的基本概念

所谓翻译记忆（亦称翻译内存、翻译记忆库，英文名为 translation memory，缩写为 TM），是指将已经翻译并匹配好的源语和目标语字段储存在数据库中以备将来重新利用。这些已翻译好的字段仍然是人工翻译的结果。它的特点是能够将翻译流程中涉及纯粹记忆的活动，比如术语的匹配和自动搜索提示、高度相似句子的记忆和复现交给计算机来做，免除翻译人员反复查找名词之苦，使其能全力对付语义的转换和传递（Somers，2003：31）。

2. 翻译记忆的工作原理

由于专业翻译领域所涉及的翻译资料数量巨大，而范围相对狭窄，集中于某个或某几个专业，如政治、经济、军事、航天、计算机、通信等专业都有自己的专业翻译公司或部门，这就必然带来翻译资料的不同程度的重复。据统计，在不同行业和部门，这种资料的重复率达到 20%~70%。这就意味着译者至少有 20% 以上的工作是无谓的重复劳动。翻译记忆技术就是从这里着手，首先致力于消除译者的重复劳动，从而提高工作效率。

翻译记忆（TM）的工作原理是：译者利用已有的原文和译文，建立起一个或多个翻译记忆库（translation memory），在翻译过程中，系统将自动搜索翻译记忆库中相同或相似的翻译资源（如句子、段落），给出参考译文，使译者避免无谓的重复劳动，只需专注于新内容的翻译。翻译记忆库同时在后台不断学习和自动储存新的译文，变得越来越"聪明"，效率越来越高。如果用通俗的语言来概括翻译记忆的作用，那就是：有了翻译记忆，译者永远不必对同一句话翻译两遍。

以图 1.7 为例，译者将双语对齐句段 "XYZ is a software company" 和 "XYZ 是一个翻译公司" 存储到翻译记忆库中，后又将 "XYZ provides Translation Memory technology" 和 "XYZ 提供翻译记忆技术" 存储到同一个翻译记忆库中。以此类推，该翻译记忆库会通过不断积累，存储越来越多的双语对齐句段。译者每次翻译新的文档，程序会先分析这段文字，试着在记忆库里找寻当前翻译句段是否与过去曾经翻译过的句段相符。如果找到相符的句段，则会呈现出来给译者检阅编辑。例如，当译者翻译的当前句段为 "XYZ is a software company" 时，会提示译者该句段与记忆库中存储句段 100% 匹配；当译者翻译的当前句段为"XYZ provides Translation Memory software"时，会提示译者该句段与记忆库中存储句段高度匹配（例如93%），并提示译者当前句段与记忆库中存储句段在哪些地方不一致（例如图1.7中标为红色的"软件"一词，与记忆库中存储的句段"XYZ 提供翻译记忆技术"在局部存在不一致），译者只须进行编辑、修改，不用重新翻译，这样就可以大幅提升翻译工作的效率。

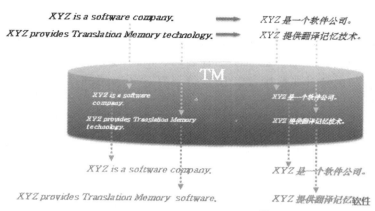

图1.7　翻译记忆工作原理图①

　　需要注意的是，译者对旧有的翻译可以选择接受、拒绝或是加以修改。若当前翻译句段与记忆库中存储句段存在完全不匹配（no match）的情况，译者需要手动进行翻译。无论是加以修改，还是手动翻译，翻译过的新句段也会被记录并存储到记忆库中，使得该记忆库像滚雪球一样越来越庞大。这样一来，随着时间的推移和记忆库的积累，翻译成本会越来越低，如图1.8所示。

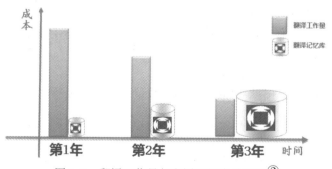

图1.8　翻译工作量与翻译记忆库关系图②

---

　　①　该图引自首届全国高等院校翻译专业师资翻译与本地化技术、翻译与本地化项目管理培训班王华树（2012）课件。

　　②　该图引自首届全国高等院校翻译专业师资翻译与本地化技术、翻译与本地化项目管理培训班王华树（2012）课件。

翻译记忆库多见于计算机辅助翻译工具、文字编辑程序、专用术语管理系统（terminology management systems）、多语词典甚至是纯机器翻译的输出之中。翻译记忆库对于翻译一个从过去既有文件逐步增修的状况来说很有帮助，在某些技术文件或是操作手册等重复率较高的文档翻译中，可以发挥较大的作用。例如记忆库中如存储有 iPhone 5S 说明书的双语对齐句段，则下次在翻译 iPhone 6 说明书时，该记忆库可发挥较大作用。相比之下，翻译记忆库在文学或是创意文件里的作用不及前者，主要是因为这些类型的文本其重复性较低，术语一对一匹配的情况相对有限，译者风格等主观因素和文化、意识形态等客观因素对译文影响较大。然而，不可因此全盘否定翻译记忆库在文学文本翻译中的作用，例如在人名、地名、专有名词、术语的统一性方面，翻译记忆库依然有其用武之地，国内学者如徐彬（2010）等就有过多次将翻译记忆技术运用到文学作品翻译的成功尝试。

3. 翻译记忆的主要功能①

（1）离线功能

● 导入

这一功能是用来将外部的文字与翻译从文字档案传输到翻译记忆库里。导入功能的来源档案可以是原生档案，也可以是其他业界标准的翻译记忆档案。有些翻译记忆库若是以其他形式储存，则必须通过一些格式转换才能完成导入。

● 分析

分析的过程可以细分为下列几项：

a. 文句分析（textual parsing）

辨识文句的标点符号相当重要，例如，必须能正确辨认文句结尾的句点与缩写的句点，正确判定文句结尾的位置。其他应视为文句段落的标点符号或是标记也必须尽量辨识出来。例如在多数的状况之下问号、感叹号等也是文句结尾的判定之一，很多状况之下例如冒号、换行符等也会被作为文句段落的辨识标记。译者在正式开始翻译之前，通常都要先对文句进行标记，该动作是将不须被翻译的符号或是段落给予特定标记，将必须被翻译的文句给予另一种标记。

b. 句法分析（linguistic parsing）

句法分析旨在减少文句中基本形态字词的数量，做法是从文章中提取出专用术语、词组等。

c. 区段化（segmentation）

其目的是找出最有用的翻译单元（translation unit）。与文句分析有些类似，区段化是在单一语言下进行，并使用可定义的规则来进行表面的分析，例如可定义哪些特定类型的符号或是标记应被纳入翻译单元里，哪些符号应被视为结束一个翻译单元的点。举例来说，一个冒号前后的文字可以视为一个完整的段落（翻译单元）；但在某些情况下，冒号前后也会被拆解为两个翻译单元。假设译者手动改变了翻译单元，例如将某两个翻译单元

---

① 参考了 http：//zh. wikipedia. org/wiki/翻譯記憶，最后访问时间为 2014 年 10 月 12 日。

合并为一个，或是将一个翻译单元拆解为两个或多个，则下一次的文件版本更新将会丧失这个翻译单元的相符性，因为下一版本仍旧会以既定的规则来对文件进行区段化。

d. 平行对齐（alignment）

这是将源语与目标语文字平行对应对齐的工作。区段化的标准将会影响平行对齐的效果，通常也得依赖好的平行对齐算法来校正区段化的错误。

e. 专用术语提取（term extraction）

这是针对既有的文件进行分析，从中抽取未知术语。通常可以借助文字分析统计来抽出这些词语，例如利用文本统计分析的工具来进行，根据统计结果由术语出现的频率及重复性来加以分析。

（2）在线功能

● 更新

这是指在翻译工作完成后，将对齐后的文本导入已有的翻译记忆库。输入新的一一对应的翻译单位，并对记忆库进行更新，使翻译记忆库持续扩大。

● 自动翻译

这是利用现有的翻译记忆库，对待翻译文本进行自动翻译处理。如果翻译记忆库中存在与待译文本中比较相似的部分，记忆库就会对待译文本进行自动翻译处理。相似率可以由人工设定。

● 团队作业

翻译记忆库可以是个人独有的，也可以是团队共享的。如果是后者，则翻译团队的成员都可以连接到共享的翻译记忆库，从而互相协助，完成团队作业（钱多秀，2011：102）。

4. 翻译记忆的主要优势

翻译记忆针对技术文件或是具有特定词汇的文章来说是最合适的。其优势主要包括：

● 确保翻译文件的一致性，包含通用定义、语法或措辞以及专用术语。这针对多个译者同时在翻译同一项目文本或文件时相当重要。

● 使译者不须自动处理众多不同格式的文档，仅须面对翻译记忆软件提供的界面或是单一格式的文档便可进行翻译。

● 提高整体翻译的速度，即翻译记忆库已"记忆"先前已翻译过的素材，译者针对重复的文字仅须翻译一次。

● 语料复用可以降低长时间的翻译项目的开销。以使用手册翻译为例，警告信息等这类大量重复的文字仅须被翻译一次，便可以重复被利用。

● 针对大型文件的翻译项目而言，即使在首次翻译时翻译记忆的使用效益并不明显，但当进行该项目的衍生或者后续项目（例如文件的修订版本或者更新版本）时，翻译记忆的使用便可大幅节省翻译的时间与花销（张霄军、王华树等，2013：103）。

5. 翻译记忆的主要局限

尽管翻译记忆可以给译员在具体翻译过程中带来很大的便利，从而提高翻译效率，但是从翻译记忆技术本身和翻译记忆系统而言，还是有一些局限性（苏明阳，2007：70-74）。

● 由于语言的无限生成能力，即使翻译记忆容量再大，模糊检索能力再强，依然无法保证在新的翻译工作时总能提供翻译记忆。

● 翻译记忆检索的算法基于语言形式而非意义，检索深度和精度不高。

● 由于商业原因，翻译记忆系统之间差异较大，在系统要求、所支持的文件格式、提供的功能、价格和售后服务等方面都不相同，专业译者有时不得不安装多个系统以解决翻译过程中出现的各种问题。

● 使用翻译记忆系统进行翻译，同译者所熟悉的传统翻译过程区别较大，需要较长时间的学习才能掌握（张霄军、王华树等，2013：103-104）。

6. 翻译记忆的常见格式

● TMX——translation memory exchange format（翻译记忆交换格式）。TMX 标准实现不同翻译软件供应商之间翻译记忆库的互换，是实现导入与导出翻译记忆的最佳格式。

● TBX——termbase exchange format（termbase 交换格式）。该标准允许含有详细词汇信息的术语资料作互换。术语库交换标准的 TBX 是 "Term-Base eXchange" 的缩写。TBX 是基于 ISO 术语数据的 XML 标准，由 LISA OSCAR 制定和维护。一个 TBX 文件即是一个 XML 格式的文件。采用 TBX，译者可以十分方便地在不同格式的术语库之间交换术语库数据。这极大地促进了不同公司之间在术语管理整个周期内的数据处理。普通译者也可以很方便地访问大型公司在网上公开发布的术语库内容。

● SRX——SRX 标准解决了不同本地化语言工具处理 "断句" 规则不统一的问题，从而解决了导出的翻译记忆交换（TMX）文件处理不便的困难。SRX 是 "Segmentation Rule eXchange" 的缩写，是基于 XML 的标准，SRX 1.0 在 2004 年 4 月成为 LISA OSCAR 的官方标准。遵循 SRX 标准，不同工具、不同本地化公司创建的翻译记忆（TM）文件可以便利地交换翻译记忆库和翻译记忆交换文件。

● GMX——GMX 是 "Global Information Management Metrics eXchange" 的缩写，它是一个家族标准，包括 "工作量（volume）"、"复杂性（complexity）" 和 "质量（quality）" 三个子标准，即 GMX-V，GMX-C 和 GMX-Q。

● OLIF——开放词典交换格式。1990 年作为一个数据词典交换选项（尤其是 MT）和术语数据库发布，OLIF 已经演变成为一个标准。

● XLIFF——XML localisation interchange file format（XML 本地化交换档案格式）。其目的是提供所有当地语系化提供者都能了解的单一档案交换格式。XLIFF 是业界使用 XML 格式来交换资料时的惯用方式之一。

第三节　国内外主流计算机辅助翻译软件简介

在本节，我们将对国内外主流计算机辅助翻译软件进行简要介绍。所谓主流，是指这些软件在国内外翻译行业中使用较为广泛，市场占有率较大，而且仅包括狭义的计算机辅助翻译软件。更为确切地说,翻译记忆软件,不包括广义的辅助翻译的文档格式处理工具和桌面排版工具等。

一、国外主流计算机辅助翻译软件简介

1. SDL Trados①

SDL Trados 是世界上最流行的计算机辅助翻译(CAT)软件,在全球拥有 20 多万客户,全球 500 强企业有超过 90% 的公司使用 SDL Trados 来为日常的本地化翻译工作服务。

TRADOS(中文译名:塔多思)这一名称取自三个英语单词。它们分别是:"translation"、"documentation" 和 "software"。其中,在 "translation" 中取了 "TRA" 三个字母,在 "documentation" 中取了 "DO" 两个字母,在 "software" 中取了 "S" 一个字母,因此,把这些字母组合起来就构成了 "TRADOS" 这一新词。通过这三个英语单词的含义,我们可以洞见 "TRADOS" 的命名方式别具匠心,因为这恰恰体现了该软件的主要用途和功能。

TRADOS 在 2005 年 6 月被 SDL 收购,其后正式更名为 SDL Trados,该公司是一家全球化公司,其全球组织架构遍及 38 个国家的 70 家分公司,是全球信息管理的领头羊。

总体而言,SDL Trados Studio 具有如下主要优势:

• 交付任意语言的高质量内容——SDL 强大的翻译记忆技术是 SDL Trados Studio 的核心所在。通过储存译者创建的内容,翻译记忆库(TM)能让过去翻译的内容在未来的翻译项目中重新派上用场。不同文本类型利用率有所不同,但技术类文档利用率可达 80%。在翻译项目中使用 TM 不但可以提高译者的工作效率,还可以提高整体内容的一致性。

• 最大限度地利用译者的翻译资源——除强大的 TM 引擎外,SDL Trados Studio 还提供众多创新功能,帮助翻译团队提高工作效率。凭借 SDL Trados Studio,翻译速度可大大提升,最高可提速 100%,这要归功于其创新功能,不仅帮助译者更快地创建内容,也提高了项目创建及审校阶段的速度。在翻译供应链内使用 SDL Trados Studio,每一阶段都能节省大量支出及时间。

• 保持各语种的措辞一致性——完全集成的术语管理解决方案 SDL MultiTerm 2014 是 Studio 的组成部分,可确保各语种措辞一致。通过创建并向相关各方分配已核准的术语,语言专家可确保每篇译文都使用正确的术语。

• 轻松实现项目管理——SDL Trados Studio 2014 的项目管理功能使建立并交付多语言大型翻译项目变得轻松。作为 SDL 语言平台的一部分,SDL Trados Studio 2014 给予译者足够的灵活性及可扩展性,以建立符合个人偏好的翻译供应链。

• 集成的机器翻译技术让翻译更快速——结合机器翻译(MT)与译后编辑,能以空前的速度完成项目,使工作效率提升一倍之多。凭借 SDL 的 MT 产品,翻译公司可以在翻

---

① 参考了 http://www.sdl.com/cn/products/sdl-trados-studio/,最后访问时间为 2014 年 9 月 7 日。

译流程中整合安全、定制的机器翻译。通过选择 SDL Language Cloud 机器翻译，可以即时访问云中优质且经过训练的行业专门机器翻译引擎；通过选择 SDL BeGlobal 训练程序，可以轻松、安全地训练 SDL 基于云的机器翻译软件，提供高质量的自动翻译。

● 享受翻译——SDL Trados Studio 2014 设计现代、直观，可轻松定制工作界面以满足译者需要。结合 Studio 的多种高效能特性及最广泛的支持文件格式，译者能够做好充分准备处理任何类型的翻译项目。

目前，SDL Trados 软件最新版为 SDL Trados Studio 2014。有关 SDL Trados Studio 翻译辅助软件的详细功能和操作步骤，我们将在第三章进行专门介绍。

2. Déjà Vu①

Déjà Vu（中文译名：迪悟）是法国 ATRIL 公司研发的一款翻译记忆软件，其用户数量曾一度排名全球第二（仅次于 Trados）。Déjà Vu 在很多方面都体现出比其他 CAT 软件更大的优势，记忆库、术语库制作程序也非常容易上手。而且金山词霸等在线词典也可以在 Déjà Vu 中完整取词，这点是 Trados 无法做到的。

除了一般主流计算机翻译软件共同具有的术语库、翻译记忆、库维护等功能外，Déjà Vu 的主要功能还有：

● Scan（浏览）——在翻译记忆里快速查询待译文件中有多少已经有了完全匹配或部分匹配的译文，并统计待译文件所需的工作量。

● Assemble（汇编）——将翻译记忆库里相关部分或结构类似的句子放到一起。

● Pretranslate（预翻译）——分析文本并在翻译记忆中搜索相似句子的译文，插入到对应的翻译位置并留待译员在正式翻译时修订。

● Propagate（传播）——一旦翻译完一句，就会在剩下的待译文件中寻找完全相同的句子，并自动插入相同的译文。

● AntoSearch（自动搜索）——现有译文，包括句子、短语或其他任何成分，都可以在各自的语境中检索出来，供译员参考使用。

● Project management（项目管理）——允许译员以流水线方式，为一个或多个用户定制译文，以满足高效高质量的要求。

● Quality assurance（质量保证）——保证译员和项目经理在使用过程中，译文在术语、数字以及编码等方面的一致性（钱多秀，2011：106-107）。

有关 Déjà Vu 翻译辅助软件的详细功能和操作步骤，我们将在第四章进行专门介绍。截至目前，Déjà Vu 软件的最新版本为 Déjà Vu X3，在继承先前版本优势的同时，其用户界面变得更为简洁清新，操作步骤也更为简化，甚至能够与 Dragon Naturally Speaking 等语音识别软件联用，将语音转化为文本进行编辑。同时，该版本在实时预览和译文质检等方面也有了性能提升。有关该版本的详细介绍，读者可以参阅 Déjà Vu 官方网站②。

———

① 参见 http：//www. atril. com/content/discover-Déjà-vu-x2，最后访问时间为 2013 年 8 月 19 日。

② 参见 http：//www. atril. com/content/discover-Déjà-vu-x3，最后访问时间为 2014 年 9 月 19 日。

3. memoQ①

memoQ 是匈牙利 Kilgray 公司研发的一款操作简便、功能强大的计算机辅助翻译工具。就其用户数量而言，虽然不是传统意义上的业界三强（SDL Trados、Wordfast、Déjà Vu），但近年来其发展势头迅猛，大有后来居上之势。memoQ 将翻译编辑功能、资源管理功能、翻译记忆、术语库等功能集成到了一个系统中，可以很方便地在这些功能中切换。memoQ 主要的产品包括了 memoQ Server、memoQ、Qterm、TMrepository。

通过 memoQ Server，可以实现多人共同进行翻译；同时可以共享记忆库和术语库，并且在翻译时即时保存修改的翻译到服务器上，多人可以互相查看；还可以通过在线沟通工具进行信息交流。

memoQ 版本又分为 4Free、Standard、Translator Pro 版本。其中 Translator Pro 版的功能最全面，支持多个翻译记忆、多个术语库，可以访问服务器版等功能。4Free 是免费的，但是有一些功能的限制。

memoQ 界面友好、操作简便，它将翻译编辑功能、翻译记忆库、术语库等集成在一个系统中，具有长字符串相关搜索等功能，还可兼容 SDL Trados、STAR Transit 及其他 XLIFF 提供的翻译文件。

Qterm 和 TMrepository 是以在线网站的形式来管理术语和翻译记忆。通过属性的设置，译者可以选择其所需的术语库和翻译记忆，以导入到 memoQ 或其他工具中使用。

有关 memoQ 翻译辅助软件的详细功能和操作步骤，我们将在第五章进行专门介绍。截至目前，memoQ 软件的最新版本为 memoQ 2014，有关该版本的详细介绍，读者可以参阅 memoQ 官方网站②。

4. Wordfast

Wordfast 是一款由 Wordfast LLC 开发的翻译记忆软件，它为自由译者、语言服务供应者与跨国公司提供了翻译记忆独立平台的解决方案。该软件能够在 PC 或 Mac 操作系统下运行，还能够兼容 iPhone、iPad 和 Android 等操作平台。

Wordfast 数据具有易用性和开放性，同时又与 Trados 和大多数计算机辅助翻译工具兼容。它不仅可被用来翻译 Word、Excel、Powerpoint、Access 文件，还可被用来翻译各种标记文件。此外，Wordfast 还可以与诸如 PowerTranslator™、Systran™、Reverso™等机器翻译软件连接使用。另外，它还具有强大的词汇识别功能。虽然 Wordfast 只是单个译者的辅助工具，但是也可以将它很方便地融入到翻译公司和大型客户的工作流程当中，并可借助局域网（LAN）或互联网（Internet）实现数据共享。

Wordfast 所支持的翻译记忆格式和词汇表格式，都是简单的制表符（Tab 键）分隔的文本文件，可以在文本编辑器中打开并编辑。Wordfast 还可以导入和导出 TMX 文件，与

① 参见 http：//www.mts.cn/zh-cn/technology-providers/308-memoq.html，最后访问时间为 2014 年 9 月 19 日。

② 参见 http：//kilgray.com/products/memoq，最后访问时间为 2014 年 9 月 23 日。

其他主要商业机辅工具兼容翻译记忆。单个翻译记忆中最多可存储 100 万个单位。词汇表的最大记录值是 25 万条，但只有前 3.2 万条可以在搜索过程中显示。翻译记忆和词汇表的语序可以颠倒，这样可以随时切换源语和目标语。

Wordfast 主要为译者提供以下三个客户端软件版本：Wordfast 经典版（Wordfast Classic）、Wordfast 专业版（Wordfast Pro）和 Wordfast 服务器版（Wordfast Server），还提供一个 B/S 模式①版本：Wordfast Anywhere。

Wordfast 经典版最初是基于微软 Word 的翻译记忆工具，可以处理任何微软 Word 可以读取的格式，包括纯文本文件、Word 文档（doc）、微软 Excel（XLS）、PowerPoint（PPT）、富文本格式（RTF）以及带标签的 RTF 与 HTML 等。该软件目前最新版本为 Wordfast Classic V6.0。

Wordfast 专业版是独立的多平台（Windows、苹果操作系统、Linux 等）翻译记忆工具。它自带过滤器，可处理多种文件格式，并提供基本的自由译者所需的高速批量分析（可分析多达 20 个文件）。Wordfast 专业版可以处理的文档格式主要有：MS Word、MS Excel、MS Powerpoint、HTML、XML、ASP/JSP/Java、INX/IDML、MIF（FrameMaker）、TTX、PDF、SDLXLIFF、Visio 等。Wordfast 专业版还与机器翻译整合，能够在翻译记忆库无匹配时自动填充翻译的目标语段；其内置的对齐功能允许译者从先前翻译过的内容中创建翻译记忆库。翻译记忆库文件可以与 SDL Trados 和 Déjà Vu 等大多数商用 CAT 软件兼容。该软件的 "Transcheck" 功能可以实现实时质检，验证在译者翻译的某些元素，并警告潜在的错误，包括拼写错误、语法、标点、数字、术语一致性和占位符等。该软件目前最新版本为 Wordfast Pro 3.4。

Wordfast 服务器版是一款安全的翻译记忆服务器应用程序，能够与 Wordfast 专业版、Wordfast 经典版以及 Wordfast Anywhere 结合使用，使翻译机构和企业在全球范围内实现翻译实时协作，共享翻译记忆，从而降低成本，提高一致性。使用 Wordfast 服务器，内部和外部的资源都能够同时连接到一个或多个翻译记忆库，减少了翻译新内容需要的时间。

Wordfast Anywhere 是一款基于 B/S 模式的免费在线翻译记忆工具——它以目前较为流行的云计算为基础，译者可将翻译记忆储存在中央服务器上，每个用户可创立有密码保护的私人区域。这样便可以不拘地点，只要能打开浏览器的地方，就可以打开工作项目，使用 Wordfast。译者在注册账户后，可以上传个人专用翻译记忆库和术语库，也可以邀请他人共享个人专属的记忆库和术语库，实现在线协同工作。Wordfast Anywhere 还可以使用具有公共大型翻译记忆库（very large translation memory，VLTM），利用公共的超大翻译记忆内容，也可以设立一个私人工作组，与合作译者共享翻译记忆。

---

①　B/S 结构（Browser/Server，浏览器/服务器模式），是 Web 兴起后的一种网络结构模式，Web 浏览器是客户端最主要的应用软件。这种模式统一了客户端，将系统功能实现的核心部分集中到服务器上，简化了系统的开发、维护和使用。客户机上只要安装一个浏览器，如 Chrome、Firefox 或 Internet Explorer，服务器安装 SQL Server、Oracle、MYSQL 等数据库。浏览器通过 Web Server 同数据库进行数据交互。

有关 Wordfast 软件各版本的详细介绍，读者可以参阅 Wordfast 官方网站①。

5. Star Transit②

Star Transit 翻译记忆软件，是瑞士 STAR Group 所研发出的一套功能完善的计算机辅助翻译系统，专为处理大量且重复性高之翻译工作所设计。TRANSIT 同时也是技术性翻译与在文字化工作的专业软件，支持超过 100 种以上的语言格式，包括亚洲、中东以及东欧语系，目前被广泛应用于企业全球化作业程序中。

STAR Group 总部位于瑞士，全球 30 个以上国家地区设有营运据点，是现今颇具规模的多国语言服务与技术性通信/翻译供应商，提供各种解决方案以协助企业确保资讯及品质最佳化。主要服务为：多国语言翻译及全球化服务、技术性通信、资讯整合及发行、资讯软件开发、资讯项目管理。TRANSIT 翻译记忆软件为 STAR Group 旗下 STAR Language Technology & Solutions GmbH 所开发之计算机辅助翻译系统。

TRANSIT 在运作概念上针对各种语言均采用单一作业流程：

- 汇入

TRANSIT 自原始文件中将格式化资讯撷取，它能够支持所有通用的桌面排版、文字处理和标准档案格式。TRANSIT 在进行筛选的同时会将文字与文件架构分开处理。在汇入的过程中，TRANSIT 会自动将原始文本与数据库里过去曾完成的翻译做相互比较、进行筛选过滤，并自动利用、取代完全相同及相似度高的译文。由于所有原始文本及其过去的翻译均存储在翻译记忆（TM）中，在汇入时，TRANSIT 会利用翻译记忆执行预翻译，将文件预翻译成所有选定的语言。

- 翻译

TRANSIT 能协助翻译人员进行翻译，并提供适用于所有项目的单一供应环境，和以翻译为导向的多视窗编辑器；在翻译记忆中的比对搜索；通过 TermStar 术语字典自动进行术语搜索。

- 汇出

TRANSIT 在完成翻译后，翻译人员就可将已完成的翻译自 TRANSIT 汇出。在汇出过程中，TRANSIT 会重新将原始文件架构至已翻译的文本中。因此，最终得到的仍是一份具备原始档案格式的翻译文件。

TRANSIT 具有以下特色：

- 将同一项目中多个档案以单一档案进行管理。
- 可自动翻译文件内容，并提供数据库中翻译及用词建议。
- 操作及学习简易，支持绝大多数文件档案格式。
- 经 TRANSIT 格式化建立的文档，多数维持在 10 KB 以下，所占空间资源极小。
- 可轻松管理及更新翻译记忆资料。
- 可自定义用户接口。

---

① 参见 http：//www. wordfast. com/index. html，最后访问时间为 2014 年 9 月 23 日。

② 参考了 http：//baike. baidu. com/view/1508611. htm，最后访问时间为 2014 年 9 月 18 日。

● 可将翻译文档合并加载，进行整体项目的浏览、搜索/替换、拼写与格式检查工作，并进行存取。

● 具备进度显示功能。

● 执行速度完全不受项目大小影响或限制。即便在具备最少工作资源的计算机上运作，仍有令人满意的成效。

● 可与 DTP（排版）系统相互整合。

● 具有质量监控功能，保证一致性。

由于 TRANSIT 具备翻译记忆及品质管理的功能，项目经理可以妥善管理企业内部的翻译项目，完全支持如 FrameMaker、XML、HTML、MS Word、PowerPoint、Adobe InDesign 等主流档案格式。同时也能够管理已有翻译与专业术语，向译者提供翻译时的建议与参考，借此提高翻译人员的生产力，减少人力成本。

目前，TRANSIT 的主要版本有 Transit Professional、Transit Workstation 和 TRANSIT Satellite PE。

Transit Professional 含有项目管理与团队翻译所需的完整功能，适合项目经理与自由译者使用。

Transit Workstation 除无法进行项目汇入与汇出外，包含 Professional 版的所有功能，适合经常从项目分发人员手上承接项目的译者。Transit Smart 具备自由及独立译者所需的所有功能。

TRANSIT Satellite PE 是一套同样由 STAR GROUP 团队所研发、完全免费的个人版翻译记忆工具，能够让译员随时随地接收项目包，让翻译管理人员直接将"Satellite PE 使用者"所完成的译文汇入 TRANSIT 当中，大大加速翻译流程、提示工作效率。TRANSIT Satellite PE 的特色是：专为那些平日与翻译公司或企业机关合作的特约翻译人士（即自由译者）所开发。翻译人员可以独立承接项目、进行翻译工作，并将完成的项目提交负责统筹翻译业务的项目经理。目前 STAR Group 官方网站上提供 TRANSIT Satellite PE 试用版免费下载。

6. OmegaT①

OmegaT 是一个使用 Java 编程语言编写的计算机辅助翻译工具。它是一款免费软件，最初于 2000 年由 Keith Godfrey 进行研发，目前的研发工作由 Didier Briel 带领的团队进行。OmegaT 的名称在德国是注册商标。

OmegaT 适用于专业译者。它的功能主要包括：使用正则表达式的可自定义分段，带有模糊匹配和匹配传播的翻译记忆，术语库匹配，词典匹配和参考资料搜索以及使用 Hunspell 拼写词典的内联拼写检查。

OmegaT 可运行于 Linux、Mac OS X 和 Microsoft Windows XP 或更高版本，并且需要 Java 1.5。它的界面和文档被翻译成 27 种语言。在 2010 年对 458 名专业译员的调查表明，OmegaT 的用户数达到 Wordfast、Déjà Vu 和 memoQ 的 1/3，且达到了市场领导者 Trados 的

---

① 参考了 http：//zh. wikipedia. org/wiki/OmegaT，最后访问时间为 2014 年 2 月 23 日。

1/8。在 Bing 翻译的合作伙伴中，OmegaT 是其中唯——个免费的专业级辅助翻译工具。

OmegaT 拥有主流 CAT 工具所具备的许多功能，主要包括：创建、导入和导出翻译记忆，使用翻译记忆进行模糊匹配，查询术语表、索引定位和一致性搜索等。

OmegaT 还拥有其他 CAT 工具所不具有的功能，主要包括：

● OmegaT 可以同时翻译不同文件格式的多个文件，且查阅多个翻译记忆、术语表和词典（只受计算机可用内存的限制）。

● 通过支持的文件类型，OmegaT 允许译者自定义文件扩展名和文件编码。对于一些文档类型，译者还可以有选择地翻译哪些元素（例如对于 OpenOffice. org Writer 文件，可选择是否翻译书签；对于 Microsoft Office 2007/2010 文件，可选择是否翻译脚注；而对于 HTML，可选择是否翻译图像的 ALT 文本）。译者还可以选择如何处理第三方翻译记忆中的非标准元素。

● OmegaT 的片段分割规则基于正则表达式。可以配置基于语言或文件格式的片段分割规则，而连续的片段分割规则可继承彼此的值。

● 在编辑窗口，译者可以直接跳到下一个未翻译句段，或在已翻译句段中选择前进以及后退。译者可以撤销和重做、复制和粘贴，以及用与高级文本编辑器相同的方式切换大小写状态。译者可以选择查看已翻译句段的源文本。编辑窗格还含有使用 Hunspell 词典的内联拼写检查功能，以及使用鼠标进行交互拼写检查的功能。

● 译者可以使用键盘快捷键或鼠标插入模糊匹配。OmegaT 使用彩色显示模糊匹配的相似度。OmegaT 还可以显示已翻译的任意指定片段的日期、时间和用户名。匹配的术语可以用鼠标插入。译者可以选择把源文本复制到目标文本区域或自动插入最接近的模糊匹配。

● 在搜索窗口，译者可以选择搜索当前文件的源文本、目标文本、其他翻译记忆和参考文件。搜索可以是区分大小写的，还可以使用正则表达式。双击搜索结果可以直接跳转到编辑窗口中的相应片段。

● 翻译完成后，OmegaT 可以执行标签检验以确保没有意外的标签错误。OmegaT 可以在项目开始前统计项目文件和翻译记忆的状态，以及在翻译过程中显示翻译任务的进度。

● OmegaT 可以从 Apertium、Belazar 以及 Google 翻译获取机器翻译并显示在单独的窗口中。

● 在 OmegaT 用户界面中可以对各个窗口向周围移动、最大化、平铺、标签化和最小化。当 OmegaT 启动时会显示"快速入门指南"的简短向导。

二、国内主流计算机辅助翻译软件简介

1. 传神 iCAT①

iCAT 是目前中国最大的翻译公司——传神自主研发推出的一款轻量级计算机辅助翻

①　本部分参考了传神 iCAT 操作手册。

译工具。它提供多语种支持；支持 WORD 稿件的译后稿保持原稿版式而无须二次排版；提供快捷的语料库管理功能，译者可以方便地导入历史语料后并进行复用；系统还实时保存翻译过程中产生的语料，对于相同的原文，译者只需要翻译一次，不仅节省了翻译的时间成本，还能达到语料统一的目的。除此以外，iCAT 还提供术语统一、漏译检查、低级错误检查等功能。

不同于目前大部分计算机辅助翻译工具采用的客户端模式，iCAT 基于 . Net 平台，使用 VSTO 技术，达到了和 WORD 的无缝结合，以插件的形式，嵌入到 WORD 文件当中，使用方便，上手简单。它拥有集翻译参考和辅助翻译于一身的特点，带给译者更好的使用体验和更舒适的翻译感受。

iCAT 具有以下功能与特色：

● 启动透明化。与 WORD 无缝结合，操作快捷方便，符合广大翻译者的操作习惯。

● 递增式功能体验。所有功能仅在译者需要的时候才生效，译者可以根据需要对功能进行定制，仅启用自己需要的功能。

● 鼠标选词查询。通过鼠标选词，自动抓取，进行实时查询方便实用。在查词时自动提供"例句"，以便提高对词语的理解能力。

● 本地管理语料。独立创建语料库，便于收集、整理、备份、恢复，自动记录翻译过的语句并保存为语料。

● 聚合词典。聚合各种网络语料术语库，可以作为一个平台，链接任何第三方的语料术语库。

● 快速批注术语。通过批注术语的功能，迅速将术语批注在文档中，也能方便地删除术语批注。

● 文档格式保留。随时查看原文、译文，保证译文与原文的格式保持一致，减少翻译后排版的工作量，支持跳跃性的翻译，不需要逐句翻译。

● 机器翻译引擎。使用配置好的机器翻译引擎，自动对文件进行翻译，为翻译提供参考。

● 语料术语复用和共享。系统可通过辅助翻译功能对历史双语语料、当前项目语料进行共享与复用，有效提升翻译效率。软件在翻译过程中采用翻译记忆软件技术、翻译时通过启动搜索引擎程序，查询记忆库，能迅速分析、比较译文内容与原文的一致性。

传神 iCAT v2.0.2.131 是传神翻译辅助软件的最新版本，其功能还在不断完善中，在第六章我们将对其详细功能和操作步骤进行专门介绍。

2. 雅信 CAT①

雅信 CAT4.0 辅助翻译系统，是由一组程序组成的翻译解决方案，它主要采用翻译记忆和灵活的人机交互技术，可以大幅提高翻译效率，节省翻译费用，保证译文质量，简化项目管理，适用于需要精确翻译的个人、机构和团体。

对于大型翻译项目，雅信 CAT4.0 可通过各模块在译前、译中、译后各流程进行有效

---

① 参考了 http：//www.yxcat.com/Html/index.asp，最后访问时间为 2013 年 11 月 17 日。

的控制、保证译文的质量，同时雅信 CAT4.0 可以整合翻译资源，提高整体的翻译效率，保证术语及译法的一致性。

对于长期从事翻译工作的团队，利用雅信 CAT4.0 可建立或积累各专业和不同的用户数据库（词库、记忆库），保证各专业译者的长期翻译质量和风格，轻松提高翻译效率。

对于翻译人员，人机交互的翻译界面，70 多个超强专业词库，方便添加、确定个性化用户词库，先进的翻译记忆（TM）技术与机器翻译技术（MT）结合，保证了输入的正确性，翻译更快、更轻松。

雅信 CAT4.0 除继承了"雅信 CAT"在翻译记忆和人机交互方面的所有优点外，还增强了快速建库平台（雅信 CAM）功能。此外，它还增加了项目管理平台（雅信 CAP），使雅信使用起来更加方便、快捷。雅信 CAT4.0 可处理大容量数据库，尤其在处理大型翻译项目方面，优势更为突出，效率提高更为显著。

目前，雅信 CAT4.0 支持 Microsoft Windows 系统所支持的任意语言之间的互译；能够处理的文件格式包括：文本文件（.TXT）：ANSI，Unicode，UTF-7，UTF-8 等任意字符集；Office 文档：MS Word、MS Excel、MS PowerPoint 等文档。

在第八章我们将对雅信的另一款产品——雅信机辅笔译教学系统的详细功能和操作步骤进行专门介绍。

3. 雪人 CAT[1]

雪人计算机辅助翻译软件（雪人 CAT）是佛山市雪人计算机有限公司自主研发的辅助翻译产品。

雪人支持过百万句的记忆库和超过 50 万句/秒的搜索速度，为大型记忆库在翻译中的应用提供强有力的支持。翻译记忆可以很好地实现翻译资源的"再利用"，记忆库除了在翻译时积累外，软件还提供了高效的双语对齐工具，帮助译者将各种双语资料快速转换为可用于翻译工作中的记忆库。

雪人在软件中嵌入了"在线词典"和"在线翻译"，鼠标轻轻划选原文中的生词，就能从在线词典中获取该词的译法和用法信息。虽然目前在线翻译不能产生高质量的译文，但雪人将本地术语与在线翻译相结合，进一步提高了在线翻译译文的质量，译者在此基础上修改可以减少文字输入的工作量。无论是英语还是汉语，都有一定的语法规则可循，如果在规则词典中预先定义，可进一步提高取词和翻译的准确性。译前使用"词频统计"找出文章中的高频词语并对它们进行翻译，翻译时它们就会自动出现，鼠标点击则可输入译文。译后的检查也至关重要，"质量检查工具"可以自动寻找译文中可能存在的问题。

雪人简化了翻译记忆的概念及操作，使译者能在短时间内掌握 CAT 的使用方法。为了让更多的翻译人员了解 CAT、使用 CAT，雪人推出了功能强大的绿色免费版，免费版亦能运用于实际的翻译工作中。

雪人 CAT 现有免费版和标准版，同时还有服务器免费版和标准版。

（1）雪人 CAT 标准版

---

[1] 参考了 http://www.gcys.cn/，最后访问时间为 2014 年 2 月 20 日。

- 支持翻译 WORD、EXCEL、PPT 等多种格式的文件。
- 系统自带数十个专业、近千万词汇的英汉、汉英词典。
- 实时预览译文，直观、方便。
- 雪人断句准确和样式码少，仅相当于同类软件的十分之一，绝大多数的样式码可自动处理。
- 在软件中嵌入 Google 等多个自动翻译引擎，自动给出该句的"在线自动翻译"译文供参考，点击即可引用；既可以整句的翻译，又可以分片段进行翻译。
- 智能处理词形变化，不会因为某词语的时态变化、单复数的不同而影响搜索、匹配的结果，充分发挥了记忆库的作用。
- 支持导入/导出多种格式的记忆库、术语库、词典。
- 支持导出句子双语对照格式、段落双语对照格式的文件。
- 支持导出 Unclean 格式的 WORD 双语文件。

（2）雪人 CAT 免费版

相比于雪人 CAT 标准版，雪人 CAT 免费版主要是对所支持的原文文件格式、所配有的专业词典等有所限制，只能翻译原文是 TXT 格式的文件，不支持 WORD 等其他格式的文件，其他功能同样较为齐全。免费版下载解压后即可运行，无需安装，甚至解压到 U 盘上都可以直接运行（当然我们不建议这么做），方便随身携带，软件主程序小，约 10M。

（3）雪人服务器标准版

- 项目文件协同：通过远程文件管理，实现多人协同翻译同一个文件，由项目组长上传文件，译员、审校下载文件，译员翻译的内容可以随时同步到审校的客户端界面中，经审校审核后，即可同步到其他译员的客户端界面中，经审核后的句子，译员不能再修改，由审校、组长导出最终译文，真正做到翻译与审校同步。
- 服务器控制台：支持将术语库、记忆库导入服务器中，亦可将服务器中的术语库、记忆库导出。服务器中通过"加载外部记忆库"的方式可以支持数百万甚至上千万句对的记忆库共享。

（4）雪人服务器免费版

"雪人 CAT 协同翻译平台"简化了服务器架设及对服务器系统的要求，无论是拥有专门的技术人员、高性能的服务器的大型企业，还是小型的翻译公司和翻译团队都可以轻松地架设雪人 CAT 协同翻译平台，使翻译企业、翻译团队拥有自主的协同翻译平台，切实保障翻译资料的安全、保密性。

"雪人 CAT 协同翻译平台"不仅可以在 Windows Server 2003/2008 服务器版本的操作系统下使用，也可以在 Windows XP 及以上的操作系统下使用。"雪人 CAT 协同翻译平台"由服务器端软件和客户端软件构成。该平台主要特色是：服务器架设简单、响应速度快；实时共享记忆库；实时共享术语库；实现翻译与审校同步；整合即时通信、文档管理、论坛于一体。

有关雪人 CAT 标准版和服务器软件的详细功能和操作步骤，我们将在第七章进行专门介绍。

4. Transmate[1]

Transmate 由成都优译信息技术有限公司研发，是第一个由民族企业自主研发的机辅翻译系统。下面对其开发的个人版、企业版和翻译教学系统的主要功能与特色进行介绍。

（1）个人版

Transmate 单机版是免费提供给个人译员使用的辅助翻译软件。Transmate 单机版集翻译、翻译记忆、自动排版、在线翻译、低错检查、支持 Trados 记忆库、支持多种文件格式、支持多种语言等功能于一体，最大限度减少重复翻译工作量，提高翻译效率，确保译文的统一性。

- 个人免费使用。Transmate 单机版供单机使用，提供个人永久免费使用。
- 实时翻译记忆与模糊匹配。当译员翻译完一个句子后，点击"下一句"或者使用快捷键"Ctrl+Enter"跳到下一行，软件会自动记忆该句的原文和译文并存储到预先设置的本地和服务器的记忆库中。当翻译后面的句子时，如果该句和记忆库中的某一个句子达到预设的匹配率，系统会在提示栏给出相应的提示，如果是100%匹配，则自动添加到对应的译文行中，译员可以直接使用或者根据需要进行修改，这样节省了译员查找的时间，保证了翻译思路的流畅。
- 导出对照文件。Transmate 单机版支持导出对照文和纯译文的稿件。
- 全面的语料库管理。可以对本地的术语库记忆库进行管理，无功能限制。
- 拼写检查。翻译过程中，自动进行检查，有误的将以红色波浪线提示出来。
- 低错检查。一键检查一些低级错误，如标签未插入、漏译、数字不一致、括号、标点符号等错误。
- 在线翻译。内嵌有在线翻译和 bing 在线翻译。
- 支持导入和导出 Trados 记忆库。Transmate 单机版兼容 Trados 记忆库，可以导入 TMX 和 sdltm 以及导出 TMX。

（2）企业版

Transmate 企业版包括系统管理端、项目管理端、翻译端、语料库管理端、校稿端及工资结算端六大部分；可通过项目管理端将项目分配给多人，开展实时协作翻译，同时翻译，译员之间实时共享语料库。译员翻译过程中，点击提交即可进行同步校稿。企业版流程图如图1.9所示，其特点如下：

- 系统管理端拥有最高管理权限，可进行添加项目管理员（VM）、译员管理、语料库管理员、校稿员；自定义术语库和记忆库；项目管理等操作。
- 项目经理可通过项目管理端完成新建项目、上传文件、分配稿件、监控项目进度、字数统计、导出译文/对照文、译员管理等操作。
- 翻译端是译员的工作模块，译员可以接收项目经理分配的项目文件并进行翻译，译员端可进行原文预览、低错检查、查看项目详情、翻译本地稿件等操作。
- 译员使用翻译端翻译项目文件的同时，校稿人员可以进行同步校稿。校稿人员进

---

[1]　参考了 http://www.urelitetech.com.cn/，最后访问时间为2014年2月21日。

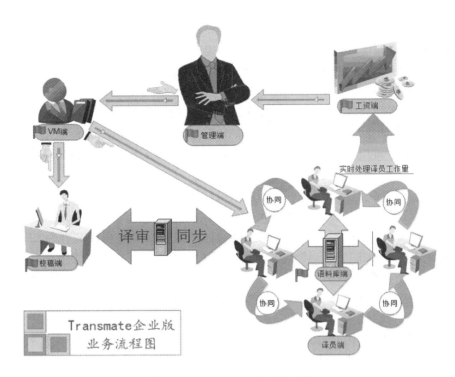

图 1.9 Transmate 企业版流程图

行校稿时，同时会修改存储在服务器上对应的记忆库。

• 管理服务器上的语料库，包括术语库、记忆库和高频词库。语料库管理员可对语料库的所有内容进行修改、删除、添加和查找等操作。

• Transmate 工资结算端是为翻译公司量身定制的一套工资结算系统，财务人员可以通过该系统，轻松快速地计算出译员的工资。

Transmate 企业版除具有单机版所有功能外，还具有以下一些特点：自定义语料库类别；查看项目进度；自动拆分稿件；多人协作翻译，实时共享语料库；自动统计稿件字数；隐藏项目内相同句子；支持多种语言；支持多种文件格式；支持导出对照文格式；支持同步校稿；支持导入和导出 Trados 记忆库；翻译端支持预览原文。

（3）翻译教学系统

Transmate 翻译教学系统（实验室）是为学生提供的翻译学习辅助软件，熟练翻译辅助软件的使用。通过小组实训模拟翻译公司项目操作的流程，使学生毕业后如果从事翻译行业，就能很快地投入翻译工作、适应新的工作环境、增强就业的个人竞争力。

• 系统管理端在 Transmate 翻译教学系统中拥有最高的管理权限，管理员可对教师账号、学生账号、班级及学习资料进行统一管理。

• 教师可以通过教师端进行教学系列工作的管理，包括公告管理、课程管理、作业管理、考试管理、模拟实训管理以及语料库的管理。

• 学生除通过学生端完成预定的教学内容外，还可以参与翻译实训，进行翻译实战练习，通过对 CAT 软件的学习，掌握翻译公司的运营模式。

Trans mate 翻译教学系统流程图如图 1.10 所示。

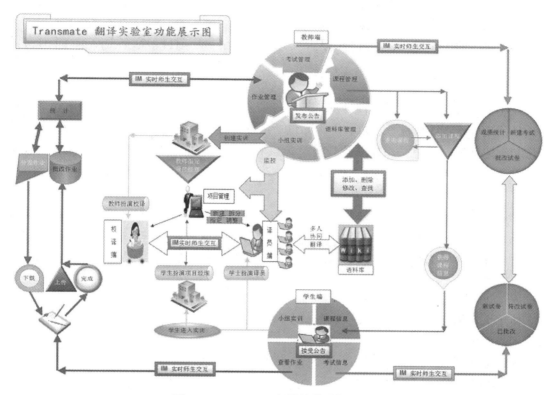

图 1.10　Transmate 翻译教学系统流程图

Transmate 翻译教学系统整合了高校教学模式、翻译公司运作模式以及 Transmate 企业版，包括以下模块：公告管理、课程管理、作业管理、考试管理、模拟实训、语料库管理、班级管理、教师管理、学生管理、学习资料管理。

5. Transoo①

Transoo 翻译系统是由北京 Transoo 公司开发研制的一款计算机辅助翻译工具，它具有以下主要特色：

● 更高的复用率

Transoo 翻译系统创新性地在翻译记忆过程中使用子句段划分技术，将翻译记忆的复用率提高到新的水平，进一步节省了成本。保存在翻译记忆库里的内容不仅仅是句段，还有在翻译过程中划分的子句段，也就是说，翻译记忆单元与传统的 CAT 工具相比更小，所以复用率更高。系统允许译者自由划分子句段，也会智能给出划分建议。子句段可以移

---

① 参考了 http：//www. transoo. com，最后访问时间为 2013 年 1 月 6 日。

动，大大简化了译文的输入操作。

- 便捷的协同工作

Transoo 翻译系统支持按任意字数分拆文件，生成多个任务供多人同时工作。配合在线共享的翻译记忆库，可以确保相同的内容无需重复翻译，多人的翻译达到高度统一。得益于实现在线的工作模式，项目管理人员可以随时了解每个项目、每个文件和每个任务的实时状态。

- 高效的项目管理

在 Transoo 翻译系统中，可以根据项目流程需要灵活定制工作流。工作流定制后，可以重复使用。运行工作流，项目和文件即自动按设计的步骤流转，从而减少了大量的手动操作和沟通环节。系统采用模块化设计，可以和客户现有的客户关系系统、译员管理系统、财务系统等无缝集成，做到自动报价、自动生成工作量报表和财务报表。

- 翻译资产管理

翻译记忆库是最重要的翻译资产，通过 Transoo 翻译系统的树形结构设计，译者可以按领域、客户、项目等属性分类和集中管理译者的翻译资产，以供后续项目重用。而且，这些资产在翻译的生产过程中就已收集、分类并集中起来，无需后期投入人力、时间和成本进行管理。

- 友好的界面

使用大字体显示原文和译文，有效减少视疲劳。内置一键 Google 搜索，片段移动/插入、术语提示、集中修改等。

- 术语检查

Transoo 翻译系统支持导入术语表，并可检查译文是否使用了正确的术语。原文中出现导入的术语时，自动显示和提取术语的翻译。术语检查为翻译的准确性提供了保证。

6. 朗瑞 CAT[①]

朗瑞 CAT 是由北京中科朗瑞软件技术有限公司研发的新一代的计算机辅助翻译系统和翻译办公平台。系统基于现代词典技术和翻译记忆技术以及人机结合技术，为译者提供一个舒适、易用、高效的翻译办公环境，利用翻译记忆技术提高工作效率，减少重复劳动，同时结合术语检查机制保证翻译质量，方便的人机交互技术改善翻译体验，减轻劳动强度，利用它可以更快、更准、更轻松地进行翻译工作。

朗瑞 CAT 提供了许多实用的功能，例如：字典查询、屏幕取词、术语检查、辅助输入法、插件式翻译及网络共享等。下面我们分别简要介绍朗瑞 CAT 企业版和教学版。

（1）企业版

朗瑞 CAT 企业版是基于网络的企业级计算机辅助翻译系统，是为具有翻译人员的机构、组织、企业开发的协同翻译平台和翻译管理平台，系统采用先进的网络技术和数据库技术，支持广域网协同翻译，支持多人同时使用。系统可以让翻译工作效率提高 50% 以

---

① 参考了 http://www.zklr.com/cn/xzzx/cxxz.html，最后访问时间为 2013 年 12 月 22 日。

上，让管理工作效率提高 70% 以上，为公司节约成本 40% 以上。

• 具有先进的网络特性。系统支持局域网、广域网或互联网环境下应用，使用和布署十分简单和灵活，翻译不受时间和地域条件限制，支持多人同时使用，实时共享。

• 能对译员进行管理和进度监控。可以轻松对专职译员和兼职译员进行有效管理，对工作进行统计和考评，实时跟踪译员工作进度，实时了解译员工作情况。

• 具有即时通信功能。翻译人员、审校员、管理员间可以轻松进行交流，可以实时对话和传输文件等，功能类似 QQ 和 MSN，建立高效的通信机制，保证翻译工作顺利进行。

• 具有项目管理功能。对翻译项目进行科学化、流程化、自动化管理，对每一个项目进度和质量进行全面监控，实时了解项目进度情况和每个译员的工作情况，对翻译中的各个环节进行管理和监控。

• 系统基于数据库。系统基于数据库，可以满足海量数据存储要求，同时提供分类管理机制，可对资源库进行分类管理。

• 具有术语管理和术语检查功能。可以进行术语管理，在翻译时实时提示术语和检查术语，避免低级错误，保证术语使用一致性，从而保证翻译质量。

• 支持多语种翻译。可以支持近 60 种语言，如英语、日语、韩语、法语、德语、俄语等，支持 Unicode 编码格式的国家语言和地方语言。

• 支持多种文档格式。轻松翻译 MS Office 文档（Word、Excel、PowerPoint 等），结合插件式翻译可以翻译其他可编辑格式文档，如：txt、rtf、html、xml、pdf、pageMaker、odf、AutoCAD 等，翻译时无需进行文档格式转换，不改变原文格式。

• 具有字典功能。系统集成了字典功能，自带了大量基础词汇，没有的词可以方便地添加，可以实时检索和查询新增加的词汇和句子。

• 自带辅助输入法。系统提供了辅助输入法。不喜欢用鼠标选词而习惯手工输入的译者多了一种选择，辅助输入法具有更少的击键次数，具有更快的录入效率。

• 具有先进的插件式翻译技术。独创的插件式翻译技术可以轻松翻译任何可编辑文档，只要文档内容是可以编辑的就可以进行翻译，无需进行文档格式转换，不破坏原文格式。

• 支持 TMX 标准，兼容 Trados 和雅信。系统支持翻译记忆交换标准（Translation Memory eXchange，TMX）格式，可以与其他 CAT 软件交换和共享记忆库和语料。

图 1.11 和图 1.12 分别为朗瑞 CAT 企业版主要模块构成图和翻译协作图。

（2）教学版

朗瑞 CAT 教学版又称计算机辅助翻译教学系统，在朗瑞 CAT 企业版基础上保持基本功能的基础上，又增加了翻译教学特性，专门为高校翻译专业和翻译培训机构使用。它特有的翻译教学特性特别适合高校翻译教学。朗瑞 CAT 教学版提供了互动教学功能，特别适合于高校计算机辅助翻译教学，让学生和教师之间实现快速交流与沟通，提高翻译教学效率，让学生更快地掌握 CAT 工具的使用，成为符合社会需要的高素质翻译人才。

图 1.11　朗瑞 CAT 企业版主要模块图

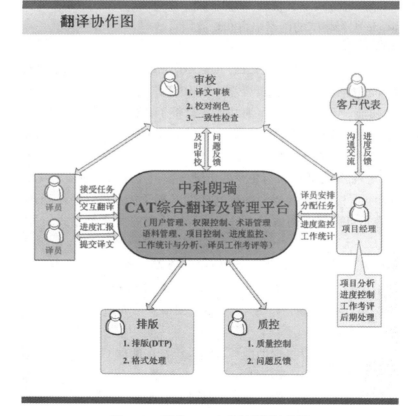

图 1.12　朗瑞 CAT 企业版翻译协作图

除了具有朗瑞 CAT 企业版大部分功能外，朗瑞 CAT 教学版还结合翻译教学特点，开发了以下功能：

● 对学员进行管理。可以对学员进行分类和分组管理，对学员的基本信息进行管理，对班级进行管理，管理和维护十分方便和灵活。同时可对学员的学习成绩进行考评，记录每个学生的学习情况，并进行统计。

● 具有建立语料库功能。可以利用系统建立教学语料库，包括专业术语库和参考例句库。学生可以随时利用语料库进行参考和学习，快速提高翻译能力。语料库存储在服务器上，可以重复使用，并根据需要进行扩展。

● 具有互动教学功能。学生和教师之间可以进行快速交流与互动，教师可以方便地进行各种演示，可以指定某个学生进行示范，或对某学生的屏幕进行监看并可以进行遥控辅导，可以方便地开展课堂讨论，这些都是在平台的协作下进行。教师和学生均可以不离开座位，通过计算机屏幕清楚地看到对方的操作，教学效率大大提高，同时还可以增加教学的互动性。

图 1.13 和图 1.14 分别为朗瑞 CAT 教学版主要模块构成图和系统结构图。

图 1.13　朗瑞 CAT 教学版主要模块图

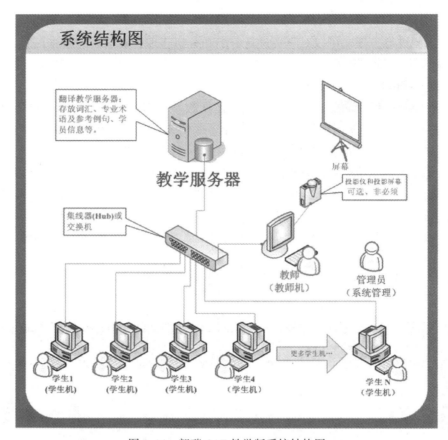

图 1.14　朗瑞 CAT 教学版系统结构图

本章小结

在本章中，我们首先分四个阶段对计算机辅助翻译发展史进行了一番回顾，而后厘清了计算机辅助翻译的基本概念，区分了计算机辅助翻译与机器翻译的工作原理，列出了翻译记忆这一计算机辅助翻译核心技术的主要功能、优势与局限，并对国内外十余款主流计算机辅助翻译软件进行了简要介绍。

思考与练习题

1. 计算机辅助翻译与机器翻译有何主要异同之处？

2. 翻译记忆的主要优势和主要局限有哪些？如何在翻译过程中最大限度发挥翻译记忆的优势？

3. 为什么翻译记忆系统以句子为默认文本切分单元而非段落？

4. 查阅相关资料，列出翻译记忆中的完全匹配和上下文匹配有何区别。

5. 选取本章介绍的任意一款国内外主流计算机辅助翻译软件，查阅资料，对其主要特色与不足加以详细评述。

第二章　翻译工具应用入门

在第一章的最后一节，我们对国内外多款主流计算机辅助翻译软件作了概述，这些大多数基于翻译记忆的软件对于译员提高翻译工作效率起到了不可忽视的作用。不过，在翻译过程中可供译员调遣的"利器"还不止于此，我们可以将此类能够对译员的翻译工作起到辅助作用、提高翻译质量与效率的"利器"视作广义层面上的"翻译工具"。当然这并非是严格意义上对翻译工具的定义。在本章，我们将会带领读者走近翻译工具，了解它们的基本概念、主要功能和使用方法。

第一节　翻译工具概述

翻译工具有广义和狭义之分，广义的计算机辅助翻译工具指能在翻译过程中提供便利的所有软件和硬件设施，包括：文字处理软件、文本格式转换软件、电子词典、在线词典等软件设备；还包括：计算机、扫描仪、录音器材等在内的各种硬件设备。而狭义的翻译工具指为提高翻译效率、优化翻译流程而设计的专门的计算机辅助翻译软件（Bowker，2002）。本章我们主要关注的是前者，即广义的翻译工具，以便让刚刚接触到计算机辅助翻译的读者对翻译工具有所了解，能够在翻译过程中适当选择、合理使用翻译工具。在后面的章节，我们会对后者（狭义的翻译工具）作详细讲解。

一、翻译工具的硬件配置

"工欲善其事，必先利其器"。为了优化翻译流程，提高翻译效率，译员需要对计算机硬件进行一些必要的配置。除了计算机本身的配置，还涉及打印机、扫描仪等外设。对于此类硬件设备的选择与操作，我们在此不加赘述。但是，译员需要注意的是，在选择个人计算机时，如果条件允许，应尽量选择配置较高的计算机（如 CPU 运行速度较快、内存和硬盘空间较大）。这是因为有些翻译工具（包括计算机辅助翻译软件）在运行过程中占用内存较多，对计算机运算速度要求较高，如果配置较低，可能会影响使用效果，反而会降低翻译工作的效率。

二、翻译工具的软件设备

除了硬件配置，对译员而言，在翻译过程中选择适当的工具软件，同样十分必要。其实有些翻译工具的使用和操作并不需要特别专业的计算机背景知识，初学者不必望而生畏。对于翻译工具所需的软件配置，译员涉及较多的主要包括：记字软件、计时软件、文字识别软件、文件格式转换软件等。

1. 记字软件

除了 Microsoft Word 软件内置的字数统计工具外，译员可以使用的常见记字软件有 WPS Office、AnyCount、PractiCount and Invoice、Trados、UltraEdit 等工具（钱多秀，2011：28-29）。

- Microsoft Word 2007 版的【审阅】栏中有"字数统计"工具，点击即可计算字数。
- WPS Office 是由金山软件股份有限公司自主研发的一款办公软件套装，其中 WPS 文字中内置有字数统计工具，其操作方法与 Microsoft Word 类似。
- AnyCount 能自动生成包括空格、不带空格字符、行、页和定制单位内的单词累计以及使用其他单位的累计。
- PractiCount and Invoice 可以在报价和开单统计字数时使用。
- Trados 软件也自带统计字数的工具，还可以导出统计报告。
- UltraEdit 是一款功能强大的文本编辑器，它的统计功能与 Microsoft Word 类似，但相比后者，其优势在于能够用于统计大型 TXT 文件的字数；它可以轻松打开一个大小数百 MB（相当于数万页）的文件，但其缺点是目前不支持中文字数统计。

2. 计时软件

在进行校对或者桌面排版时，客户通常要求按小时计费。译员使用的计时软件主要有 ExactSpent 工具，它可以计算用户花在某项具体工作上的时间，并存储时间记录，最后向客户报告（钱多秀，2011：29）。

3. 文字识别软件

论及文字识别软件，我们首先要介绍一下 OCR 技术。OCR（optical character recognition，光学字符识别）是指电子设备（例如扫描仪或数码相机）检查纸上打印的字符，通过检测暗、亮的模式确定其形状，然后用字符识别方法将形状翻译成计算机文字的过程，即对文本资料进行扫描，然后对图像文件进行分析处理，获取文字及版面信息的过程。

在实际工作中，客户提供给译员的待翻译文档中的文字有时并不能直接编辑和翻译，例如印制件或者图片格式的扫描件。在这种情况下，文档须经过 OCR 处理，才能对其中的文字进行编辑和翻译。目前比较成熟的汉字识别软件有汉王系列的 OCR 软件、清华紫光 OCR、尚书七号等；对于英文识别软件，识别性能最佳的软件之一就是俄罗斯泰比公司的 ABBYY FineReader。该软件不仅可以进行文字识别，还可以对编辑文件的格式进行选择和转换，我们将在本章的第二节对该软件的基本操作进行讲解。

如果译员手头没有上述专业文字识别软件，也可以巧妙地利用一下 CAJViewer 这款阅读工具。CAJViewer 是中国知网专用的电子图书全文格式阅读器，支持打开 PDF 格式的文件。该阅读器自带 OCR 组件，译员可以利用此组件功能，对 PDF 格式电子文档或扫描件中的文字进行简单识别操作。其操作步骤如下：

步骤 1：使用 CAJViewer 阅读器打开待识别的 PDF 文件，点击"工具"，选择"文字识别"，如图 2.1 所示。

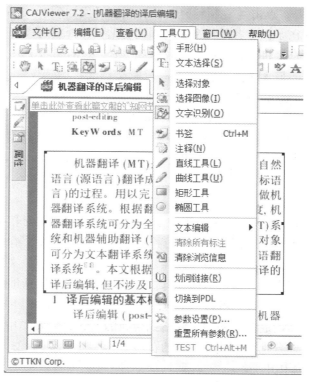

图 2.1　CAJViewer 工具栏下拉菜单

步骤 2：按住鼠标左键不放，框选需要识别的文字区域；确认待识别文字全部处在该区域后，松开鼠标左键，数秒后会自动弹出文字识别结果对话框，如图 2.2 所示。

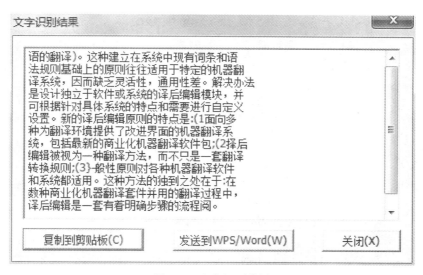

图 2.2　文字识别结果

步骤 3：根据需要，点击【复制到剪贴板】或者【发送到 WPS/Word】按钮，完成文字复制。二者的区别在于，前者是将文字复制到剪贴板，译员可以将其粘贴到空白文档或者指定文档；后者是直接将识别后的文字发送到 WPS 或 Word 文档中。

该文字识别方式的最大不足在于不能保留原文档的排版，仅能对文字进行识别。此外，也不支持打开 JPEG 和 TIFF 等图像格式的扫描件。

除文字识别外，译员还可以使用语音识别软件。通过语音识别技术，将音频中的内容转换为文字，使得翻译更为高效。现阶段比较成熟的语音识别软件有 Dragon Naturally Speaking① 和 IBM 公司的 ViaVioce 等软件。②

4. 文件格式转换软件

文件格式（或文件类型）是指电脑为了存储信息而使用的对信息的特殊编码方式，是用于识别内部储存的资料。例如有的储存图片，有的储存程序，有的储存文字信息。每一类信息，都可以一种或多种文件格式保存在电脑存储中；每一种文件格式通常会有一种或多种扩展名可以用来识别，但也可能没有扩展名。扩展名可以帮助应用程序识别的文件格式。例如，文档文件的扩展名可以为 DOC、DOCX、TXT、RTF、PDF 等。

在实际工作中，译员通常会遇到文件格式转换的问题，主要集中在 PDF 文件和 Word 文件之间的转换。下面分别介绍几种常用的转换工具。

（1）Word 转换为 PDF

最简单的方法就是使用 Microsoft Word③。如图 2.3 所示，在 Word 的文件菜单中，点

图 2.3　利用 Microsoft Word 2007 转换 PDF 文件

① 参见 http：//en. wikipedia. org/wiki/Dragon_NaturallySpeaking，最后访问时间为 2014 年 10 月 25 日。
② 参见 http：//en. wikipedia. org/wiki/IBM_ViaVoice，最后访问时间为 2014 年 10 月 25 日。
③ 使用 WPS 的转换方法与 Word 类似，在此不加赘述。

击左上方 图标，在下拉菜单中的"另存为"选项中选择"PDF 或 XPS"，指定保存路径后，点击【发布】按钮即可。①

第二种方法是利用 Bacth Word to PDF Converter 软件。它能快速把文件从 Word 文件转换成 PDF 文件，并且对 PDF 文件进行编辑；它还支持批量转换其他格式的文件为 PDF 文件，如 DOC、TXT、RTF 格式（钱多秀，2011：30）。

此外，我们还可以使用上文提到的 ABBYY FineReader 文字识别软件。该软件不仅可以将 Word 转换为 PDF，还可以实现 Word，PDF，Excel 文档及图片、照片、网页等文档之间的相互转换。

（2）PDF 转换为 Word

相比之下，PDF 文档转换为其他格式文档难度会更大一些，这是因为 PDF 格式的文档主要不是为了编辑而设计的，而是为了方便排版和打印。由于 PDF 文档的格式编码精确，将其转换为 Word 的 DOC 文档或者 TXT 纯文本时，容易出现文字乱码、排版混乱等问题。下面我们介绍几种能将 PDF 转换为 Word 文档的工具。

第一种方法是利用 AnyBizSoft PDF Converter 软件。该软件是一款 PDF 转换多种格式的软件，可以将 PDF 转换成 Word、Excel、PowerPoint、EPUB、HTML 和 TXT 等文档格式。如图 2.4 所示，此软件界面清晰，操作简易：启动软件后，在界面上方蓝色区域选择转换的文件类型，然后点击左下方的【添加】按钮，添加需要转换的原文件，再指定存储路径，即在"输入文件夹"选项中选择"自定义"来设置存储位置，最后点击【开始转换】按钮，即可完成转换。

图 2.4　AnyBizSoft PDF Converter 操作界面

---

① 此功能只在 Word 2007 或更高版本中才可以使用。

第二种方法是使用 ABBYY FineReader 软件。以 ABBYY FineReader 12 简体中文版为例，启动程序后，如图 2.5 所示，选择 "Microsoft Word" 的子选项 "图像或 PDF 文件到 Microsoft Word"，再选择要转换的 PDF 文件，程序在稍作分析之后将会自动生成 Word 文档，点击【保存】即可。

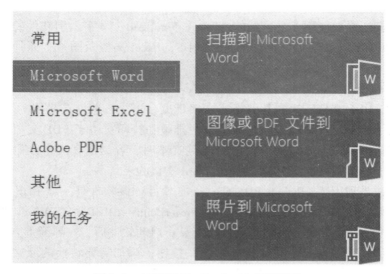

图 2.5　ABBYY FineReader 12 打开界面

此外，还有两款格式转换软件可供译员选择。一款是 Solid Converter PDF。该软件是一套专门将 PDF 文件转换成 DOC 的软件；除了转换成 DOC 文件外，还可以转换成 RTF 以及 Word XML 文件。该软件的一大优势是能最大限度保留原 PDF 文档中图片和图表版面样式；同时具有图片撷取功能，可以让译员将 PDF 文档中的图片和表格撷取出来，并导出到 Excel 中，方便编辑表格内的资料。另一款是 Acrobat X。最新版本的 Acrobat X 自带了 PDF 转换为 Word 的功能，可以支持 PDF 转换为 DOC 和 DOCX 格式。

第二节　文字识别工具的应用

前文提到，译员在实际翻译工作中，不可避免地会遇到不同格式类型的文档。一般情况下，译员对于 Word 格式文档较为熟悉和喜爱。因为拿到 Word 格式的文档后，译员无须转换文档格式，即可直接编辑。然而，如果译员拿到的是 PDF、JPEG（JPG）、TIFF 图像或者 HTML 网页格式等无法直接对文字进行编辑的电子文档，此时，将这些文档中的文字识别为可编辑的状态，为下一步的翻译工作铺平道路，则显得尤为重要。本节我们将以 ABBYY FineReader 12① 为例，介绍翻译过程中如何使用文字识别工具。

① 本节参考了上海泰彼信息科技有限公司（中国代表处）授权使用的《ABBYY FineReader 12 版使用指南》相关内容，特致谢忱。

一、ABBYY FineReader 主要特色简介

ABBYY FineReader 是一种光学字符识别（OCR）系统，用于将已扫描文档、PDF 文档、图像文件（包括数码照片）转换为可编辑格式。2014 年 4 月，ABBYY 推出了最新版本 ABBYY FineReader12，其主要特色如下：

- 识别快速精确——ABBYY FineReader 使用的 OCR 技术可快速精确地识别任何文档的源格式并保留源格式。其适应性文档识别技术（ADRT），可以将一个文档进行整体分析和处理，而无需逐页进行。这种方法保留了源文档的结构，包括格式、超链接、电子邮件地址、页眉页脚、图像和表格标题、页码和脚注。该软件在大多数情况不受打印缺陷的影响，可以识别以任何字体打印的文本；还可识别通过普通照相机或手机拍摄的文本照片，其附加的图像预处理功能能够显著提高照片质量，从而得到更准确的 OCR 结果。为提高处理速度，该软件充分利用多核处理器，并提供一个特殊黑白处理模式用于处理不需要保留颜色的文档。

- 支持全球绝大多数语言——可识别由其支持的 190 种语言构成的文本，或由这些语言共同构成的文本。支持语言包括：阿拉伯语、越南语、朝鲜语、中文、日语、泰国语和希伯来语，同时还可自动检测文档语言。

- 能够查看 OCR 结果——ABBYY FineReader 带有内置文字编辑器，可用于比较已识别文本与源图像，以及做出任何必要的更改。如果对自动处理的结果不满意，则可以手动指定要捕捉的图像区域识别非常用字体。

- 用户界面直观——软件自带多个预配置的自动化任务，包括最常见的 OCR 场景，只须点击鼠标即可将扫描件、PDF 和图像文件转换成可编辑的文档；可与 Microsoft Office 和 Windows 资源管理器进行集成，这样可直接从 Microsoft Outlook、Microsoft Word、Microsoft Excel 中识别文档，或只须在右键单击文件即可。

- 支持快速引用——可将识别的文字片段轻松地复制并粘贴到其他的应用中。页面图像可即时打开，在整个文档完成识别之前可进行查看、选择和复制。

- PDF 归档——可将纸质文档转或扫描的 PDF 转换成可搜索的 PDF 和 PDF/A 文档。其 MRC 压缩可用于减小 PDF 文件的大小，并且无损显示质量。

- 支持多种保存格式及云存储服务——可将已识别的文本以 Microsoft Office 格式（Word、Excel 和 PowerPoint）、可搜索的 PDF/A 和 PDF 格式长期保存，也可保存为流行的电子书格式；可以将结果保存在本地，或使用云存储服务（Google Drive、Dropbox 和 SkyDrive）。

- 包括两个附带应用程序（ABBYY Business Card Reader 和 ABBYY Screenshot Reader）——前者可从名片中捕捉数据并直接保存至 Microsoft Outlook、Salesforce 和其他联系人管理软件；后者可以对整个窗口进行截屏，或选择区域并识别其中的文本。

二、启动界面

与 ABBYY FineReader 11 相比，除了任务栏中一些选项位置稍作调整之外，ABBYY FineReader 12 最具有突破性的创新在于任务窗口增加了 Microsoft Excel 选项，可以将电子

文档转换为可编辑的 Excel 表格文档，为译员提供了便利。如图 2.6 所示。

图 2.6　ABBYY FineReader 12 启动界面

　　在启动界面中，译员需要选择任务、文档语言、色彩模式三个选项。具体操作步骤如下：

　　步骤 1：在"任务"窗口中，根据需要选择五个选项卡其中之一，单击选项卡即可。以下是这五个选项内容的说明：

　　● 常用——列出了最常见的 ABBYY FineReader 任务，包括扫描到 Microsoft Word、图像或 PDF 文件到 Microsoft Word、扫描到 PDF、图像文件到 PDF、快速扫描、快速打开、扫描并保存图像 7 个选项。

　　● Microsoft Word——列出了将自动化文档转换为 Microsoft Word 的任务，包括扫描到 Microsoft Word、图像或 PDF 文件到 Microsoft Word、照片到 Microsoft Word 3 个选项。

　　● Microsoft Excel——列出了将自动化文档转换为 Microsoft Excel 的任务，包括扫描到 Microsoft Excel、图像或 PDF 文件到 Microsoft Excel、照片到 Microsoft Excel 3 个选项。

　　● Adobe PDF——列出了将自动化文档转换为 Adobe PDF 的任务，包括扫描到 PDF、图像文件到 PDF、照片至 PDF 3 个选项。

　　● 其他——列出了将文档自动化转换为其他格式的任务，包括扫描到 HTML、图像或 PDF 文件到 HTML、扫描到 EPUB、图像或 PDF 文件到 EPUB、扫描至其他格式、图像或 PDF 文件到其他格式。

步骤 2：在"文档语言"下拉菜单中，选择匹配导入文档的语言。

步骤 3：从"色彩模式"下拉菜单中选择导入文档的色彩模式。

其中："全彩色"模式代表保留文档色彩；而"黑白"模式将文档转换为黑白，可以减少文档大小，加速文档处理速度。译员应注意，当文档转换为黑白之后，不能恢复色彩。若要获得彩色文档，译员需扫描彩色的纸质文档或重新打开彩色文档。

译员单击自己所需的选项之后，将会出现任务识别进度窗口（如图 2.7 所示），并自动生成且打开可编辑的文档（如图 2.8 所示）。待文件自动识别结束后，启动界面将会转到 ABBYY 编辑窗口。

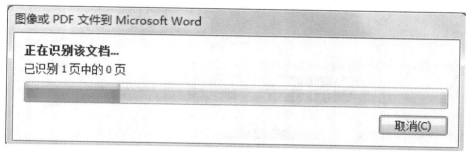

图 2.7 ABBYY FineReader 12 任务识别进度窗口

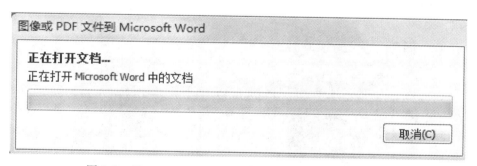

图 2.8 ABBYY FineReader 12 自动生成并打开可编辑文档

三、文档读取、分析与编辑

当启动界面转到 ABBYY 编辑窗口时（如图 2.9 所示），文档的读取和分析就可以在源文件区、编辑区和分析区进行了。

1. 源文件区

源文件区显示的是源文件的读取结果，ABBYY 会对文档的逻辑结构进行分析，检测源文件中不同类型的区域，如文本、图片、表格、条形码等，并使用不同颜色进行区分。我们下面对源文件区的选项进行简单说明，如图 2.10 所示。

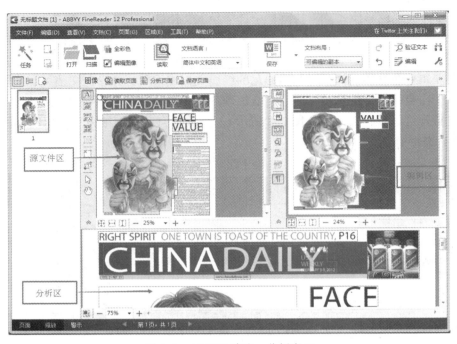

图 2.9　ABBYY 读取、分析窗口

图 2.10　源文件区

- 键——读取页面，点击此键对源文件进行读取。

- 键——分析页面，点击此键对源文件进行分析。

- 键——保存页面，此键虽处在源文件区域，其作用是对可编辑的文档进行保存。点击此键会出现保存文件窗口。

- 键——绘制文本区域，点击此键，译员可以选择和绘制文本区域。

- 键——绘制图片区域，点击此键，译员可以选择和绘制图片区域。

- 键——绘制背景图片区域，点击此键，译员可以选择和绘制背景图片区域。

- 键——绘制表格区域，点击此键，译员可以选择和绘制表格区域。

- 键——绘制识别区域，点击此键，译员可以选择和绘制识别区域，包括文本、图片、表格等。

- 键——删除区域，点击此键，译员可以删除所选区域。

- 键——将区域排序，点击此键，译员可以对所选区域进行排序。点击此键后，鼠标变成"十字"形状，右下角带有"123"数字。在需要排列顺序的区域进行点击，区域左上角会出现排列顺序的数字。

- 键——选择对象，点击此键，译员可以选择自己要编辑的对象。

- 键——手形工具，点击此键，译员可以对源文件进行上下拖拽。滑动鼠标滑轮，也可以实现此功能。

- 键——显示区域属性，点击此键，源文件区会出现下拉区域，如图 2.11 和图 2.12 所示，译员可以查看区域属性和图像属性。

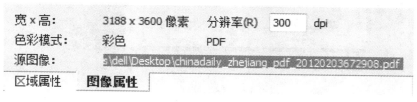

图 2.11 区域属性

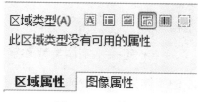

图 2.12 图像属性

- ⊞ ⊟ ⊡ 键——分别为最佳适应，适应宽度，适应高度。点击这三个键，源文件将分别调整到最佳大小，最佳宽度或高度。

- − 25% ▾ ＋ 键——缩放，点击下拉箭头或左右两边"−"或"＋"，译员可以选择和调整源文件的缩放比例。

对于上述功能按钮，译员可以将鼠标移至源文件不同的区域，单击鼠标右键，在弹出菜单中，选择读取、删除、更改文档类型、缩放等操作。

2. 编辑区

在编辑区内，译员可以对识别后的文档进行编辑。如图 2.13 所示，识别后的可编辑文档基本和源文件匹配，并且布局和源文件基本一致。译员只须对文字做少许编辑即可，以下对编辑区的选项进行具体说明：

图 2.13 编辑区

- 正文文本 (2) + Minç ▾ A! 键——文本样式及文本样式编辑器，点击此键，译员可以在下拉菜单中查看和编辑文本样式。

- MingLiU_HKSCS ▾ 7 ▾ 键——字体类型和字体大小，单击此键，译员可以在下拉菜单中改变可编辑文本的字体类型及大小。

- ≫ 键——显示键，单击此处，译员可以在下拉菜单中看到字体加粗，斜体，对齐方式等选项，译员可以根据需要进行操作。

- 键——保留图片，如果源文件中有图像，读取之后，此键处于选中状态。如果译员不需要编辑文档中的图片，点击此键可删除图片。

- 键——保留页眉和页脚。读取之后，此键也处于选中状态，若无需页眉和页脚，单击此键可删除。

- 键——保留换行符。单击此键，可保留换行符。

- 键——突出显示疑似错误字符和非词典单词。单击此键后，译员可以在编辑区内看到有红色波浪线和高亮字体，说明这些文本存在问题，需要译员进行编辑和修改。

- 键——上一个错误，点击此键或 Alt 键+向左箭头，跳至上个错误处。

- 键——下一个错误，点击此键或 Alt 键+向左箭头，跳至下个错误处。

- 键——将文本标记为已验证，点击此键或者 Ctrl+Q，可将已经编辑完毕的文本标识为已验证。

- 键——显示不可打印字符，单击此键，编辑文本中将会显示出不能打印的字符。译员可以及时编辑或修改不可打印的字符。

- 键——显示文本属性，点击此键，可以查看和更改文本的属性。如图 2.14 所示，译员也可以在此下拉菜单中查看更改字体的样式、语言等。

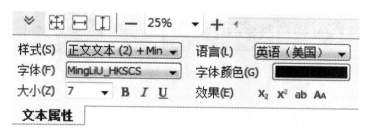

图 2.14　文本属性

- 键——分别为最佳适应，适应宽度，适应高度，点击这三个键，将分别把编辑文档调整到最佳大小，适应的宽度和高度。

- 键——缩放，点击下拉箭头或左右两边"−"或"+"，译员可以选择和调整源文件的缩放比例。

3. 分析区

在分析区，译员可以看到更为清晰的读取和识别后的源文件。此区域将源文件的读取结果进行放大，并且随着鼠标在源文件区的移动而显示对应的部分，更方便译员对不同的区域进行编辑和读取，如图 2.15 所示。

图 2.15　分析区

事实上，分析区是对源文件区的放大。译员也可以在分析区内对不同区域进行读取，将鼠标移至分析区的不同区域，单击右键，在弹出菜单中对区域进行读取、删除、缩放、查看属性等操作。

四、编辑过程中的常见问题

1. 部分区域未正确检测和识别

ABBYY 在识别分析原文本后，会在编辑区显示出识别结果，但部分区域可能会出现未正确检测和识别的情况，如图 2.16 和图 2.17 所示，编辑区内将右侧的图片视作文本类型进行识别，故而出现了乱码的现象。遇到这种情况，译员可按照如下步骤操作，来修正识别：

图 2.16　源文件区部分区域

图 2.17　编辑区对应区域

步骤 1：点击 绘制区域键，将未识别的区域在源文件区或分析区内选中；

步骤 2：单击右键，在弹出菜单中查看"将区域类型更改为"选项，将区域类型更改为对应类型，例如将"文本"更改为"图片"，如图 2.18 所示。

步骤 3：单击右键，在弹出菜单中单击"读取"。这样，再次读取后，原来被视作文本类型进行识别的区域，就会以图片类型进行识别了。

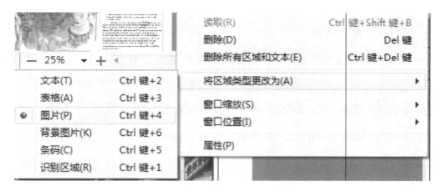

图 2.18 更改区域类型窗口

2. 更改文本方向

译员如果需要将文本区域的字体改变方向或者排列成垂直形式，可以参考以下步骤：

步骤 1：在源文件区点击 ⌃ 显示属性键，也可以在源文件区或分析区选定文本区域单击右键，在弹出菜单中点击"属性"，如图 2.19 所示。

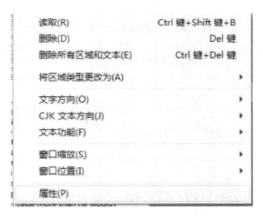

图 2.19 单击右键弹出"属性"菜单

步骤 2：源文件区窗口出现属性选项，如图 2.20 所示。点击"方向"或"CJK 文本方向"，分别在下拉选项中点击所需选项即可。

图 2.20 属性窗口

3. 未检测和识别条码区域

在默认情况下，ABBYY 禁止条码识别①。如有需要，译员可按以下步骤来重新识别条码区域：

步骤1：点击 🔧 选项 键，在弹出菜单中，点击"读取"选项，选择"查找条形码"选项，点击【确定】按钮，如图 2.21 所示。

图 2.21　查找条码窗口

步骤2：在源文件区或分析区内，选定条码区，单击右键，在弹出菜单选项中，单击"读取"即可。

4. 字体被换成"?"或"□"

译员如果在编辑区发现文本文字被换成"?"或"□"，说明所选字体没有涵盖文本中用到的所有字体。此时译员可按照以下步骤来恢复字体：

步骤1：选择被换成"?"或"□"的文本片段。

步骤2：单击右键，在弹出菜单中选择"属性"，在编辑区内出现"文本属性"窗口，如图 2.22 所示。

---

①　ABBYY FineReader 12 可自动检测到以下类型的条码：Code 3 of 9、Code 93、Code 128、EAN 8、EAN 13、Postnet、UCC－128、UPC－E、PDF417、UPC－A 和 QR 代码。

图 2.22 文本属性窗口

步骤 3：单击 "字体"，在下拉菜单中选择所需字体即可。

需要注意的是，如果译员在其他计算机上识别或编辑 ABBYY FineReader 文档，该文档中的文本有可能在另一台计算机上无法显示。如果出现上述情况，译员需要在此计算机上安装该文档所需的字体，或者更改字体类型。

5. 文本中包含多个特殊或不常见术语

如果要识别的文本中含有多个特殊或不常见术语、缩写或名称，译员可以将其添加至词典，以提高识别准确度。具体操作步骤如下：

步骤 1：点击 "工具栏"，单击 "选项" 或直接点击 🔧 **选项** 键。

步骤 2：在窗口中点击 "高级" 选项，单击【用户词典】按钮，如图 2.23 所示。

图 2.23 "高级" 选项窗口

步骤 3：在用户词典窗口中，选择不常见术语所属的语言，单击【查看】按钮，如图 2.24 所示。

图 2.24　用户词典窗口

步骤 4：在对话框中输入特殊或不常见术语（以单词"wooooh"为例），点击【添加】按钮，如图 2.25 所示。如果译员有 PMD、TXT、DIC 扩展名的词典文件，可以在此窗口点击【导入】按钮，丰富 ABBYY 本地词典。

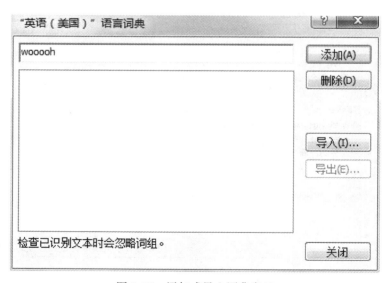

图 2.25　添加或导入词典窗口

6. 竖排文字或反转文本的处理

如果译员碰到竖排文字或是反向文字文档（如图 2.26 所示），经过扫描后，也能够通过 ABBYY FineReader 或者 Microsoft Word 两种方式的相关功能改变字体方向。具体操作方法如下：

确实，在表现文字的竖排在文字处理办公软件中非常容易就可以实现。由于这种效果在网页制作中并不多见，所以这个问题的讨论比较少。但是在制作具有中国古代特色的网站，如文字历史、书法、名胜古迹旅游等网站时，如果用上竖排的文字，配以古色古香的背景及朴实陈旧的色彩，在视觉上会获得意想不到的效果。

图 2.26　竖排文字（PDF 格式文档）

（1）使用 ABBYY FineReader 改变文字方向

对于竖排文字，译员将文档添加并读取之后，点击"区域属性"，在"CJK 文本方向"的下拉菜单中选择文本方向，如图 2.27 所示。选择之后，再次对文档进行读取即可。

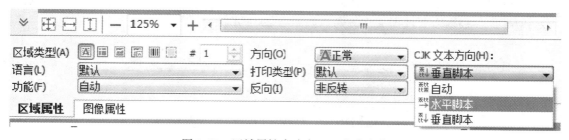

图 2.27　区域属性内改变 CJK 文本方向

对于反向文字，其操作方法与处理竖排文字类似，点击"区域属性"，在"反向"的下拉菜单中进行选择，再次读取文档即可。

不过译员要注意，使用 ABBYY FineReader 12 改变文本方向，无论原文本是图片格式还是 PDF 格式，都可能会出现乱码。建议在读取之后，使用 Word 来改变文本方向。

（2）使用 Word 改变文本方向

步骤 1：启动 ABBYY FineReader，添加读取文件时，选择将文件保存为 Microsoft Word 格式，如图 2.28 所示。

图 2.28　启动界面

步骤 2：读取之后，在自动生成的 Word 文档中，点击"格式"，在下拉菜单中点击"文字方向"，根据需要选择文字方向，如图 2.29 所示。

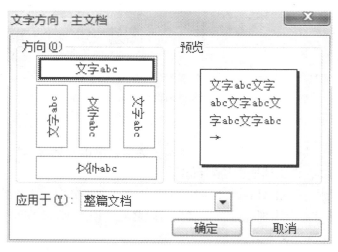

图 2.29　Microsoft Word 文字方向窗口

步骤 3：选择完成后，点击【确定】按钮，保存 Word 文档即可。

如果译员需要的生成文档格式并非 Word 的 DOC 格式，可以将上述步骤作为一个中转步骤，再次运行 ABBYY FineReader，将刚保存的 Word 文档作为原文件，再次添加读取，保存为 PDF 文档或者其他要求的文档。

五、保存编辑文档

在译员编辑完成之后，需要对编辑好的文档进行保存。保存的方法有两种：

方法 1：在 ABBYY 工作窗口中，单击 键的倒三角，在弹出下拉菜单中，选择所需要保存的文档类型即可，如图 2.30 所示。

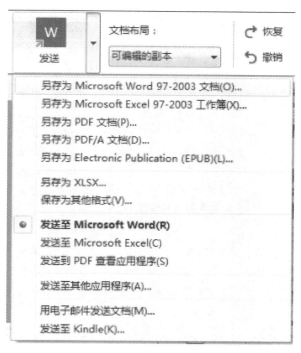

图 2.30　保存窗口

方法 2：单击文件栏，将鼠标移至"将文档另存为"选项，在下拉菜单中选择所需的文档类型进行保存即可。

第三节　电子词典与在线翻译工具的应用

译员在翻译过程中，除了基本的硬件配置、文字识别及格式处理软件之外，还可能使用到电子词典和在线翻译工具。广为熟知的电子词典有灵格斯、有道、金山词霸、句酷等，在线翻译工具有百度翻译，Google 译者工具包等。在本节，我们将简单介绍几款常见的电子词典，并结合实例，具体演示在线翻译工具 Google 译者工具包的操作流程。

一、灵格斯（Lingoes）①

灵格斯是一款简明易用的词典和文本翻译软件，支持全球超过 80 多个国家语言的词典查询和全文翻译，支持屏幕取词、划词、剪贴板取词、索引提示和真人语音朗读功能，并提供海量词库免费下载、专业词典、百科全书、例句搜索和网络释义等功能。

灵格斯创新性地引入了跨语言内核设计及开放式的词典管理方案，同时还提供了大量语言词典和词汇表下载；其内置的基础英汉词典、海词在线词典、句酷双语例句、网络释义、互动百科、即时翻译等均十分实用。

图 2.31 为灵格斯启动界面。

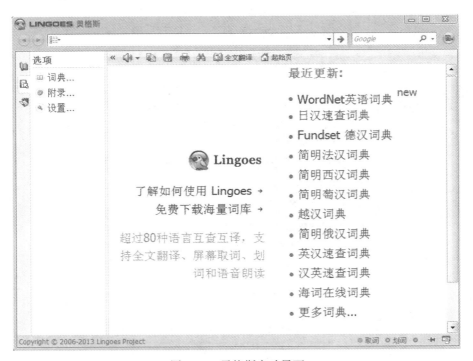

图 2.31　灵格斯启动界面

二、有道词典（Youdao）②

有道词典完整收录了国内外词典领域几部最权威词典，如《21 世纪大英汉词典》、《新汉英大辞典》、《现代汉语大词典》等，它具有地道的原声翻译、智能屏幕取词、实时同步网络最新词汇等功能，兼容 Windows 7 操作系统，且内容丰富全面，释义详尽，提供了同义词、反义词、例句、常用词组等参考信息。最新版有道词典 5 加入了世界最大的语

---

① 参见 http：//www. lingoes. cn/zh/translator/index. html，最后访问时间为 2014 年 10 月 30 日。

② 参考了 http：//www. youdao. com/，最后访问时间为 2014 年 10 月 30 日。

料库《柯林斯高级英汉双解词典》，其 OCR 功能可以强力取词，即使是图片中的文字也可以轻松获取，对于 PDF 等资料阅读也更加方便。

目前有道词典已经有多个版本，其中包括桌面版、手机版、Pad 版、网页版、离线版、Mac 版以及各个浏览器插件版本。

图 2.32 为有道词典桌面版启动界面。

图 2.32　有道词典桌面版启动界面

三、金山词霸（Iciba）①

金山词霸最大亮点是内容海量权威，支持离线查词，除了 PC 版，金山词霸也支持 iPhone、iPad、Mac、Android、Symbian、Java 等，也可直接访问爱词霸网站。金山词霸最新版在 UI 界面、功能设置、词典质量、翻译引擎等方面全面升级：完整收录《柯林斯 COBUILD 高阶英汉双解学习词典》，采用全新机器翻译引擎，生词本全平台同步，本地词

---

① 参考了 http：//cp.iciba.com/，最后访问时间为 2014 年 10 月 30 日。

典专业优化，147 本专业词典重新整合，新增悬浮查词窗口。

图 2.33 为金山词霸桌面版界面。

图 2.33　金山词霸桌面版界面

四、句酷（Jukuu）①

句酷是双语例句翻译工具。在机器翻译远达不到令人满意的效果的情况下，句酷率先提出了用搜索解决翻译的概念。其主要原理是利用信息检索技术，在海量的双语例句对中提供双语的互译信息。由于这些双语例句对主要是人工翻译而成的，因此准确率要比机器翻译的结果高出很多，对于翻译从业人员与学生，是一种重要的辅助翻译工具。

目前，句酷已经积累了上千万的双语例句，拥有中英、中日、日英三种语言对（如图 2.34 所示）。为满足不同用户在不同条件下的搜索需求，句酷还开发出了句酷在线英文版、桌面句酷、句酷翻译机、句酷 Office 扩展栏等系列产品。用户不必访问句酷主页也可以搜索双语例句。通过与互联网站如灵格斯在线词典、翻译中国等合作，句酷已经通过各种方式将双语例句搜索功能结合到其他网站或词典软件中，使用户在上网过程中任何时候都能进行百度搜索。句酷的 WAP 版、句酷手机终端可以使用户通过手机或平板电脑等无

---

① 参考了 http：//www.jukuu.com/，最后访问时间为 2014 年 10 月 30 日。

线平台随时进行双语例句搜索。

图 2.34　句酷网页界面

五、百度翻译①

百度翻译提供中英、中日、中韩、中泰、中西、中法、中阿、英泰、英日、普通话和粤语等 22 个方向的翻译服务。2011 年 7 月，百度正式推出 Web 端百度翻译，支持文本翻译和网页翻译两种类型，在翻译框输入想要翻译的文本或网页地址，即可获得翻译结果。

2013 年 2 月，百度翻译发布 Android 客户端，成为全球 Android 平台首款支持离线翻译的应用，提供权威柯林斯词典结果和例句，支持离线翻译、语音翻译、摄像头翻译、跨软件取词翻译和情景例句等功能。同年 3 月又发布了 IOS 客户端。

除此之外，百度翻译研发团队通过 Clouda 框架，研发出一款适配 Android 等多平台的云端一体应用。用户在百度客户端中搜索"翻译"，点击搜索结果中的"进入客户端"即可下载 Clouda 版百度翻译进行体验。下载完成后，再次点击"进入客户端"激活后直接打开。Clouda 版不再需要时常更新，应用的数据会在云端自动更新，确保用户只要开启就会获得最新的功能和体验。

图 2.35 为百度翻译界面。

图 2.35　百度翻译界面

---

① 参考了 http：//fanyi.baidu.com/#auto/zh/，最后访问时间为 2014 年 10 月 30 日。

六、必应翻译①

必应词典是由微软亚洲研究所研发的新一代在线词典，是微软首款中英文智能词典。它基于微软强大的技术实力和创新力，独创性地推出近音词搜索、近义词比较、词性百搭、拼音搜索、搭配建议等功能，结合了互联网"在线词典"及"桌面词典"的优势，依托必应搜索技术，即时发现并收录网络新词。

图 2.36 为必应翻译界面。

图 2.36 必应翻译界面

七、Google 译者工具包（Google Translator Toolkit）

Google 译者工具包是一款整合的辅助翻译平台，它为翻译人员提供包括翻译辅助、机器翻译、协作平台和 Talk 等服务。它整合了谷歌翻译、所见即所得编辑器、开发的评分系统、分享系统、维基百科以及 Knol，目前支持编辑和翻译 50 多种语言。其特别之处在于该系统还提供了翻译记忆库、术语和词汇表的上载重用机制，并提供了全球翻译记忆库供翻译人员使用。②

下面我们结合实例，具体讲解一下使用 Google 译者工具包的操作流程：

---

① 参考了 http：//baike. baidu. com/view/6421268. htm，最后访问时间为 2014 年 10 月 30 日。

② 参考了 http：//zh. wikipedia. org/wiki/Google%E8%AF%91%E8%80%85%E5%B7%A5%E5%85%B7%E5%8C%85，最后访问时间为 2014 年 10 月 30 日。

1. 登录

步骤 1：打开谷歌主页（http：//www.google.com.hk/），点击页面上面工具栏"更多"选项，在下拉菜单中选择"翻译"，如图 2.37 所示。

图 2.37　Google 主页

步骤 2：进入 Google 翻译后，点击"译者工具包"进入登录界面①，输入电子邮件及密码，点击【登录】按钮，如图 2.38 所示。初次使用 Google 译者工具包的译员需要先在该页面进行注册。

图 2.38　译者工具包登录界面

---

①　Google 的搜索功能在我国内地受限。其译者工具包虽然可以正常打开并使用，但有时也会出现网络连接错误或者访问受限的情况。借助代理服务器可以在一定程度上解决上述问题；关于代理服务器的使用，我们不在本书进行讲解。

2. 添加记忆库和术语库

步骤 1：登录完成后，在图 2.39 所示界面左侧菜单栏中，选择"工具"中的"翻译记忆库"，并点击【上传】按钮。

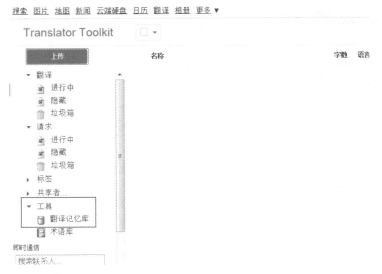

图 2.39　登录后界面

步骤 2：在图 2.40 所示界面中，点击【浏览】按钮，上传 TMX 格式的翻译记忆库 "Translation Memory"，点击【添加 TM】按钮后，翻译记忆库创建成功。

图 2.40　上传翻译记忆库

这里需要注意的是，如果选择翻译记忆库为"公用"，则所有用户都可以搜索其中的翻译；如果选择为"非公用"，则只有译员本人或译员明确授权共享访问权限的用户才能使用。

步骤 3：在"工具"中依次点击"术语库"和【上传】按钮来添加指定格式的术语库。点击【浏览】按钮选择要添加的术语库，再点击【上传术语库】完成术语库上传，如图 2.41 所示。

图 2.41　创建术语库

3. 添加待翻译的内容

步骤 1：记忆库和术语库添加完成后，点击"请求"栏中的"进行中"，选择"上传"选项，上传待翻译内容。

步骤 2：在"添加要翻译的内容"菜单中，译员可根据需要，在"上传文件"、"输入网址"、"输入文本"、"输入维基百科文章"和"选择 YouTube 视频"五个选项中进行选择，如图 2.42 所示。

图 2.42　添加要翻译的内容

59

　　若翻译内容较少，译员可直接选择"输入文本"选项，将内容直接输入图2.43所示的对话框内，并按提示项选择源语和目标语，点击【下一步】，即可生成译文。

图2.43　输入文本

　　若需要对网页进行翻译，译员可点击"输入网址"选项。在输入该网页网址后，按提示项选择源语和目标语，点击【下一步】，即可自动生成翻译，如图2.44和图2.45所示。

图2.44　输入待翻译网页的网址

图 2.45　网页翻译输出结果

若需要对文档进行翻译，译员可参考以下步骤：

步骤 1：点击"上传文件"，然后单击【浏览】按钮，选择待翻译文档，并按提示项选择源语和目标语，如图 2.46 所示。

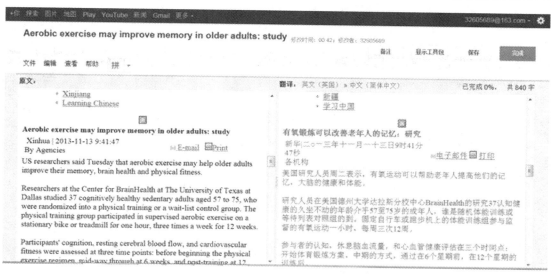

图 2.46　添加翻译文档

步骤 2：点击【下一步】，即可自动生成译文，如图 2.47 所示。

图 2.47　译文输出结果

步骤 3：对照原文栏和译文栏，在译文栏点击需要编辑修改的句段，即可选定该句段。译员可以对右侧编辑框中译文不准确的地方逐句进行修改，如图 2.48 所示。

图 2.48　修改译文

在修改译文的过程时，译员可以根据需要调用公共翻译记忆库或者个人添加的翻译记忆库。

若要使用公共翻译记忆库，点击右上方【显示工具包】按钮，在屏幕下方出现的

"自定义翻译搜索"处输入译文,即可在公共翻译记忆库内搜索出与当前翻译句段相关的翻译结果。译员可根据需要使用匹配率最高的译文;对该译文进行修改后的译文句段也会存入公共翻译记忆库。

若要使用个人添加的翻译记忆库,点击右上方【显示工具包】按钮,在屏幕下方出现的"自动翻译搜索"处会显示出"翻译搜索结果"、"机器翻译"与"术语库"三个来源的译文。译员可参考这些搜索结果,决定取舍后,点击【采用翻译】按钮,然后在编辑框内对译文作出简单修改即可,如图 2.49 所示。

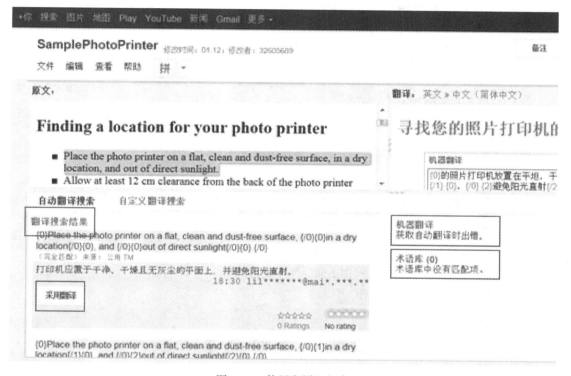

图 2.49　使用翻译记忆库

在翻译过程中,译员如果需要合并或拆分句段,可以首先在原文区域选定该句段,然后点击菜单左上方的"编辑",选择"合并句段"或"拆分句段",在弹出窗口单击确定拆分位置后,点击【确定】即可,如图 2.50 所示。

步骤 4:对全部译文进行修改和校对后,点击右上方的【完成】按钮,即可完成该文档的翻译。点击左上方菜单的"文件"按钮,可以对译文进行保存或下载。

以上我们仅对 Google 译者工具包的基本操作流程作了一番讲解。限于篇幅,还有一些在翻译过程中可能涉及的功能未有提及,读者可根据实际情况自行摸索。

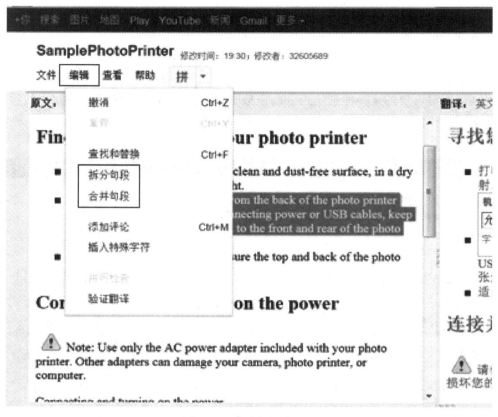

图 2.50 合并与拆分句段

第四节 百 科 全 书

在翻译过程中，译员经常会碰到一些不太熟悉的语域或者行业术语，那么通过查询百科全书或百科知识，来了解这些语域或行业术语，对于加深对相关语域背景知识的了解，增强对待翻译文本的认知，改善译文质量，是一个有效的途径。网络中有大量网站可供译员参考，在此我们仅选择几个主要网站作简要介绍。

一、维基百科（Wikipedia）①

维基百科是一个自由、免费、内容开放的网络百科全书，是一个基于维基技术的全球性多语言百科全书协作计划，同时也是一部用不同语言写成的网络百科全书，其目标及宗旨是为全人类提供自由的百科全书——用他们所选择的语言书写而成，是一个动态的、可

---

① 参考了 http：//www. wikipedia. org/，最后访问时间为 2014 年 10 月 27 日。

自由访问（绝大多数国家）和编辑的全球知识体。其口号为"维基百科，自由的百科全书"。中文则附加"海纳百川，有容乃大"。图 2.51 为维基百科网站主页。

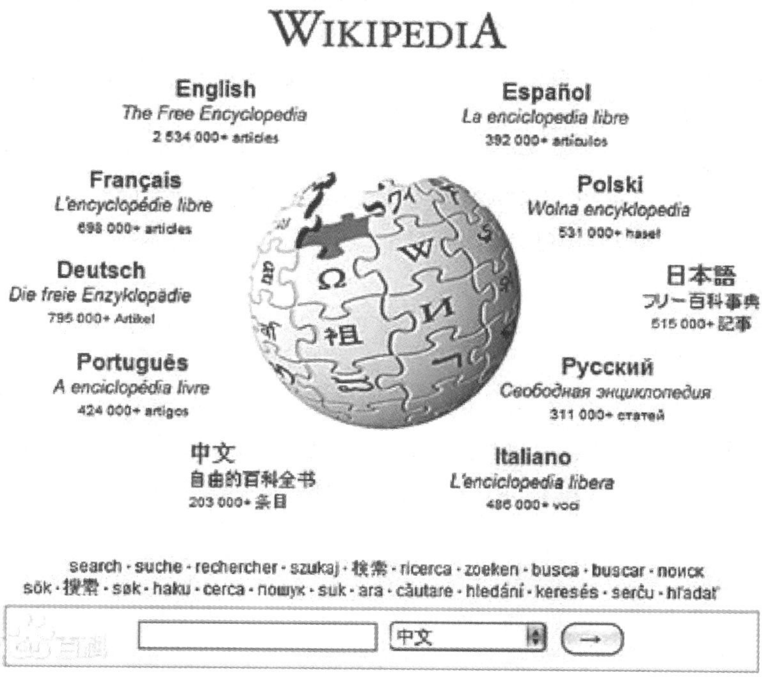

图 2.51　维基百科（Wikipedia）网站主页

维基百科自 2001 年 1 月 15 日正式成立，由维基媒体基金会负责维持，其大部分页面都可以由任何人使用浏览器进行阅览和修改。因为维基用户的广泛参与共建、共享，维基百科也被称为创新 2.0 时代的百科全书、人民的百科全书。这本全球各国人民参与编写，自由、开放的在线百科全书也是知识社会条件下用户参与、大众创新、开放创新、协同创新的生动诠释。英语维基百科的普及也促成了其他计划，例如维基新闻、维基教科书等计划的产生，虽然也造成对这些所有人都可以编辑的内容准确性的争议，但如果所列出的来源可以被审查及确认，则其内容也会受到一定的肯定。维基百科中的所有文本和其他内容都是在 GNU 自由文档许可证下发布的，以确保内容的自由度及开放度。所有人在这里所写的文字都将遵循 Copyleft 协议，所有内容都可以自由分发和复制，真正实现全民共享信息资源。

截至 2014 年 7 月 2 日，维基百科条目数第一的英文维基百科已有 454 万个条目。全球所有 282 种语言的独立运作版本共突破 2100 万个条目，总注册用户也超越 3200 万人，而总编辑次数更是超越 12 亿次。中文的大部分页面都可以由任何人使用浏览器进行阅览和修改。

二、Encyclopedia Britannica①

《不列颠百科全书》（英文名：Encyclopedia Britannica），又称《大英百科全书》，该百科全书被认为是当今世界上最知名也是最权威的百科全书，由世界各国、各学术领域著名专家学者（包括众多诺贝尔奖得主）为其撰写条目。它囊括了对人类知识各重要学科的详尽介绍，和对历史及当代重要人物、事件的详实叙述，其学术性和权威性为世人所公认。2012 年 3 月宣布停印纸质版，全面转向数字版。

历经两百多年修订、再版的发展与完善，该百科全书已形成英文印刷版装订 32 卷，电子版本和在线版本也已推出。1994 年正式发布《大英百科全书网络版》（ Encyclopedia Britannica Online），网络版除包括印本内容外，还包括最新的修改和大量印本中没有的文章，可检索词条达到 98 000 个。

三、Answers. com②

Answers.com 是 Answers 目前运营的一个问答平台。在 Answers.com 网站，用户可提出问题或为现有问题提供答案，也可寻找社区会员创立问答话题。目前网站用户数量超过1.5 亿户，已编辑答案超过 150 亿条。该网站推出的名为 Hoopoe 的全新 Twitter 功能允许 Twitter 用户将问题发送至@ AnswersDotCom，Answers. com 将自动搜索并提供与之匹配的解答及相关链接。

四、Ask③

Ask 原名 AskJeeves，是一家老牌的搜索服务网站。该网站成立于 1996 年，在美国是继 Google、雅虎和微软之后的第四大搜索引擎，2005 年被 IAC 公司收购。Ask 是一个支持自然提问的搜索引擎，其数据库内储存有超过 1000 万个问题解答。若用户所提问题答案不在其数据库中，该网站将会提供相关问答与链接以供用户参考。

五、中文百科网站

除了上述英文百科全书网站，译员还可以访问一些中文百科网站，例如：百度百科（http：//baike. baidu. com/）、中国百科网 （http：//www. chinabaike. com/）、互动百科（http：//www. baike. com/）、新浪爱问知识人 （http：//iask. sina. com. cn/） 等均属国内知名百科网站。百度百科收录内容包括热门词条榜、热点关注、知名人物、各学科知识、汉语字词或特定主题的组合。中国百科网涵盖最新百科搜索、各学科分类、多种词典搜索、生活知识、技术知识等。互动百科是基于中文维基技术的网络百科全书，截至目前已经发展成为由 484 万用户共同打造的超过 700 万词条、5 万个分类、68 亿文字、721 万张图片的百科网站。爱问知识人是全球最大的中文网络门户网站——新浪旗下的一个问答平

---

① 参见 http：//www. britannica. com/，最后访问时间为 2014 年 10 月 27 日。

② 参见 http：//www. answers. com/，最后访问时间为 2014 年 10 月 27 日。

③ 参见 http：//www. ask. com/，最后访问时间为 2014 年 10 月 27 日。

台，该平台为用户提供发表提问、解答问题、搜索答案、资料下载、词条分享等全方位知识共享服务，内容涉及电脑/网络、教育/科学、文化/艺术、商务/法律等多个领域。

本章小结

在本章中，我们首先简要介绍了广义和狭义层面翻译工具的基本概念，着重讲解了广义上的翻译工具软硬件配置以及常见文档格式之间的转换方法；然后以 ABBYY FineReader 12 的基本操作为例，演示了在翻译过程中如何使用文字识别工具；其后我们又对常用的电子词典、在线翻译工具以及百科全书进行了概述，并对 Google 译者工具包的使用进行了详细讲解。实际上，我们在本章中所介绍的翻译工具，对于译者的翻译"兵器库"而言，只是算是冰山一角。限于篇幅，我们对本地化工具、字数统计工具、批量更名工具、文档管理工具、双语对齐工具、桌面搜索和网络（元）搜索工具等翻译工具的使用均未作讲解，读者可以结合自身实际摸索其使用方法，学会选择有效的翻译工具，提高翻译工作的质量与效率。

思考与练习题

1. 广义和狭义上的翻译工具在概念上有何区别？除了本章提及的翻译工具，译员在翻译工作中还会经常用到哪些翻译工具？它们分属哪一类？

2. 除了 Word 与 PDF 文档之间的转换，在翻译过程中，还可能经常遇到哪些文档类型之间的转换？分别使用哪些翻译工具来实现其转换？

3. 在使用 ABBYY FineReader 12 识别文档的过程中，遇到部分区域未能正确检测和识别的情况，应当如何处理？

4. 自己找一些术语条目，分别利用本章介绍的英文和中文百科网站查询其释义与信息介绍，比较上述百科网站的优劣势。

5. 分别自建小型的术语库和记忆库，在 Google 译者工具包中添加该术语库和记忆库，尝试翻译一篇 Word 文档。

第三章　SDL Trados Studio 2014 入门

　　上一章，我们对广义层面的翻译工具应用进行了介绍。从本章开始，我们将用五章的篇幅对狭义层面（即基于翻译记忆）的计算机辅助翻译软件的主要功能和基本操作流程进行讲述，本章主要介绍 SDL Trados。

　　SDL Trados 是目前世界一流的计算机辅助翻译桌面软件，全世界有超过 200 000 名专业译员使用 SDL 辅助翻译软件。该软件搭建了一个适用于专业译员的完整平台，将编辑、审校、项目管理和术语库等有机结合起来，在其强大的翻译记忆技术支撑下，译员能够提高工作效率和翻译质量，降低翻译时间和翻译成本；该软件给广大译员、语言专家和本地化企业带来了极大的帮助。目前，该软件最新版为 SDL Trados Studio 2014。在本章，我们将由浅入深地对其主要功能和基本操作逐一进行介绍。

第一节　软件特色与新增功能介绍

　　SDL Trados 软件在以往版本成功的基础之上，经过不断优化，于 2013 年 9 月由其开发商 SDL 公司推出了最新版——SDL Trados Studio 2014，该版本比原来任何版本都更为简便、快捷、智能，同时具有更高的集成性与定制性。下面我们介绍其主要特色与新增功能。[①]

一、更简便——熟悉的外观，更简洁易用

　　SDL Trados Studio 2014 增强用户体验，提供更完善有效的界面，在翻译速度以及简化翻译和项目管理任务两方面均有所改善。

　　● 全新的导航功能——Studio 2014 推出了全新的导航功能，以整齐的方式对选项、工具和帮助资源进行分类，让译员可以轻松快速地访问。这个简单的新方法有助于译员即时找到所需功能并更轻松地开展工作。新用户界面虽然有所变化，但仍旧延续简单易学的风格。

　　● 入门界面——不熟悉 SDL Trados Studio 2014 的译员可即刻利用"入门"资源。全新的欢迎界面让译员轻松访问视频教程和帮助文档，从而使其尽快入门并熟悉操作方法。

　　● 轻松翻译对齐——Studio 2014 提供全新、先进的对齐技术，系统可以从以前翻译过的文档创建翻译记忆库（TM）。以前的翻译文档只要是 Studio 2014 支持的文件类型，在翻译环境中均可用来生成新的 TM。至关重要的是：句段的顺序得以保留，用户有机会

---

　　①　本节参考了 http：//www.sdl.com/cn/download/what-is-new-in-sdl-trados-studio-2014-product-brief/4067 相关内容，最后访问时间为 2014 年 8 月 22 日。

利用高质量的上下文匹配，其中上一句段可用于评估匹配的准确性。

二、更快捷——达到前所未有的速度

SDL Trados Studio 2014 在速度和可靠性上均达到新高度。译员可以利用迅捷的响应速度来提高工作效率，一系列增强功能还可保证 Studio 2014 更快捷、更智能且更易于使用。

- 更快地进行批处理——使一些文件的预翻译速度提高 3~5 倍。测试结果表明：在某些情况下，一些文件的预翻译速度可提高 70 倍。
- 单个文档分析——如果译员需要快速进行文档分析，全新的单个文档分析功能可使其在无须保存文件的同时生成报告。
- 快速访问共享术语——提高了 SDL GroupShare 术语用户实时共享 SDL MultiTerm 术语库的连接速度。
- 更多文件过滤器得到更新——持续采用包含有新增文件格式和更新文件格式的项目，包括：更快速的全新 XLIFF 过滤器，可支持备选翻译；更快速的全新 HTML 过滤器，可支持 HTML5 和 SGML；重新开发更快速的 TTX 过滤器；增强版 XML 过滤器，可支持 ITS 2.0 等开放的 W3C 标准。

三、更智能——提供详细信息

对于可完成的任务量，SDL Trados Studio 2014 制定了新标准，同时确保译员可以最大限度地利用所有可访问的翻译资产。

- 强大的自动相关搜索——当在翻译记忆库中未找到匹配当前源句段的结果时，Studio 2014 能够执行自动相关搜索；另外，为了让译员更好地利用翻译记忆库，匹配的最大数量由 49 增加至 99。
- 随时合并文件——几乎可在翻译流程的任何阶段合并可翻译的文件，从项目文件包中已合并的文件将在创建返回文件包时自动拆分为原文件。
- 增强的 AutoSuggest——提高人工翻译速度，即使译员使用的翻译记忆库比较小也不受影响。仅需 10 000 个翻译单元即可创建 AutoSuggest 词典。
- "跳过"锁定句段——Studio 2014 忽略所有锁定句段（不仅是 PerfectMatch 句段），同时自动移至下一个未确认句段。
- 拖放文件至编辑器——支持将电脑桌面上的文件直接拖放至编辑器环境中，可快速打开文件进行翻译。
- 更好地处理 Microsoft Word 文件中的评论——Studio 2014 为译员提供新的处理评论选项：评论可以被提取并确认为可翻译状态或 Studio 评论；在最终生成的文档中，译员可以管理目标文本选择性显示的评论。
- 能够锁定 100% 匹配的句段——准备翻译文件之前，项目经理可以锁定 100% 匹配的句段，从而防止翻译过程中编辑这些句段。
- 锁定句段报告——译员在分析包含锁定句段的项目文件时，可获得一份单独的 SDL Trados Studio 2014 报告，报告可为其提供更为直观和准确的成本评估。
- 自定义 TM 用户 ID——支持创建个人的用户 ID 并跟踪个人翻译记忆库的记忆情

况。默认情况下，Studio 会将用户的 Windows 用户名用作 TM 用户 ID。用户可以轻松地通过 TM 用户 ID，确认谁更改了基于文件翻译记忆库中的内容。

- 新项目文件接受源语言——当译员向项目中添加新的翻译文件时，Studio 会自动切换至源语言，将参考文件拖入项目目标语言，同时选中"参考文件"选项。

- 重复内容的新显示过滤器——支持过滤多次出现的句段、含重复内容的句段以及与其他句段重复的句段。

- Microsoft Windows 8 同步支持——利用最新的技术趋势，Studio 2014 中的语言支持与 Windows 8 同步更新。

四、更友好——Studio 的集成性与定制性

Studio 2014 不仅是 CAT 工具，还旨在让翻译延伸至其他应用领域平台。例如借助 Studio 2014，SDL OpenExchange 平台性能得以延伸，实现与其他系统更深入的集成和自定义，译员还可自行修改用户界面（UI）。

- 可提高工作效率的应用程序

打开备选翻译环境中的文件——只需下载 SDL OpenExchange 应用程序商城中提供的新文件过滤器，译员就可以接手任何工作。语言服务提供商也可以与任何译员进行合作。过滤器定义适用于 Wordfast 等产品生成的第三方双语文件格式。

译后编辑分析——高级社区为 Studio 2014 创建了插件，用于审校机器翻译经过编辑后两种文本的差别。

客户报价——译员可以通过下载相应的应用程序，了解如何使用 SDL Trados Studio 2014 的分析功能，从而快速创建客户报价。

- SDL Studio GroupShare 2014 的高级项目管理功能

SDL Trados Studio 2014 可连接至全新的 SDL Studio GroupShare 2014，后者提供大量新功能，可让项目经理简化和加速处理所有本地化项目。

安全的任务分配——使用 SDL Studio GroupShare 2014 翻译同一项目时，项目经理可以在项目不同阶段为 SDL Trados Studio 2014 用户分配工作。采取"阶段"这种方式可让项目经理完全了解并掌控译员及其翻译内容。已获得分配任务的译员可以下载和处理分配的文件，还可以将其上传回服务器，然后准备进入项目的下一阶段。

电子邮件通知——完成任务分配后，团队成员将自动收到一封电子邮件，内含具体工作内容的说明。

- 与 SDL WorldServer 深入集成

对于使用 SDL WorldServer 进行翻译管理的本地化团队，如果将 Studio 2014 和 SDL WorldServer 文件包配合使用，则可以让工作流程更为顺畅。

实时访问 SDL WorldServer 翻译记忆库——直接访问最新版 TM，在 Studio 中确认翻译内容的同时还将实时更新 TM。

简化文件包打开流程——让 SDL WorldServer 文件包使用起来更快捷、更轻松。

快捷的返回文件包——在 Studio 2014 中完成翻译后，译员只需要完成一次点击，就可以将文件包上传回 SDL WorldServer。

合并文件以提高工作效率——打开 SDL WorldServer 文件包时，所有文件均显示为单个文档，省去了切换文件所需的时间。

项目/任务属性——SDL WorldServer 中定义的项目和文件属性同样可以在 Studio 2014 中查看。

- SDL OpenExchange Developers API

全新的 API 实现了更深入的自定义和集成，可以在开发人员合作伙伴社区（即 SDL OpenExchange）获得。

SDL Trados Studio 2014 更新的集成 API——能够轻松与公司系统集成，新选项现可用于自定义用户界面。例如，开发人员可以添加新的 UI 元素和自定义视图。

SDL GroupShare 基于 REST 的 Web 服务 API——核心服务器的新型轻量级 API 访问能够实现 TM 和术语查找以及项目跟踪与发布等功能。

第二节　软件界面与基本设置

一、软件界面介绍

SDL Trados Studio 2014 是 SDL 家族最新的翻译记忆库软件。它不仅集成了译员所需的编辑、审核和管理翻译记忆库、项目和术语的工具，而且还集项目管理、机器翻译和计算机辅助翻译（CAT）工具于一体，能够全面、有效地管理翻译项目，大幅提高整个翻译供应链的工作效率并实现绩效最大化，适于项目经理、译员、编辑人员、校对员及其他语言专业人士使用。

图 3.1 为 SDL Trados Studio 2014 的整体界面。

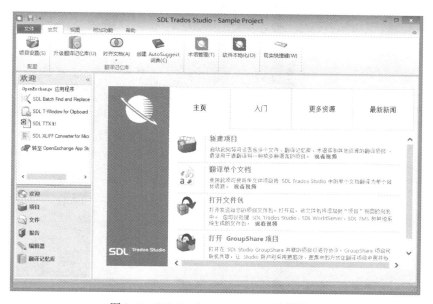

图 3.1　SDL Trados Studio 2014 整体界面

可以看出，SDL Trados Studio 2014 与此前的 SDL Trados Studio 2011 版本在界面整体布局上变化不大，但更加清新简洁。下面我们重点介绍一下 SDL Trados Studio 2014 整体界面左侧"导航窗格面板"各选项卡的具体功能：

- 欢迎（Welcome）——提供快速链接访问常用操作的功能，包括：新建项目、翻译单个文档、打开文件包、更新翻译记忆库、定义默认的全局设置、术语管理（SDL MultiTerm）、软件本地化（SDL Passolo Essential）、打开 GroupShare 项目等。
- 项目（Projects）——用于管理翻译项目，便于及时地查看项目信息，跟踪项目状态。
- 文件（Files）——提供处理项目文件的一系列操作，译员不仅可以打开文件进行翻译、审校和处理，而且还可以查看文件的字数以及翻译进度。
- 报告（Reports）——主要功能是查看项目报告，为译员提供详细的翻译分析数据。
- 编辑器（Editor）——翻译和审校文档，整个翻译的关键操作均在此完成。
- 翻译记忆库（Translation Memories）——提供翻译记忆库的创建和管理功能。

如果译员需要在 SDL Trados Studio 2014 中激活上述某个选项卡所在的界面，只需要点击带有该界面名称的按钮或该界面的图标即可实现。

二、基本设置

在进行翻译工作之前，译员可以对翻译文档进行一下基本设置，并根据需要将其设为默认设置，这样就可以在所有翻译项目中使用相同的设置和资源。译员可以点击"文件"菜单中的"选项"（如图 3.2 所示），对其进行设置。

图 3.2　选项设置菜单

　　此时，弹出如图3.3所示窗口，译员可以对编辑器、AutoSuggest（自动提示）、文件类型、内嵌内容处理器、质量检测、语言对、默认任务序列、翻译记忆库视图、颜色、键盘快捷键、自动更新、欢迎视图和Java Runtime Engine启动等进行设置。

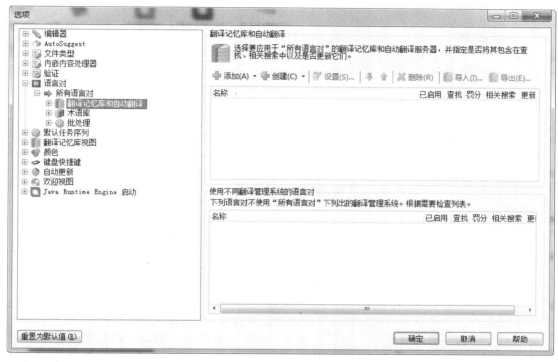

图3.3　选项设置窗口

　　以语言对设置为例：语言对设置用于存储从一种特定的源语言翻译为另一种特定的目标语言的相关设置。在适用的所有语言对中，通常会配置其使用的资源和选项。多语言资源（例如术语库和服务器翻译记忆库）可能用于多个语言对；双语言资源（例如文件翻译记忆库）只用于一个特定的语言对。

　　因此，译员可以指定英译汉或者汉译英过程中选择使用哪个翻译记忆库、术语库和其他资源。通常，译员可在所有语言对一栏配置翻译资源和编辑设置。这些设置随后将应用到所有语言对中，翻译资源也将应用到与其相关的所有语言对中。例如，如果译员在"所有语言对"一栏选择多语言服务器翻译记忆库，其中包含英语到汉语和英语到法语语言对，这两个语言对的翻译都将使用此翻译记忆库。如果译员在所有语言对一栏将最低匹配率更改为65%，则此匹配率将应用于所有语言对。当然，针对每个语言对，可以定义这些设置的个别例外情形。例如，如果译员想为英语到汉语语言对设置不同的最小匹配率，可以在个别语言对选项中更改设置，如图3.4所示。

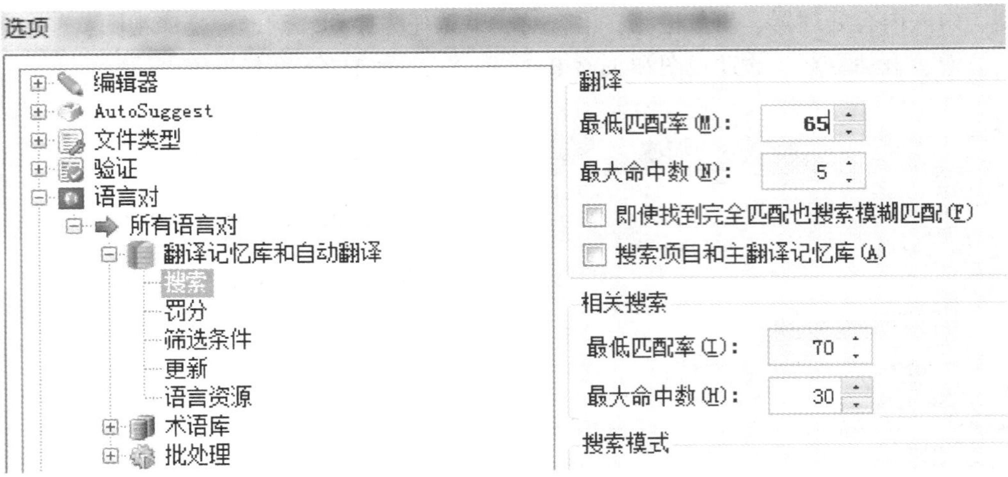

图 3.4　更改最低匹配率

译员还可以根据需要对软件其他参数进行设置，在此不加赘述。

第三节　创建翻译记忆库

一般而言，译员不论使用何种计算机辅助翻译软件，如果没有翻译记忆库和术语库作支撑，就无法有效发挥其作用。这就好比士兵手中虽然拥有一把枪，但如果只是一把空枪，而没有子弹的话，再好的枪，其威力也无法显现出来。在某种意义上，翻译记忆库和术语库在计算机辅助翻译过程中，就扮演着子弹的重要角色。但如果译员是"白手起家"，手中没有现成的翻译记忆库和术语库，这就必须在开始翻译之前，根据需要创建翻译记忆库与术语库，以及有选择地将现有外部数据文件导入翻译记忆库和术语库，以供翻译过程中调用。这是在翻译工作开始前十分必要和重要的一项工作。

翻译记忆库是在 SDL Trados Studio 2014 的翻译记忆库界面中创建和维护的。根据译员的权限级别，译员可以在翻译记忆库界面中执行以下任务：创建翻译记忆库，打开翻译记忆库，编辑和删除翻译记忆库中的翻译单元，为翻译单元分配自定义字段值，搜索和筛选翻译记忆库数据，向翻译记忆库导入内容，从翻译记忆库导出内容，创建语言资源模板等。在本节，我们将对 SDL Trados Studio 2014 界面下翻译记忆库的基本操作进行介绍。

一、SDL Trados Studio 2014 翻译记忆库界面介绍

点击软件主界面左侧导航窗格面板的"翻译记忆库"选项卡，可以切换到翻译记忆库界面视图，如图 3.5 所示。

图 3.5 翻译记忆库界面整体视图

图 3.5 是翻译记忆库界面整体视图，它包含以下组件：

- 导航窗格——译员可以在此查看当前打开的基于文件和基于服务器的翻译记忆库，以及在它们之间切换；译员还可以查看语言资源模板、功能区选项卡和组包含维护工具（如图 3.6 所示）。
- TM 并排编辑器窗口——译员可以在此对翻译记忆库执行维护（如图 3.7 所示）。
- 搜索详情窗口——译员可以在此创建筛选条件并将其应用至翻译记忆库（如图 3.8 所示）。
- 字段值窗口——译员可以在此查看和编辑选定的翻译单元的字段值（如图 3.9 所示）。

图 3.6 导航窗格

图 3.7 TM 并排编辑器窗口

75

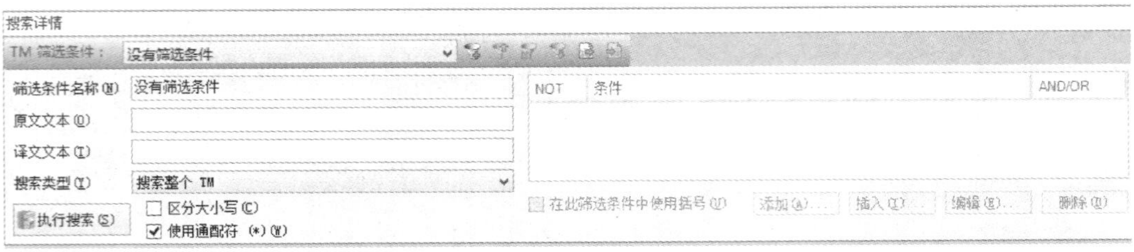

图 3.8 搜索详情窗口

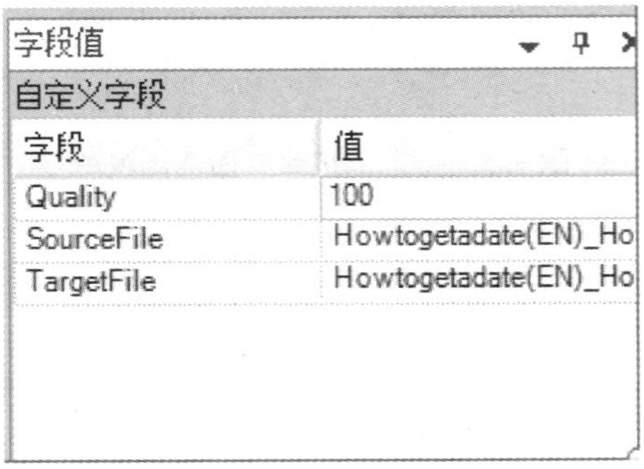

图 3.9 字段值窗口

二、新建翻译记忆库

创建翻译记忆库的类型有两种：一种是基于文件的翻译记忆库，另一种是基于服务器的翻译记忆库。下面我们以创建基于文件的"英文-中文"翻译记忆库为例进行讲解，译员可以遵循以下步骤进行操作：

步骤 1：点击界面导航窗格面板中的"翻译记忆库"，以切换到翻译记忆库界面。

步骤 2：点击文件菜单任务组中的"新建"（如图 3.10 所示）；或按快捷键组合"Alt+Shift+N"，此时将显示新建翻译记忆库向导的常规页面，如图 3.11 所示。

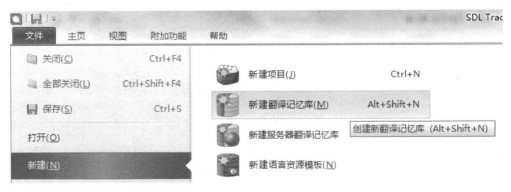

图 3.10 新建翻译记忆库命令菜单

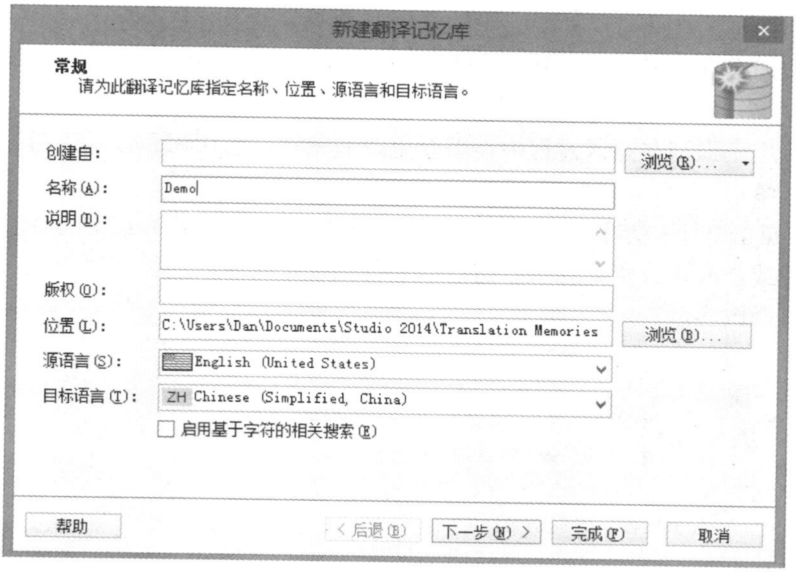

图 3.11 新建翻译记忆库向导

步骤 3：在"名称"框中输入新建翻译记忆库的名称"Demo"；为新建翻译记忆库指定一个存放路径（当然也可以保存在默认路径下）；检查并根据需要从源语言和目标语言下拉列表中选择 English（United States）和 Chinese（Simplified，China），点击【下一步】。

步骤 4：创建一个名为"项目"的文本字段。译员可以在此指定与翻译单元相关联的项目：将光标放置在名称栏，输入项目名称，如图 3.12 所示。

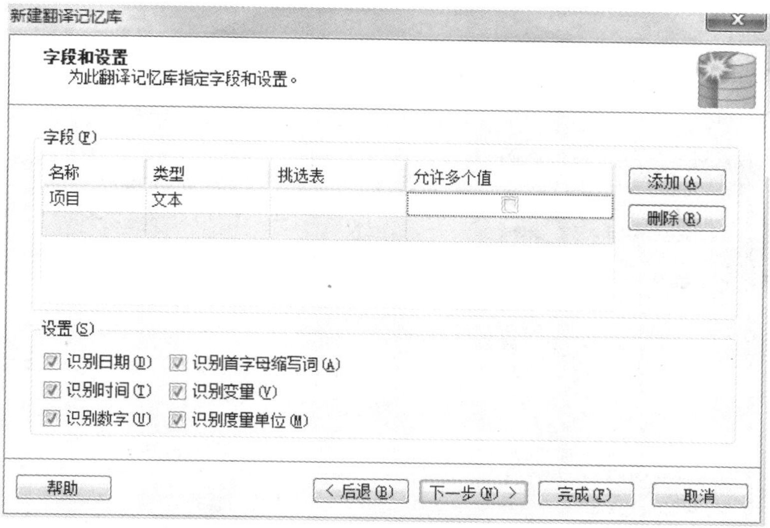

图 3.12 翻译记忆库字段设置

　　需要说明的是，在此对话框中，光标悬停在类型字段上时将会显示一个箭头，点击箭头以显示下拉列表并选择文本。译员还可以创建日期、编号和时间字段。译员如果选中"允许多个值"复选框，可以在此为翻译单元指定多个相关联的项目。位于字段和设置页面底部的设置用于识别在翻译过程中不需要更改的元素，启用识别设置之后，这些项目标识为已识别标签。

　　步骤 5：点击【下一步】。此时将显示语言资源界面（如图 3.13 所示）。译员可以在此界面下创建或修改语言资源列表。这些列表与翻译记忆库处理的句段规则一起使用，并用于识别不可译内容。

图 3.13　语言资源设置

　　步骤 6：点击【完成】以创建翻译记忆库，此时将显示正在创建页面，如图 3.14 所示。

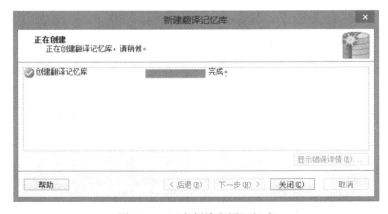

图 3.14　正在创建翻译记忆库

步骤7：当正在创建页面上项目的状态变为完成后，点击【关闭】以保存新建的翻译记忆库。翻译记忆库将以扩展名".sdltm"保存到创建记忆库时指定的文件路径。新创建的翻译记忆库"Demo"已被添加至导航窗格的"翻译记忆库"文件夹中，如图3.15所示。

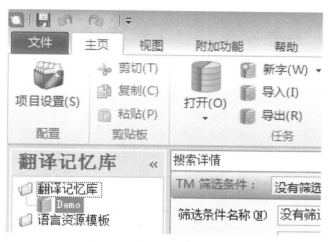

图3.15　翻译记忆库创建完成

三、导入数据

目前，我们已经完成了翻译记忆库的创建工作。但是，我们所创建的翻译记忆库只是一个空库，里面没有任何翻译单元。因此，我们需要通过导入数据，即批量添加双语句对，才能使之发挥作用。导入数据的方式主要有两种：一种是导入现有外部文件，另一种是通过对齐文档导入。下面我们分别介绍这两种导入方式如何实现。

1. 导入现有外部文件

译员可以将现有外部文件导入新创建的翻译记忆库。目前支持导入的主要文件类型包括：

- Translation Memory Exchange 文档（＊.tmx、＊.tmz.gz）。
- SDL XLIFF 双语文档（＊.sdlxliff）。
- TRADOStag 文档（＊.ttx）。
- SDL Edit 文档（＊.itd）。

我们以导入一个"＊.tmx"文件为例，演示此种方式的操作流程：

步骤1：点击界面导航窗格面板中的"翻译记忆库"，以切换到翻译记忆库界面。

步骤2：如图3.16所示，右键单击新创建的翻译记忆库"Demo"，选择弹出菜单中的"导入"；或者选中翻译记忆库"Demo"后，点击界面上方导航栏【导入】按钮。

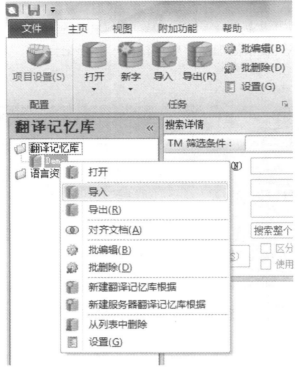

图 3.16　导入文件菜单

步骤 3：此时弹出"导入文件"向导（如图 3.17 所示），点击【添加文件】按钮，添加要导入的文件"Demo.tmx"后，点击【下一步】。

图 3.17　添加待导入文件向导

步骤 4：如图 3.18 所示，译员根据需要设置 TMX 导入选项，此处我们可选择默认选项，即"导入数据将主要与新的、本地源文件或仅通过 SDL Trados Studio 处理的文件配合使用"，点击【下一步】。

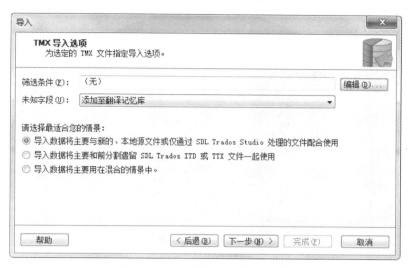

图 3.18　TMX 导入选项设置向导

步骤 5：如图 3.19 所示，译员根据需要设置常规导入选项，设置完成后，点击【下一步】。需要注意，如果勾选"导出无效翻译单元"，可以避免将"Demo.tmx"文件中的无效翻译单元导入翻译记忆库。这样操作的优点是可以尽量杜绝向翻译记忆库中添加冗杂无效信息，为其把关，从而为后期可能涉及的翻译记忆库管理提供便利。

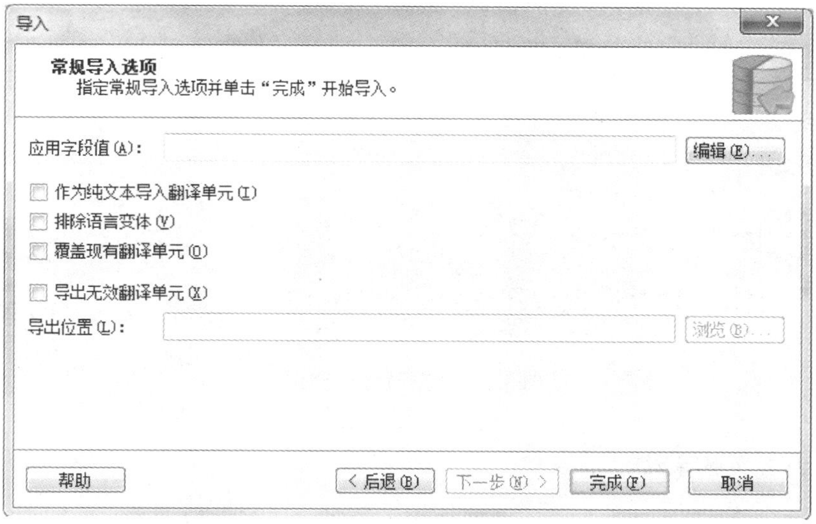

图 3.19　常规导入选项设置向导

步骤 6：译员等待全部翻译单元导入完成后，点击【关闭】，退出"导入文件"向导，如图 3.20 所示。我们可以看到成功导入的翻译单元有 277 个，并且没有出现错误。

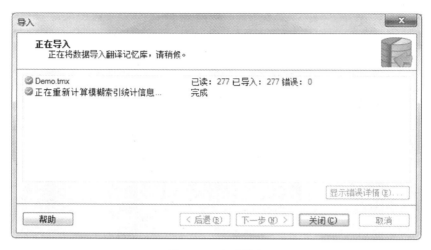

图 3.20　完成导入

步骤 7：此时，我们又回到翻译记忆库界面，右键点击"Demo"，选择弹出菜单的"打开"，或者双击"Demo"，打开翻译记忆库，此时可以看到我们导入的翻译单元已经成功显示在 TM 并排编辑器窗口中了，见图 3.21。

图 3.21　打开翻译记忆库

2. 通过对齐文档导入

对于 SDL Trados Studio 2011 以及之前版本的用户而言，他们使用的是软件自带的 WinAlign 组件来实现双语句对的对齐。通常情况是，必须建立对齐"项目"，添加现有源文档和目标文档，进行一些可能相当重要的配置和设置，最后才能开始对齐流程。在对齐完成后，还要在编辑器中打开结果并进行适当编辑。待编辑完成后，才能将结果导出为 TMX，然后导入翻译记忆库，而这个过程同样需要大量手动操作，即使有操作向导也不例外。

随着翻译技术的发展，WinAlign 越来越多地暴露出存在的问题，例如它无法支持许多新文件格式，而且操作过程十分烦琐。因此，SDL Trados Studio 2014 在对齐功能方面有了较大改观，其最新集成的对齐功能要比 WinAlign 先进。现在即使是批处理任务只要单击就可完成。更重要的是，它所支持的所有文件格式都能支持对齐功能，所以无须在两个地方保留设置。译文可以添加至新建或现有的翻译记忆库。同时，为了保证译文质量，译员还可以使用一个简单的滑块对最小匹配标准进行设定。整个流程变得更加简便、快捷和智能。

下面我们就来演示一下如何通过对齐文档向新创建的翻译记忆库中导入数据。

步骤 1：在翻译记忆库界面下点击界面上方导航栏【对齐文档】按钮，如图 3.22 所示。

图 3.22　对齐文档命令菜单

步骤 2：此时弹出"对齐文档"向导。如图 3.23 所示，点击【添加】按钮，选择"文件翻译记忆库"，点击【下一步】。

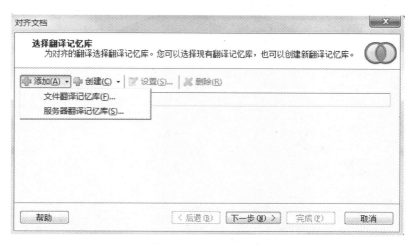

图 3.23　对齐文档向导

83

步骤 3：此时译员需要分别添加原文文件和译文文件。如图 3.24 所示，添加完成后，点击【下一步】。

图 3.24　添加原文文件和译文文件

这里需要说明的是，SDL Trados Studio 2014 的对齐功能非常智能。译员可以在这一步添加软件支持的所有文件类型的源文件和目标文件，而且不用逐一添加。此外，译员还可以通过选择"按文件夹列出的原文文件"来添加需要对齐的所有文件，即可实现一步添加所有子文件夹中的文件，只需要指定源文件和目标文件的根文件夹即可。

步骤 4：此时进入对齐和 TM 导入选项设置环节，译员可以根据需要分别对对齐质量值和 TM 的应用字段值进行设定，如图 3.25 所示。我们在本例中保留默认参数设置，点击【完成】。

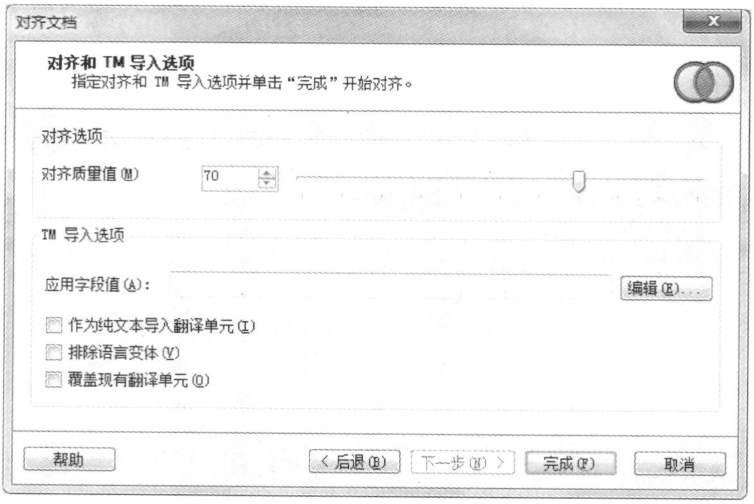

图 3.25　对齐和 TM 导入选项

步骤5：译员等待全部翻译单元导入完成后，点击【关闭】，退出"对齐文档"向导，如图 3.26 所示。我们可以看到原文文件和译文文件已经成功完成对齐，并已全部导入翻译记忆库。

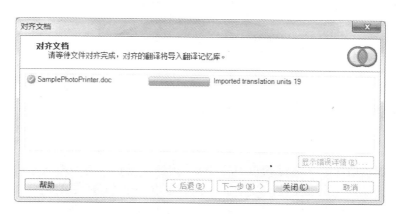

图 3.26 对齐文档完成

需要强调的是，SDL Trados Studio 2014 虽然具有强大的自动断句和对齐功能，能够准确地对绝大多数原文和译文句对进行自动对齐处理，但是为了保证翻译记忆库的高质量和精确度，建议对自动对齐过的句段进行人工检查，以最大限度保证翻译记忆库的质量，这是枯燥烦琐却十分重要的一个步骤。

此外，为确保在翻译过程中使用翻译记忆库时能够获得高质量的匹配，译员可以对翻译记忆库进行下列更改：

- 搜索包含拼写错误的源句段并进行改正。
- 将更改保存到已编辑的翻译单元。
- 创建筛选条件查找某个特定译员添加的所有译文，从而方便译审审阅这些译文。
- 使用批编辑来同时修改多处译文中的拼写。
- 从以前翻译的双语文档中导入翻译单元，以便将来翻译更新内容时使用它们。

译员还可以对翻译记忆库执行其他维护，例如分配或更改自定义字段值、导出和导入筛选条件、导出翻译记忆库数据以及利用导出和导入操作来实现若干个相同语言对设置的翻译记忆库合并工作等。上述具体维护工作，译员可以在翻译记忆库界面下完成。限于篇幅，我们在此不作具体演示和讲解。

最后需要说明的是，如果有的读者曾经使用过 SDL Trados Studio 2014 之前的版本，认为 WinAlign 有其可取之处，仍旧希望在新版本中继续使用，也可以通过以下两种方法实现：

一种是对于已安装 SDL Trados Studio 2007 版本的用户，可以使用 MenuMaker①，将其

---

① 用户可以从下面的链接中免费下载 MenuMaker 工具：http：//www. translationzone. com/profile/login. html？ returnUrl＝/openexchange/app/menumakerforsdltradosstudio2014-458. html？ action＝Download.

添加到 Studio 2014 中；另一种是对于只安装了 Studio 2014（而没有安装 Studio 2009 或者 2011 版本）的用户，可以打开下列目录中的文件夹：C：\ ProgramData \ Package Cache \ SDL \ SDLTradosStudio2014 \ modules，然后运行 TradosCompatibility2. msi，则 WinAlign 组件会自动安装，完成后，用户可将其添加到 Studio 2014 的目录中。

第四节　创建术语库

术语库是指包含术语、术语翻译和术语相关信息（例如术语定义）的数据库。术语库可以方便译员在翻译过程中从术语库中识别、检索、插入术语翻译，从而减少翻译工作所耗费的时间和精力。此外，译员还可以即时将术语添加至 SDL MultiTerm 术语库，以备日后不时之需。

创建和维护术语库，是通过 SDL MultiTerm 2014 实现的。SDL 专为术语库制作一个管理工具，可见其重要性及独立性。在本节，我们将以一个 Excel 原始文件格式为例，来讲解如何将 Excel 文件中的内容和结构转换成 SDL MultiTerm 术语库的全过程。

需要特别说明的是，由于 SDL MultiTerm 2014 不能将原始的 Microsoft Excel 格式文件直接导入，需要对其进行必要的转换，因此译员在术语库创建工作开始前，应确保该原始文件符合以下三个条件：

- 所有数据都必须位于工作簿的第一个工作表上。
- 文件中的第一行或第一列必须包含来自各列标题字段的信息。
- 包含数据的列之间不能出现空列。如果文件中包含数据的列之间有空列，转换过程将在空列停止，因此在运行转换之前必须删除此类空列，以免在转换过程中出错。

我们根据上述的三个必备条件，对 Excel 文件进行了处理，使之符合转换要求，如图 3.27 所示。

图 3.27　符合术语库转换要求的 Excel 文件

步骤 1：点击开始菜单>所有程序>SDL>SDL MultiTerm 2014>SDL MultiTerm 2014 Convert，打开 SDL Multiterm Convert 转换工具。

步骤 2：如图 3.28 所示，在欢迎界面点击【下一步】。

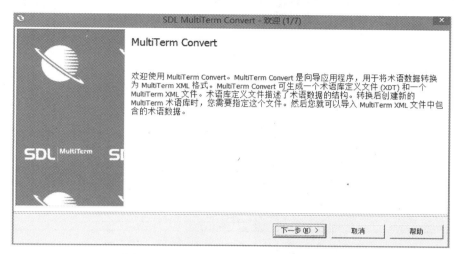

图 3.28　SDL MultiTerm Convert 欢迎界面

步骤 3：如图 3.29 所示，在"转换会话"对话框，选中"新建转换会话"。如果译员要将本次转换会话的过程保存，请选中"保存转换会话"，并浏览文件夹，保存此"∗.xcd"文件。如果在以后的工作中用到相同类型 Excel 文件进行转换，译员可以载入这次的转换会话过程以重复利用，完成后点击【下一步】。

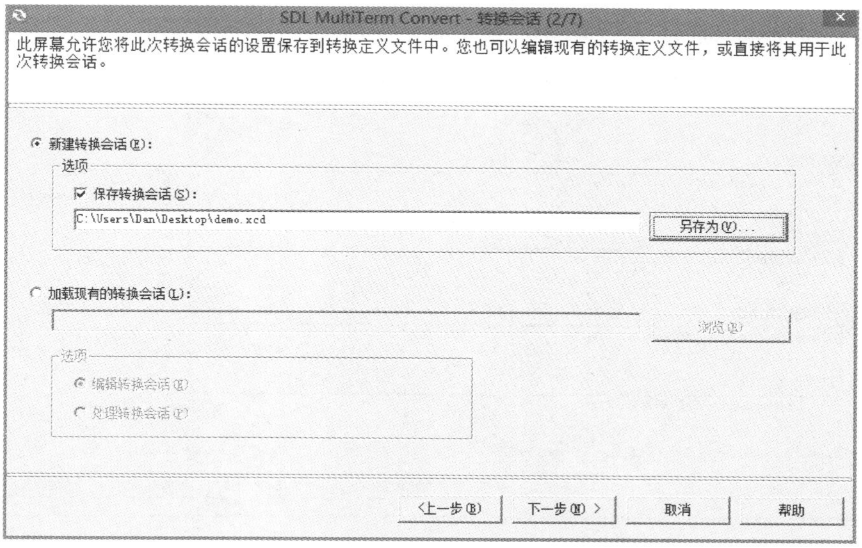

图 3.29　转换会话

步骤 4：如图 3.30 所示，在"转换选项"对话框中选择"Microsoft Excel"格式，并点击【下一步】。

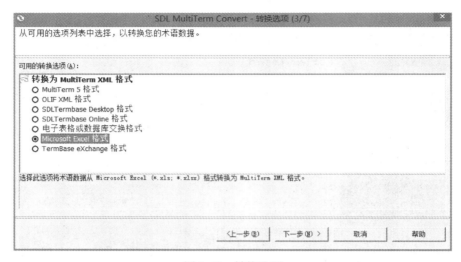

图 3.30　转换选项

步骤 5：指定文件是转换向导的第 4 个环节，如图 3.31 所示，译员可以在此选择要转换的文件。选择完成后，将为译员自动生成输出文件的名称和路径；译员也可以根据需要更改输出文件的详情。在指定输入文件和输出文件的路径之后，点击【下一步】，进入向导的下一个页面。特别需要提醒的是，译员应明确输出文件的存放路径，因为转换完成后需要使用输出文件"＊.xdt"和"＊.xml"。

图 3.31　指定文件

步骤 6：在指定列标题对话框中，该 Excel 文件的首行 4 列文字被作为标题字段信息，并出现在可用标题字段中。关于语言信息，我们将它们设置成索引字段，另两个字段设置成说明性字段，如图 3.32 所示。

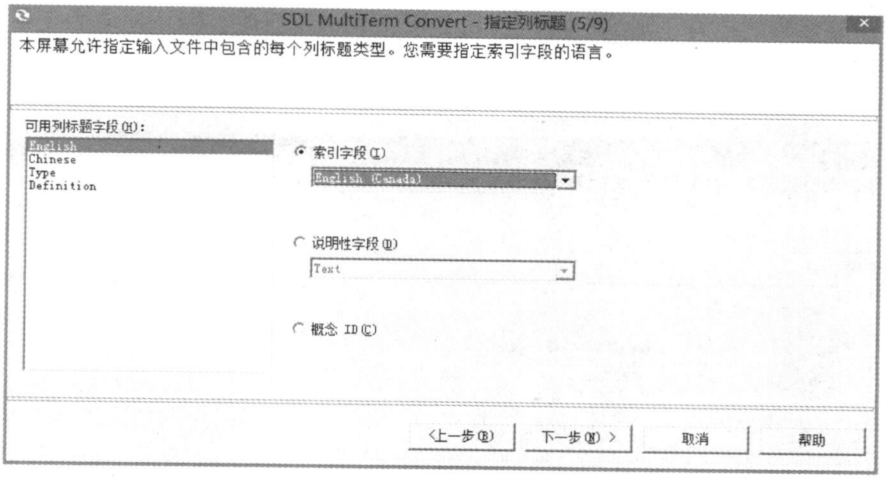

图 3.32　指定列标题

译员在此步骤应格外注意，避免出错：将"English"和"Chinese"设置成"索引字段"；点击"English"，把右侧的"索引字段"设置为"English"；再点击"Chinese"，把右侧的"索引字段"设置为"Chinese"。对于剩下的"Type"和"Definition"字段，则将之设置成"说明性字段"：点击"Type"，右侧选中"说明性字段"，类型为"Text"，相同操作完成"Definition"字段的设置后，点击【下一步】。

步骤 7：在创建条目结构中，将两个说明性字段"Type"和"Definition"分别添加至条目结构中，选择添加在术语层或者条目层，如图 3.33 所示。

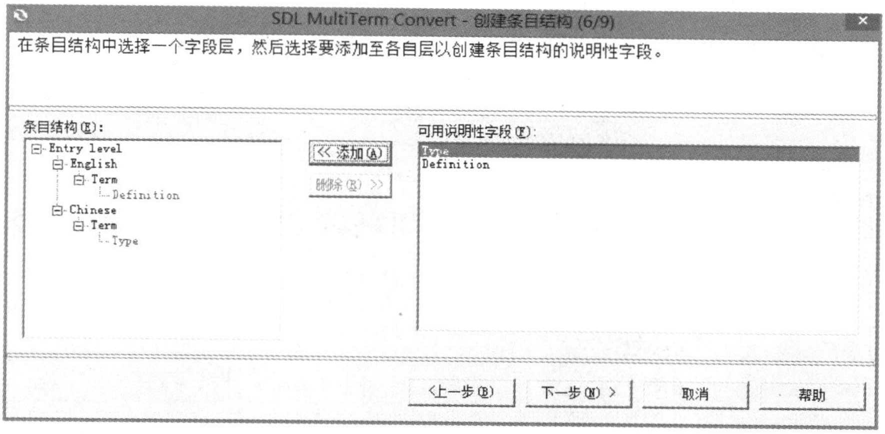

图 3.33　创建条目结构

译员如果将"Definition"放置在英文字段的术语层中，将"Type"放置在中文字段的术语层中，这样术语库的结构创建就完成了，点击【下一步】。

步骤 8：如图 3.34 所示，在"转换汇总"对话框中，检查此次转化会话中的一些信息，如果确认无误，则点击【下一步】，SDL MultiTerm Convert 就将进行会话的转换。如果发现有需要修改的地方，则点击【上一步】至某处进行修改，转换完成后点击【完成】关闭对话框。

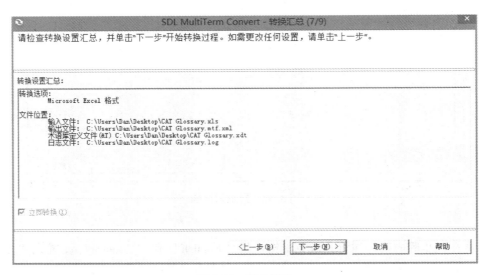

图 3.34 转换汇总

如图 3.35 所示，本例中所有 263 个条目已经转换成功。

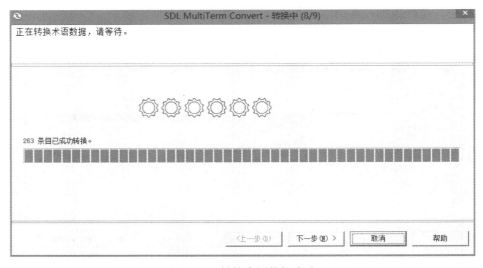

图 3.35 转换术语数据成功

步骤9：回到输出文件目录中，我们可以找到"＊.xdt"文件和"＊.xml"文件。接下来我们需要在 SDL MultiTerm 2014 中通过载入"＊.xdt"文件来建立一个空术语库，并将"＊.xml"文件中的数据导入该空术语库。点击开始菜单＞所有程序＞SDL＞SDL MultiTerm 2014＞SDL MultiTerm 2014，打开 SDL MultiTerm 2014。

步骤10：在文件菜单栏里，点击术语库＞创建术语库（如图3.36所示），或使用快捷键组合"Ctrl+Alt+T"弹出保存新术语库对话框。为术语库选择命名并保存在某个路径下。如图3.37所示。

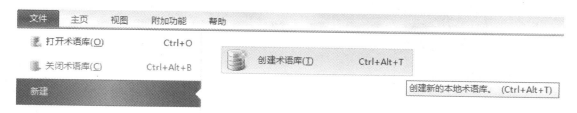

图 3.36　创建术语库命令菜单

图 3.37　保存新术语库

步骤11：在弹出的术语库向导对话框中点击【下一步】，如图3.38所示。

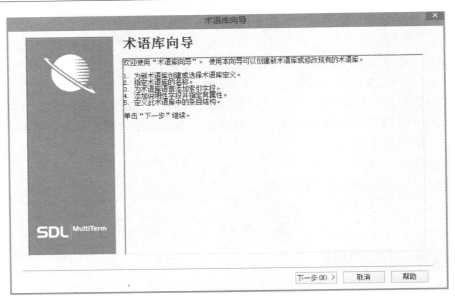

图 3.38　术语库向导

步骤 12：在术语库向导中，选中载入现有术语库定义文件，将之前生成的"＊.xdt"文件选中。并点击【下一步】，如图 3.39 所示。

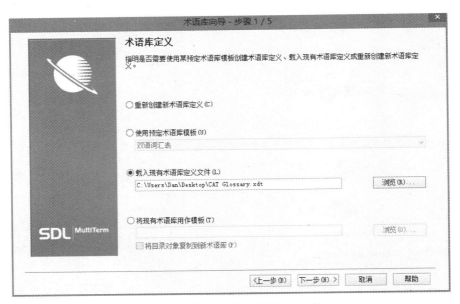

图 3.39　载入现有术语库定义文件

步骤 13：如图 3.40 所示，在"用户友好名称"框中输入术语库名称，例如输入"计算机辅助翻译术语库"。这一步骤是为了便于我们日后管理术语库。如果译员需要添加术语库说明，可以在说明框中输入说明。点击【下一步】跳转至"索引字段"页面。

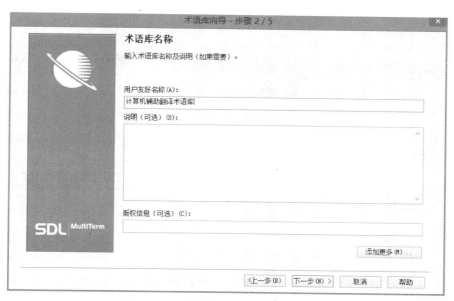

图 3.40　术语库的用户友好名称和说明

由于"＊.xdt"文件中已经定义了术语库的结构，包括索引字段和说明性字段以及它们的位置，因此译员此处不需要作任何修改，点击【下一步】直至完成术语库设置向导。此时 SDL MultiTerm 2014 自动打开计算机辅助翻译术语库，但其中没有任何术语，原因是数据文件"＊.xml"文件尚未导入，如图 3.41 所示。

图 3.41　术语库未导入"＊.xml"文件状态

步骤14：点击 SDL MultiTerm 2014 主界面左侧的术语库管理面板，在目录类别中选中"导入"，并在右侧的"Default import definition"行右键单击鼠标后，点击【处理】，如图 3.42 所示。

图 3.42　导入"＊.xml"文件命令菜单

步骤15：此时我们进入导入向导对话框，在"导入文件"选项中点击【浏览】，选择之前 SDL MultiTerm Convert 转换生成的"＊.xml"文件，并点击【下一步】，如图 3.43 所示。

图 3.43　加载"＊.xml"文件

步骤 16：在"验证设置"对话框中生成排除文件。点击【浏览】并新建一个排除文件（＊.xcl），其作用是在文件导入过程中创建排除文件，使得未能通过验证检查的术语库条目都能添加到该排除文件中；完成后点击【下一步】，如图 3.44 所示。

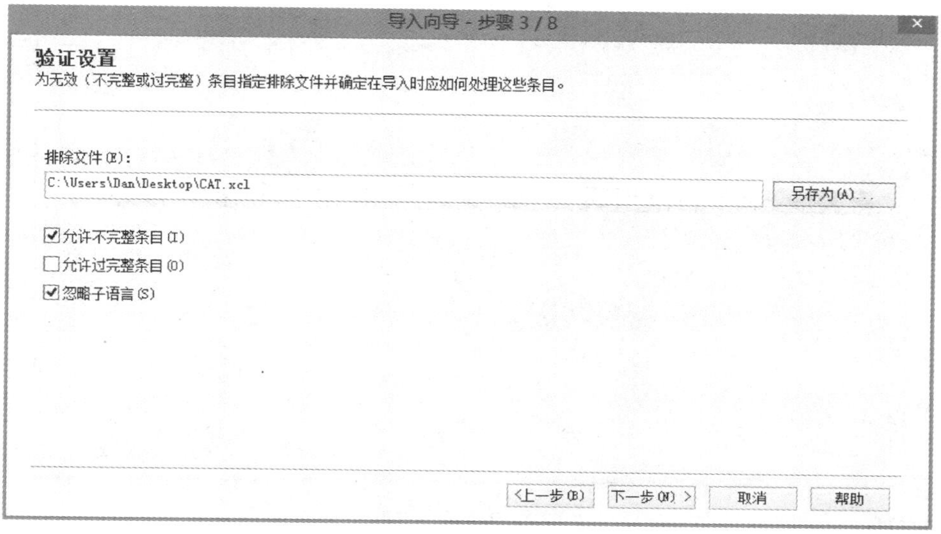

图 3.44 验证设置

步骤 17：在"导入定义汇总"中，查看导入定义的设置，如果确认无误，则点击【下一步】将"＊.xml"文件中的数据导入至该术语库；如果发现有需要修改的地方，则点击【上一步】至某处进行修改，如图 3.45 所示。

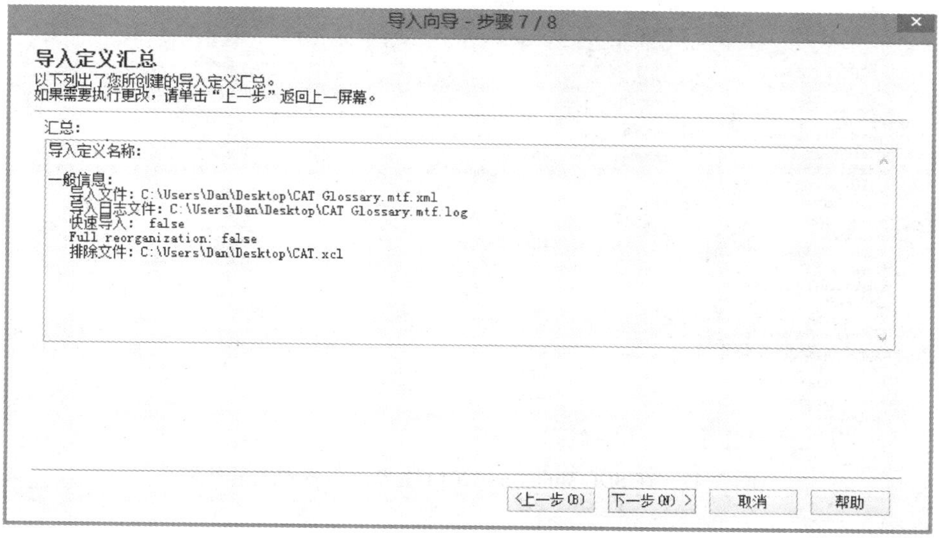

图 3.45 导入定义汇总

步骤 18：导入完成后点击【下一步】及【完成】关闭对话框，如图 3.46 所示。

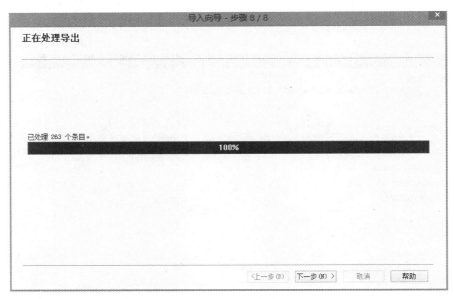

图 3.46 导入完成

至此，该术语库创建完毕，并且本例 Excel 文件中的术语条目也全部导入至该术语库。我们可以返回到 SDL MultiTerm 2014 主界面进行查看，如图 3.47 所示。

图 3.47 在 SDL MultiTerm 2014 主界面下查看术语条目

需要特别注意的是，SDL MultiTerm 2014 在术语库创建、转换和导入过程中，会产生一些必要的过程文件，译员在操作全过程中，切忌使用"360"等杀毒工具进行查杀，因为有可能会错误地将上述过程文件识别为病毒并删除或隔离，这可能会直接导致术语库创建过程受到破坏。

第五节　文件翻译工作流程[①]

在翻译记忆库和术语库准备就绪之后，我们就可以进入文件翻译的操作环节了。然而文件翻译流程所涉及的要素和步骤相对较为复杂，为了不至于让初学者望而生畏或是浮云遮目，本节我们将从三个方面进行讲解：首先对文件翻译工作流程进行一个简单的图解；然后对文件翻译最基本的操作步骤进行演示；最后选取文件翻译过程中可能涉及的其他常用操作进行说明，作为补遗。

一、文件翻译工作流程概览

1. 单个文件翻译工作流程

图 3.48 是单个文件翻译工作流程示例。在此工作流程中，译员只需翻译、验证并生成已翻译文档。如果是首次使用 SDL Trados Studio，译员应在开始之前指定设置、翻译记忆库、AutoSuggest 词典和术语库。

2. 项目文件包翻译：离线工作流程

图 3.49 是通过使用项目文件包处理项目的方法示例。在创建新项目后，项目经理将创建项目文件包并将其发送给工作流程中的第一个人员（通常为译员）；译员打开文件包并处理文件；译员在完成处理后，将已翻译的文件及所有其他资料放入新文件包中，然后将其发送给工作流程中的下一个人员（通常为审校员）；审校员在完成审校后，将已完成的翻译放入返回文件包中，并将其发回给译员，然后由译员将返回文件包发送给项目经理；最后由项目经理对文档进行定稿。

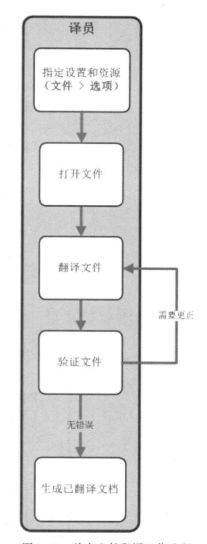

图 3.48　单个文件翻译工作流程

---

① 本节内容参考了 SDL Trados Studio 联机帮助文档。

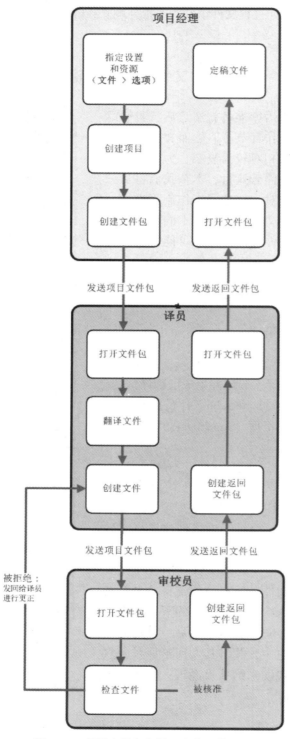

图 3.49　项目文件包翻译：离线工作流程

3. GroupShare 项目翻译：在线工作流程

图 3.50 是利用 SDL Trados Studio 2014 中的 GroupShare 处理项目的一种方法。此工作流程将 GroupShare 基于服务器的项目存储在 GroupShare 项目服务器中，并假定工作流程中的所有团队成员都能够访问项目服务器。这样便无须使用项目文件包，因为所有团队成员只需要从 GroupShare 服务器打开 GroupShare 项目即可访问。

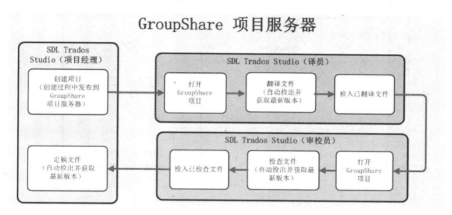

图 3.50　GroupShare 项目翻译：在线工作流程

4. GroupShare 项目翻译：在线/离线混合工作流程

图 3.51 所示是利用 GroupShare 混合工作流程中处理项目的一种方式，以下类型的小组成员将参与该工作流程：企业团队成员（WorldServer、TeamWorks 或 TMS）、在线 Studio 团队成员（可以访问 GroupShare 项目服务器）、离线 Studio 团队成员（不能访问项目服务器）。

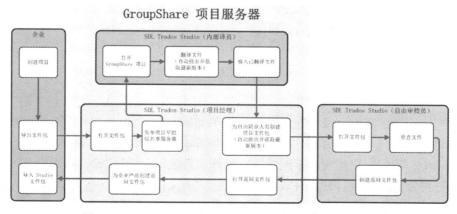

图 3.51　GroupShare 项目翻译：在线/离线混合工作流程

99

5. 与 Studio 2009 用户协作处理同一工作流程

SDL Trados Studio 2014 支持在 SDL Trados Studio 2014 与 SDL Trados Studio 2009 SP3 之间共享项目文件包工作流程，如图 3.52 和图 3.53 所示。

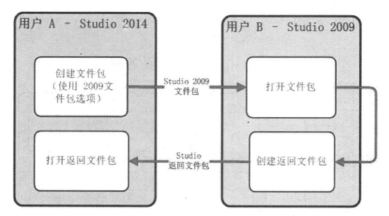

图 3.52　Studio 2014——将项目文件包发送到 Studio 2009

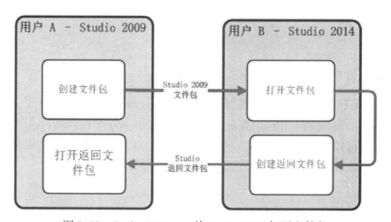

图 3.53　Studio 2014——从 Studio 2009 打开文件包

二、打开文件进行翻译

通过上述图解，我们可以清晰地看出 SDL Trados Studio 2014 中不同工作方式的流程。下面我们对其中最基本的"打开文件"和"翻译文件"环节进行讲解。在 SDL Trados Studio 2014 中，我们可以用两种不同的方式打开文件进行翻译：一种方式适用于单个文件翻译；另一种方式适用于打开项目或项目文件包中的文件。下面，我们就这两种方式分别进行介绍：

1．打开单个文件进行翻译

如果译员要将样本文件"SamplePhotoPrinter. doc"从 English（United Kingdom）翻译为 Chinese（Simplified，China），可以按照以下步骤操作：

步骤 1：如图 3.54 所示，在 SDL Trados Studio 2014 主界面下选择文件>打开>翻译单个文档。此时将显示打开文档对话框（如图 3.55 所示）。

图 3.54　打开单个文件进行翻译命令菜单

图 3.55　打开单个文档

　　需要注意的是，在图 3.54 中，通过"翻译单个文档"命令方式来创建翻译项目时，系统会自动创建项目并将"∗.sdlxliff"文件添加至该项目，项目名称与打开的文档名称相同；然后就可以在项目设置对话框中指定活动文档设置（即在该对话框中选择翻译记忆库、术语库和批处理设置）。

　　步骤 2：选择样本文件"SamplePhotoPrinter.doc"，然后点击【打开】。此时将显示打开文档对话框。如图 3.56 所示。

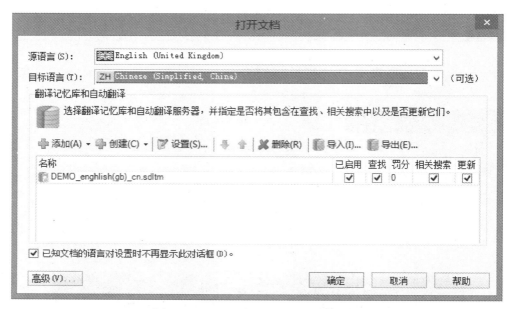

图 3.56　设置语言对并加载翻译记忆库

　　步骤 3：在图 3.56 所示对话框中，设置语言对：选择源语言为"English（United Kingdom）"；选择目标语言为"Chinese（Simplified，China）"；然后点击【添加】按钮来加载翻译记忆库，也可以根据需要点击【创建】或者【设置】，在此步骤创建基于文件的翻译记忆库或者基于服务器的翻译记忆库，并对其进行设置；还可以点击【高级】，进行翻译记忆库高级设置（例如：最低模糊匹配率、更新 TM 时使用的元数据和相关搜索、筛选条件等设置）。

　　这里我们要强调和说明两点：

　　一是我们在本例中加载的文件翻译记忆库状态，在对话框右侧勾选了四个选项，分别是：已启用、查找、相关搜索、更新。此处的"更新"选项，代表我们在接下来的文件翻译过程中，如果完成翻译并确认某个句段，则该句段的原文和译文将实时添加到文件翻译记忆库中；反之，如果不勾选此项，则代表翻译过程中，我们只从该文件翻译记忆库中读取达到设定匹配率的翻译单元，而不会对其写入新的已完成翻译并确认的句段。

　　二是除了添加文件翻译记忆库或服务器翻译记忆库，此处还有不少机器翻译资源可供我们选择，但各有不同，我们可以根据需要酌情添加，如图 3.57 所示。

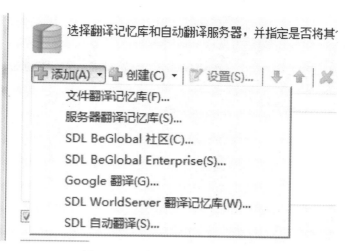

图 3.57 选择添加机器翻译资源

- 如果连接至免费 SDL BeGlobal 社区自动翻译服务器，可以从下拉列表中选择 SDL BeGlobal 社区，此服务提供基础的自动翻译。如果需要更专业的自动翻译服务，可以使用 SDL BeGlobal Enterprise 选项。如果译员未在当前计算机中激活 SDL BeGlobal 社区账户，系统将提示输入详细信息并通过确认电子邮件激活账户。

- 如要连接至 Google 翻译自动翻译服务器，可以从下拉列表中选择 Google 翻译。Google 翻译现为付费服务，需要 API 密钥，且在我国内地访问受限。

- 如要使用 SDL WorldServer，可以从下拉列表中选择 SDL WorldServer，并从 WorldServer 翻译管理系统对话框中选择一个翻译记忆库或翻译记忆库组。

- 如要希望连接至免费 SDL 社区自动翻译服务器或译员自己的自动翻译服务器，可以从下拉列表中选择 SDL 自动翻译。

译员还必须注意，如果使用 Google 翻译、SDL BeGlobal 社区或 SDL 自动翻译服务器，可能会因为"∗.sdlxliff"双语文件被记录而泄露待翻译文件内容隐私，因此必须慎重考虑保密问题。在连接至此类翻译管理系统之前，最好与客户协商。

步骤 4：设置语言对和加载翻译记忆库完成后，在图 3.56 所示对话框中，点击【高级】，以加载术语库。本例中，我们可以点击【添加】，将现有术语库"Printer Termbase"添加到术语库列表中，如图 3.58 所示。

在实际操作中，译员还可以根据需要添加服务器术语库，或者继续添加多个术语库，并通过【上移】和【下移】按钮调整优先级。翻译过程中，SDL Trados Studio 2014 允许同时加载多个术语库。

步骤 5：加载术语库完成后，点击【确定】；在图 3.56 所示对话框中，再点击【确定】，此时跳转至编辑器界面，如图 3.59 所示。

图 3.58 加载术语库

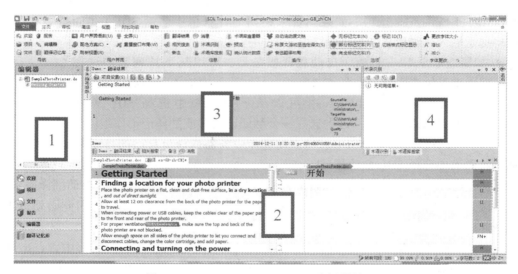

图 3.59 SDL Trados Studio 2014 编辑器界面

在 SDL Trados Studio 2014 中，文档的翻译和审校都是在编辑器界面下进行的。在开始翻译工作前，我们先来熟悉一下编辑器界面组件：

（1）导航窗格——译员可以查看当前打开的文档并在它们之间进行切换。

（2）编辑器窗口——译员在此窗口中进行翻译或审校。

（3）翻译结果窗口——此窗口显示翻译记忆库的查找结果，并创建自动翻译后的草稿。

（4）术语识别窗口——此窗口显示术语库查找的结果。

编辑器界面中的编辑器窗口是译员翻译文档的地方。双语的 SDL XLIFF 文档包含要翻译的文本，并且译文并排显示在此窗口中，源语言文本出现在左边，目标语言文本出现在右边。全文将分割为句段（通常是句子），目标语言句段是可以编辑的。

纵向来看，编辑器窗口从左至右共分五列，依次为：句段编号列、原文句段列、句段状态列、译文句段列、文档导航列；横向来看，编辑器窗口最下面一行为状态栏，可以实时查看待翻译文件的句段总数、未翻译句段、已翻译并确认句段、正在编辑句段的数目或比例等信息。

译员应注意的是，句段状态列和状态栏会以图标的形式提供目标语言句段当前状态（确认级别）的信息。例如：译文当前状态、译文来源、对译文应用的翻译记忆库百分比匹配率、句段锁定状态、验证是否找到任何错误等。下面我们以列表的形式介绍这些图标各自代表的意义。

- 翻译状态图标

状　　态	说　　明
未翻译	尚未翻译或编辑此句段译文
草稿	句段译文可能已更改但尚未被视为完成翻译；或者对句段应用了翻译记忆库匹配，但在应用后编辑过该句段的文本
已翻译	译文已确认完成
翻译被否决	译文已被审校员否决
翻译被核准	译文已被审校员核准
签发被拒绝	译文已在签发过程中被否决
已签发	译文已被核准并签发。现在可以将其发送给客户

- 翻译来源

状　　态	说　　明
100%	句段是通过应用 100% 翻译记忆库匹配（完全匹配）而进行翻译。系统将自动确认 100% 匹配
CM	句段是通过应用翻译记忆库匹配中的上下文匹配而翻译的 上下文匹配是指句段内容和句段上下文都达到 100% 匹配。系统将自动确认上下文匹配
CM	当编辑句段时，上下文匹配数字的背景颜色消失

续表

状　态	说　明
PM 🔒	句段是通过 PerfectMatch 而翻译的。打开句段进行翻译时，系统自动将其锁定
77%	句段是通过应用模糊翻译记忆库匹配而翻译的，但尚未确认。模糊匹配是低于 100% 的匹配
77%	句段是通过应用 77% 翻译记忆库匹配（模糊匹配）而翻译的，并且在应用后对译文进行了编辑和确认。当编辑句段时，百分比匹配数字的背景颜色消失
100%	句段是通过自动沿用进行翻译和确认的
AT	句段是通过自动翻译进行翻译和确认的
TC	此句段的翻译是基于原文中的跟踪更改已被拒绝。翻译记忆库的匹配为 100% 完全匹配。翻译过程中如果原文中的跟踪更改被接受，则 TM 中还会执行查找。该结果会在翻译结果窗口中显示

- 验证消息图标

下列图标代表未通过翻译验证的译文。失败原因显示在消息窗口中。不同的图标指示不同的错误消息严重性级别。

状　态	说　明
❌	错误
⚠️	警告

步骤 6：开始翻译第一个句段。理论上来说，该步骤十分简明：将光标移动至译文句段列的第一行，单击鼠标左键，键入译文即可。在完成第一个句段的翻译后，按快捷键组合"Ctrl+Enter"或点击编辑器界面主页选项卡上的【确认】（已翻译）按钮来确认译文，句段状态将变为"已翻译"，这表示该句段的翻译工作已经完成，句段状态列中会显示以下图标：，即我们俗称的"铅笔打钩"①。此时光标会自动跳转至下一个未确

---

① 译员每翻译完成并确认一个句段，该句段的原文和译文会自动添加至翻译记忆库中。需要说明的是，如果译员是通过"打开并翻译单个文档"方式创建的翻译项目，则该句段的原文和译文会添加至主翻译记忆库中；如果译员是通过"新建项目"方式创建的翻译项目，则该句段的原文和译文会添加至项目翻译记忆库中，而不是主翻译记忆库。有关项目翻译记忆库和主翻译记忆库的区别，我们将在后面的内容中讲解。

认的句段中；译员在接下来的未确认句段中重复翻译第一个句段时的操作，直至完成整篇文档的翻译。

对于上述这一关键步骤，读者可能会不解甚至"失望"：此前我们加载的翻译记忆库和术语库为什么没有派上用场？难道号称高效智能的计算机辅助翻译，只能依靠这样一句一句地"手动"翻译吗？

请注意，此处我们只是列出了"理论上"的操作步骤。而实际情况是，我们通常可以有效利用翻译记忆库识别和术语识别来大幅提升翻译效率，这才是"秘密"之所在。

（1）翻译记忆库识别

在 SDL Trados Studio 2014 编辑器界面下，当前编辑的句段会根据先前加载的翻译记忆库进行识别。本例中，打开待翻译文档后，会自动在第一个句段中执行查找。如果当前翻译句段与翻译记忆库中翻译单元达到我们之前设定的最低匹配率（例如 70%），则在翻译结果窗口会显示翻译记忆库的查找结果，并在当前编辑的译文句段区域内自动填充该译文。如图 3.60 所示，翻译记忆库搜索的结果显示在翻译结果窗口中，最佳结果置于文档的译文句段区域。

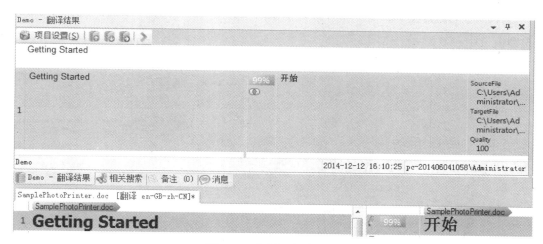

图 3.60　翻译记忆库识别

匹配有若干种形式，但最基本的有两种，分别为：上下文匹配和模糊匹配。

● 上下文匹配

上下文匹配是指上下文 100% 匹配，例如，在翻译记忆库中的前一个句段和文档中的前一句段相同。在本例中，上下文匹配意味着这个句子此前在文档的开头已经翻译过；上下文匹配项无须再编辑，如图 3.61 所示。

图 3.61　上下文匹配

● 模糊匹配

如图 3.62 所示，将光标停放在"句段 11"的译文句段区域，在翻译记忆库中找到模糊匹配项（88%），并显示在翻译结果窗口中。这就意味着将 88% 的模糊匹配作为最佳匹配，匹配内容会自动填充到文档的译文句段区域中。

图 3.62 模糊匹配

（2）术语识别

如图 3.63 所示，将光标停放在"句段 2"的目标句段上，这时执行了术语库查找，即在术语库中找到了"photo printer"这条术语，并在原文句段中用红色上标大括号突出显示 **photo printer** 状态。此时，该术语的对应译文"照片打印机"就会显示在术语识别窗口中。

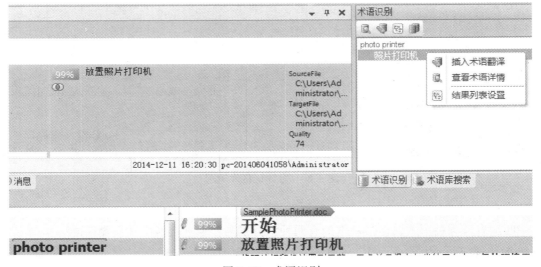

图 3.63 术语识别

译员在操作过程中，如果需要在特定位置插入某个术语的翻译，有三种方式可供选择：一是按"Ctrl+Shift+L"快捷键组合；二是在术语识别窗口中单击右键插入术语翻译；三是在术语识别窗口中点击图标　。

在本步骤中，通过利用翻译记忆库识别和术语识别的方式，可以大幅提升翻译效率。

当然，译员还可以对自动填充的每个译文句段进行编辑和改善，直至对译文质量满意为止。

步骤7：验证译文。在所有句段全部翻译完成后，译员不能就此草率导出译文，提交译审便万事大吉，这样做是对客户和公司不负责任的表现，因为译文可能存在质量问题，也可能包含一些低级错误，因此，我们必须在导出译文前对译文进行验证。具体操作方法是：在编辑器视图中选择"检查"选项卡>"质量保证"组> 验证，或直接按【F8】快捷键，此时活动文档将使用已启用的验证器进行检查。验证完成后，在文档中发现的任何错误均会自动显示在消息窗口中，如图3.64所示。

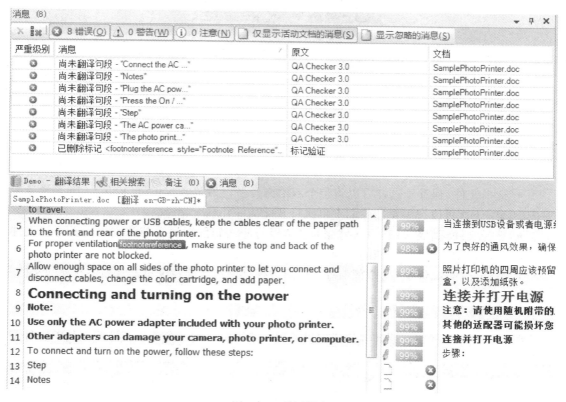

图 3.64　验证译文

通过验证译文，我们发现当前文档存在若干未译句段，还有部分标签丢失的情况，这些都是严重级别较高的错误，因此需要予以修复。修复错误的操作方式有两种：一种是单击消息显示窗口中的错误消息，即可转至包含该错误的句段；另一种是双击消息窗口中的错误消息，此时将显示验证消息详情对话框，译员可以在其中查看和修复错误。

步骤8：生成译文。如果译员已完成文档的翻译，并且已验证译文，则可以生成已翻译文档的最终版本。如图3.65所示，点击"文件>译文另存为"，即可生成当前翻译文档的译文。除此之外，译员还有若干种保存方式可供选择。

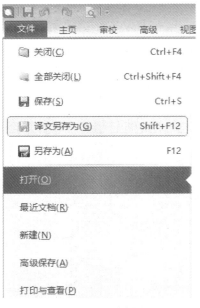

图 3.65　生成译文

● 选择文件>保存。这样可以将整个双语文档另存为 "＊.sdlxliff 文件"。如果译员未完成翻译，下次可以在编辑器界面中再次打开此文件并继续翻译。

● 选择文件>高级保存>原文另存为。可以将原文句段保存至与源文档同类型的文件中，以便了解原始源语言文档的外观。

● 选择文件>高级保存>全部保存，则可以保存所有当前在编辑器视图中打开的文档。

2. 打开项目中的文件进行翻译

在实际操作过程中，假如客户或项目经理发给译员的是一个项目文件包，其中包含需要翻译或审校的文件，译员可以按照以下步骤打开此项目文件包并进行翻译。

步骤 1：点击 SDL Trados Studio 2014 主界面导航窗格面板中的【文件】按钮，以显示文件界面。此时显示的是译员刚刚打开的项目文件包中的所有文件，活动项目名称"Sample Project" 会显示在标题栏，如图 3.66 所示。

步骤 2：双击 "SamplePhotoPrinter. doc. sdlxliff" 文件。该文件将在编辑器界面中自动打开，并带有项目或项目文件包中包含的相关翻译记忆库、术语库和 AutoSuggest 词典。

进入编辑器界面后，其翻译工作操作流程与单个文件翻译相同，在此我们无须赘述。

以上我们对两种不同方式打开文件并进行翻译的基本流程进行了讲解。事实上，很多情况下，译员还可以通过 "新建项目" 的方式打开文件并翻译，并对项目文件进行更多选项设置，限于篇幅，我们不再详述，读者可以结合实例自行尝试其操作步骤。

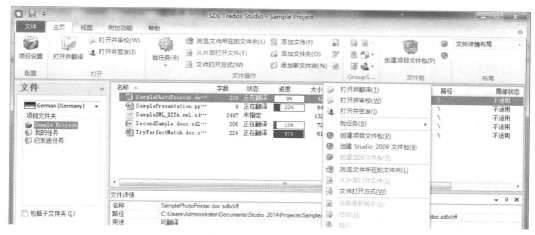

图 3.66　项目文件翻译

三、文件翻译涉及的其他常用操作

在文件翻译过程中，除了识别翻译记忆库和术语库的有关操作外，译员还可能涉及其他常用操作。例如：合并与分割句段，即时添加术语，插入非译元素，预览译文等。下面我们就对这些常用操作进行简述。

1. 合并与分割句段

虽然 SDL Trados Studio 2014 的断句规则基于一组固定规则，但固定规则不可能完全做到精确。因此，译员在翻译过程中可能需要合并或分割句段来更正断句。

如图 3.67 所示，原文句段 9 和句段 10 在译文句段列显示为一行，此时我们需要执行合并句段操作。在编辑器窗口，按住【Ctrl】键，并单击句段编号列以选择要合并的行；在所选最后选定行的句段编号列中单击右键，然后在快捷菜单中选择合并句段，即可完成句段合并。如果被合并的句段有对应的译文，这些译文也将被合并。合并后的句段状态如图 3.68 所示。

图 3.67　合并与分割句段

图 3.68　合并后的句段

如果需要分割句段，则需要在编辑器窗口中，将光标放在原文中需要进行分割的句段列的位置；然后单击鼠标右键，从快捷菜单中选择"分割句段"，即可完成句段分割。如果该句段有对应译文，则整个翻译内容将被放置到第一个译文句段中。

需要注意的是，通过分割和合并句段来更改文档断句可能会对从翻译记忆库生成的匹配造成影响，因为翻译记忆库中的断句可能与文档中的断句不再一致。此外，执行合并句段操作时，我们只能合并同一段落内的相邻句段。

2. 即时添加术语

译员在翻译过程中，如果碰到一些当前术语库中没有的术语，但又认为有必要添加为术语，以备日后不时之需，可以执行即时添加术语操作。如图 3.69 所示，译员可以分别将原文句段列中的"cable"和译文句段列中的"电缆"选择，然后单击鼠标右键，从快捷菜单中选择"添加新术语"，此时会弹出"添加术语"窗口；对原文和译文进行编辑后保存即可将该术语添加到当前术语库。

图 3.69　即时添加术语

3. 插入非译元素

如图 3.70 所示，句段 6 中，原文句段列的紫色格式标签代表该段文字在源文档中是以脚注的形式出现的；但该格式标签并未添加到相应的译文句段列，这可能会导致验证译文环节报错甚至破坏译文文档格式，因此，译员需要执行插入非译元素操作。

图 3.70　格式标签未插入状态

此时，译员可以借助"QuickPlace"下拉列表，从当前的原文句段中选择已识别标签并将它们插入目标译文中。该列表之所以称为"QuickPlace"，它允许译员从原文句段中快速将各种非译元素（例如：格式、缩略语、数字、日期和其他类型的已识别标签）插入目标译文中。

具体操作方法是：在编辑器窗口中，将光标置于要插入已识别标记的位置，单击鼠标右键并从快捷菜单中选择"QuickPlace"。此时弹出的"QuickPlace"对话框中会显示原文句段中可用已识别标记的列表，如图 3.71 和图 3.72 所示。

图 3.71　"QuickPlace"快捷菜单

图 3.72　"QuickPlace" 对话框

双击要插入的已识别标记或选中已识别标记并按【Enter】，这样就可以将该格式标签插入相应的译文句段列，如图 3.73 所示。

图 3.73　格式标签插入成功状态

4. 预览译文

译员在翻译过程中如果希望更为直观地了解翻译进度及译文格式状态，可以通过"预览译文"的操作来实现。在编辑器视图中，将鼠标放置在最右侧的👁（预览）图标上，会滑出预览窗口，如图 3.74 所示。

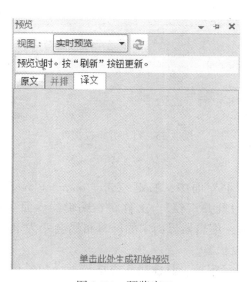

图 3.74　预览窗口

点击"单击此处生成初始预览"命令链接，即可在该窗口中预览译文文档版式和内容；译员还可以根据需要设置预览视图为"实时预览"，将预览内容设置为"原文"、"译文"或"并排"。

第六节 审 校

文档翻译完成后，译员本人或专职审校人员会根据需要对译文进行审校，下面我们简要讲述其基本操作流程。

步骤 1：如图 3.75 所示，点击 SDL Trados Studio 2014 主界面导航窗格面板中的"文件"选项卡，进入文件界面。

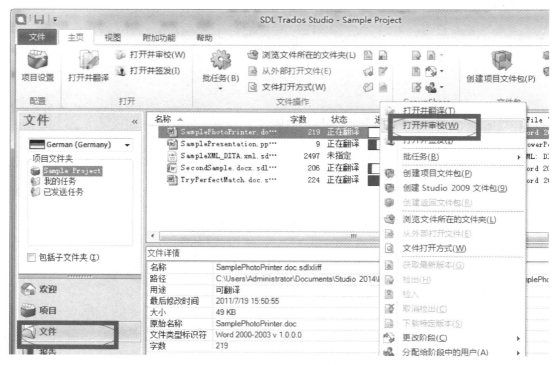

图 3.75 打开并审校文件

步骤 2：在图 3.75 所示界面中，右键点击"SamplePhotoPrinter. doc. sdlxliff"文件，然后从快捷菜单中选择"打开并审校"。文件将在编辑器界面中自动打开（如图 3.76 所示）。打开文档进行审校时，编辑器界面中的屏幕布局会变为审校布局，可应用于句段的状态列表会变为只显示审校状态。

步骤 3：对句段逐一进行审校，具体操作方法与翻译句段相似。审校完某个句段，应确认该句段，以表明译文被核准或者被否决。将光标放在句段 1 的目标译文中，然后按快捷键组合"Ctrl+Enter"或点击编辑器界面主页选项卡上句段操作（Segment Actions）组中的【确认】（翻译被核准） 按钮。

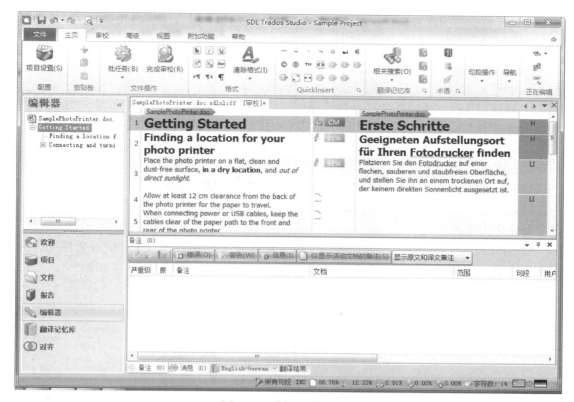

图 3.76　编辑器审校界面

在核准译文时，句段状态会更改为"已核准"，此时句段状态列中会显示 图标。译员或审校人员还可以根据需要执行句段验证，句段验证错误将显示在消息窗口中；如果选择否决译文并添加备注进行说明，则句段状态列中会显示 图标。将光标悬停在句段上，按快捷键组合"Ctrl＋Shift＋Enter"或点击编辑器视图主页选项卡上的句段操作（segment actions）组中的【否决】（翻译被否决） 按钮，即可否决当前译文句段。

需要说明的是，如果译员或审校人员没有 SDL Trados Studio 工具，也可通过导出为 Word 格式的文件供外部审校。

本章小结

在本章中，我们首先介绍了 SDL Trados Studio 2014 版本的主要特色与新增功能，以及软件界面与设置；接着结合实例分别讲解了如何利用 SDL Trados Studio 2014 创建翻译记忆库，以及利用其组件 SDL MultiTerm 2014 创建术语库的操作；其后，我们又重点演示了如何利用 SDL Trados Studio 2014 进行文件翻译的基本流程、具体操作方法和涉及的重要术语概念；最后，我们简要讲述了文件翻译完成后应如何进行审校工作。需要说明的是，限于篇幅，还有一些关于翻译记忆库、术语库和项目文件翻译等计算机辅助翻译软件涉及的共性概念、问题和操作，在本章并未提及。我们也将结合随后的几章内容穿插进行讲解。

思考与练习题

1. 翻译记忆库和术语库在计算机辅助翻译过程中的重要作用有哪些？如何分别利用 SDL Trados Studio 2014 和 SDL MultiTerm 2014 创建翻译记忆库和术语库？

2. 在 SDL Trados Studio 2014 编辑器界面中的编辑器窗口，其状态列包含的不同图标各自代表什么意义？

3. SDL Trados Studio 2014 中的上下文匹配和模糊匹配有何区别？

4. 在 SDL Trados Studio 2014 编辑器界面中，完成句段翻译后需要键入"Ctrl+Enter"，其主要作用有哪些？

5. 结合实例，尝试通过"新建项目"的方式打开文件并翻译，并对项目文件进行更多选项设置。

第四章   Déjà Vu X2 入门

Déjà Vu X2 是法国 ATRIL 公司第二代 DVX 计算机辅助翻译程序，其用户数量曾一度排名全球第二（仅次于 SDL Trados）。该软件结合了先进的翻译记忆技术和基于例句的机器翻译技术，是一套功能强大的计算机辅助翻译软件。在本章，我们将简要介绍 Déjà Vu X2 的新增功能，然后结合实例①，对其创建翻译记忆库、创建术语库、创建翻译项目和项目文件翻译流程的基本操作进行讲解。

第一节   Déjà Vu X2 新增功能简介

我们在第一章曾简要介绍了 Déjà Vu 的主要功能，而与早期的版本相比，Déjà Vu X2 的外观看上去更加整洁且人性化。

如图 4.1 所示，在主界面下方的状态栏有六个按钮，依次为【AutoWrite】（自动写入），【AutoAssemble】（自动汇编），【AutoSearch】（自动搜索），【AutoPropagate】（自动传播），【AutoSend】（自动发送）以及【AutoCheck】（自动检查）。如果要在 Déjà Vu X2 中开启某个功能，只需要点击主界面上相对应的按钮即可。

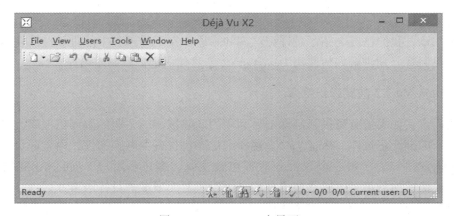

图 4.1   Déjà Vu X2 主界面

---

① 本章将选取《iPhone 4s 中英文快速入门指南》中部分文本内容作为创建翻译记忆库和术语库的素材；选取《iPhone 5 英文快速入门指南》作为待翻译文件。下载网址为：http：//support.apple.com/zh_CN/manuals/iphone/

除了外观上的变化，Déjà Vu X2 专业版还具备了许多新功能，具体如下：

● AutoWrite（自动写入）——这项全新功能的一大特点是可以在键入翻译内容的同时从记忆库中调取并提供具有一定匹配度的参考内容，备选的参考内容将在光标正下方显示，译员可以通过向下的箭头来选择最能够匹配译文的内容并按"Enter"键选定。这一功能极大地节省了打字时间，从而有效地提高翻译效率。

● DeepMiner（深度搜索）——Déjà Vu X2 特有的深度搜索会自动分析相关联的数据库并自动显示句段以下的子片段匹配（比如单个的词或短语的匹配），译员可以最大程度地利用各种数据库并提升模糊匹配的利用率。

● Multi-File、Multi-Format Alignment（多文件、多格式对齐）——只要是 Déjà Vu X2 支持的文件格式，译员可以一次性地将多种格式的多个文件进行对齐。

● New External View Formats（全新外部视图）——译员可以从最常见的翻译文件转换格式 XLIFF 向外输出外部视图，从而将其导入到第三方翻译工具中继续使用。

● New Quality Assurance Features（全新质保手段）——在最新的 Deja Vu X2 中，QA（质保）功能增加了对空格的检查，缺失或多余空格都能得以修复。此外，译员可以通过一个提前设定的模式来检查是否存在错误并逐段进行质检，还能对整篇译文进行批量式的质量检查。

● New Machine Translation Feature（新版机器翻译功能）——新加入的机器翻译功能目前由谷歌翻译提供服务，帮助翻译完整句段，填充汇编过程中的未知术语，或改善模糊匹配。

此外，Déjà Vu X2 专业版还增加了对 RESX 文件、Office2010、InDesign IDML 和 XLIFF 等文件类型的支持。

第二节　创建翻译记忆库

在第三章，我们已经介绍了翻译记忆库和术语库在翻译过程中的重要性。在本节和第三节中，我们将分别讲解如何使用 Déjà Vu X2 创建翻译记忆库和术语库。

一、Déjà Vu X2 的翻译记忆库

一般而言，如果没有可供新翻译项目利用的同领域、同主题的翻译记忆库，译员可以选择创建新的翻译记忆库。Déjà Vu X2 翻译记忆库包含多个电脑文件，内含译员添加的源语和目标语双语句对。每一个双语句对都包含主题、客户、用户、项目 ID 和时间日期戳。翻译记忆库内的信息可以是多语种的，可以包含无限多的目标语言。

译员使用 Déjà Vu X2 进行项目翻译的时候，翻译记忆库会接收发送进来的句对，若译员打开软件的"AutoSend"（自动发送）功能，还能将翻译完成的句段对自动发送至翻译记忆库。除此之外，译员也可以从外部数据库（Excel、Access、TXT、TMX、Trados Workbench）向翻译记忆库添加句对，或是通过对齐源语文件和目标语文件的方式添加。同时，Déjà Vu X2 的翻译记忆还可以导出为不同的格式，译员可以根据自身需要进行选择。

二、完全新建翻译记忆库

译员如果是"白手起家",手头完全没有任何现成翻译记忆库可供调用,则需要完全新建翻译记忆库,其主要操作流程如下:

步骤1:在 Déjà Vu X2 主界面的"File"(文件)菜单上,点击"New"(新建),如图 4.2 所示;或者点击工具栏上的 【New】(新建) 按钮。

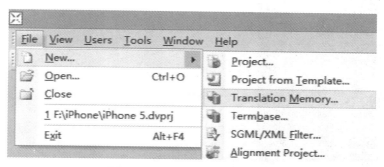

图 4.2　进入新建翻译记忆菜单

步骤2:如图 4.3 所示,双击"Translation Memory"(翻译记忆),或是选择后点击【OK】(确定)。①

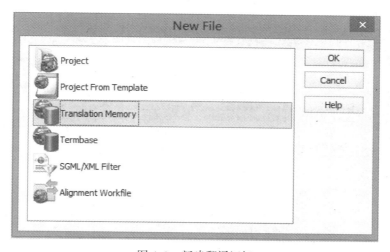

图 4.3　新建翻译记忆

---

① 在 Déjà Vu X2 主界面中,译员可以打开已创建完毕的翻译项目(.dvprj),或是创建、打开翻译记忆文件(.dvmdb)、术语库文件(.dvtdb)或 SGML/XML 过滤器(.dvflt)等。因此,图 4.2 与图 4.3 中新建翻译记忆的两种方法同样适用于下文将要提到的新建对齐文档(Alignment Workfile),新建术语库(Termbase)以及新建项目(Project),故而相对应的新建步骤会略去此图例。

步骤3：弹出"New Translation Memory Wizard"（新建翻译记忆向导）对话框（如图4.4所示）后，点击【Next】（下一步）按钮，该向导将引导译员创建翻译记忆库（如图4.5所示）。

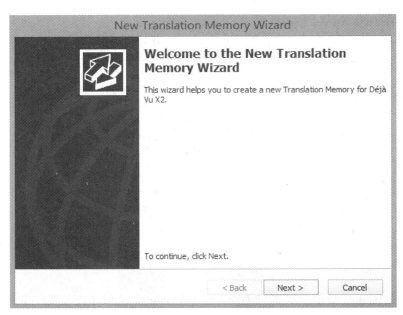

图 4.4　新建翻译记忆向导

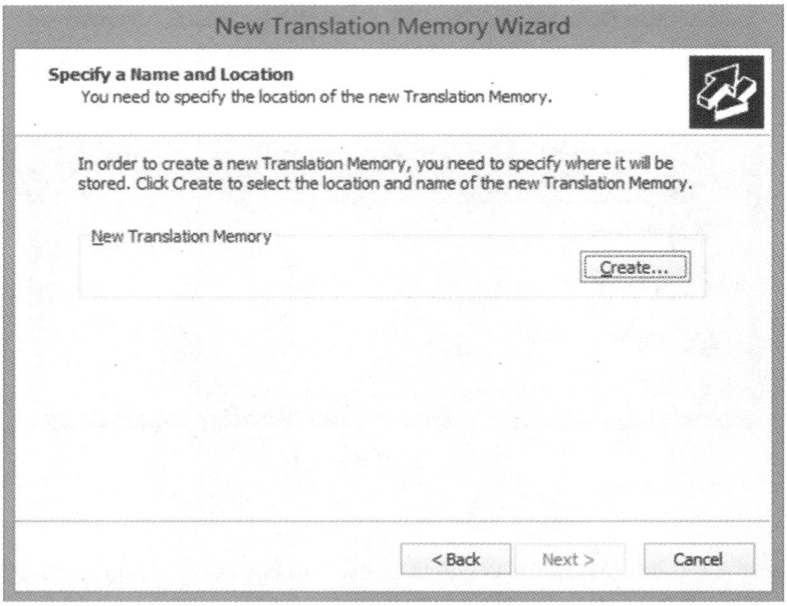

图 4.5　创建翻译记忆库

步骤4：点击【Create】（创建）按钮，选择保存翻译记忆库的文件夹（本例中，我们将记忆库保存在 F 盘"iPhone"文件夹中）；输入翻译记忆库的名称，例如"iPhone 4s"。如图 4.6 所示。

图 4.6　指定翻译记忆库名称

步骤5：点击【保存(S)】。翻译记忆库的存储路径会出现在图 4.7 所示位置，点击【Next】（下一步）。

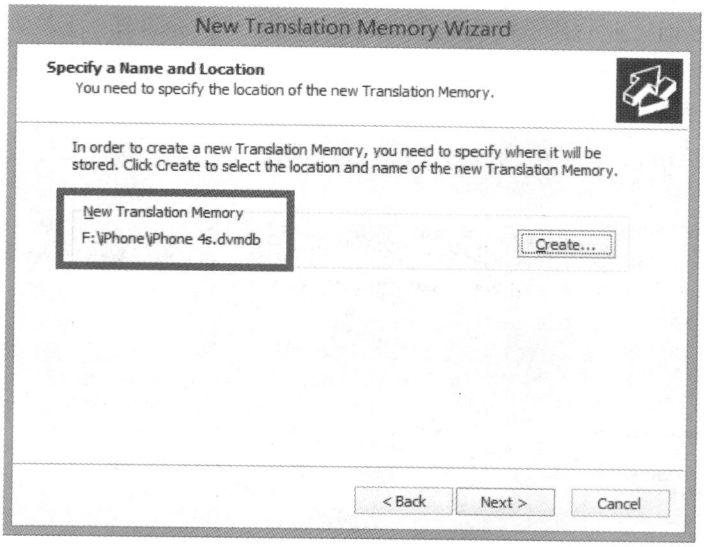

图 4.7　保存翻译记忆库

步骤 6：在创建翻译记忆库完毕后，会出现新建翻译记忆向导完成界面，如图 4.8 所示。界面中会显示翻译记忆库的存储位置。如果需要修改相关信息则点击【Back】（后退），无需修改可点击【Finish】（完成）关闭向导。

图 4.8　新建翻译记忆库完成

需要说明的是，此时创建完成的翻译记忆库仅仅是一个空库，需要向其中导入数据方能使用，这点与 SDL Trados 类似，但其后的导入操作又与 SDL Trados 略有不同。在随后的步骤中，我们会详细介绍 Déjà Vu X2 向翻译记忆库中导入数据的方法。

步骤 7：创建向导关闭后，会弹出"Source language"（源语）—"Target language"（目标语）选择界面。此时译员需要选择相应的源语言与目标语言，下拉列表中会显示多种语言和子语言选项。由于我们需要将《iPhone 5 英文快速入门指南》翻译为中文，考虑到翻译记忆设置与翻译文件方向相对应的问题，此处在下拉列表中将源语选为"English（United States）"（美式英语），目标语则选为"Chinese（PRC）"（简体中文），如图 4.9 所示。

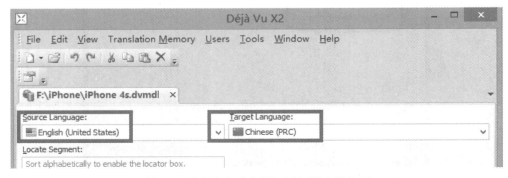

图 4.9　翻译记忆库源语、目标语选择界面

步骤8：在图4.9所示界面菜单栏上点击"File"（文件），选择"Import"（导入）弹出菜单中的"Align"（对齐）（如图4.10所示）；其后会弹出Alignment Wizard（文件对齐向导）对话框（如图4.11所示）。

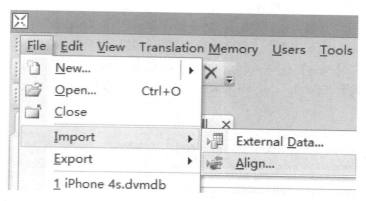

图4.10 对齐翻译文档

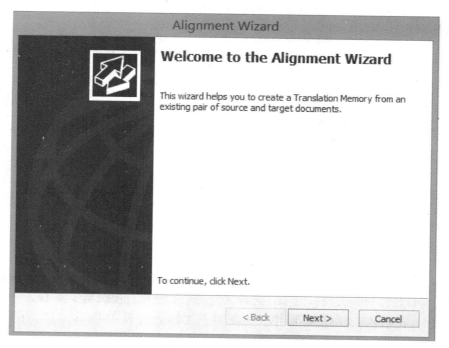

图4.11 文件对齐向导

只要是Déjà Vu X2支持的文件格式，译员可以一次性地将多种格式的多个文件进行对齐。对齐是把在单一语言环境中处理的原文和译文句对匹配至现有翻译记忆库或新创建的翻译记忆库的过程。而只有将对齐后的文件导入到翻译记忆，翻译记忆库才能发挥作用。

对齐操作也可以在新建翻译记忆库之前进行，即在 Déjà Vu X2 主界面的"File"（文件）菜单上点击"New"（新建），或者点击工具栏上的 【New】（新建）按钮，选择"Alignment Workfile"（对齐文档），操作界面与此前新建翻译记忆库相同。若是已有对齐文档，则可以直接点击"File"（文件）菜单，选择"Import"（导入）弹出菜单中的"External Data"（外部数据），将文档数据导入，其后也会显示如图 4.11 所示界面。

步骤 9：点击【Next】（下一步），出现图 4.12 所示界面。由于我们需要创建新的对齐文档，此处选择"Create new alignment workfile"（创建新的对齐文档），然后点击【Next】（下一步）。

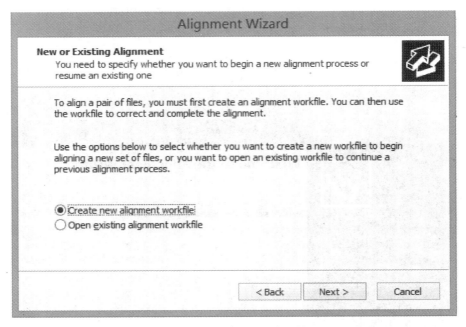

图 4.12 创建新的对齐文档

注意：若此前已创建可用的对齐文档，也可以在这里直接选择"Open existing alignment"（打开已对齐文档）选项，选择文件完毕后便可直接跳至步骤 14。

步骤 10：在图 4.13 所示界面中，为新对齐文档命名为"iPhone 4s"，保存在 F 盘"iPhone"文件夹内，点击【保存(S)】。

步骤 11：在图 4.14 所示页面中，分别点击"Add"（添加），加入需对齐的文档"iPhone 4s-en. docx"及"iPhone 4s-ch. docx"①，点击【Next】（下一步）。

---

① 此处的"iPhone 4s-en. docx"与"iPhone 4s-ch. docx"文件为《iPhone 4s 中英文快速入门指南》的 pdf 文档经由 OCR 技术处理后保存的 Word 文档，此处仅选取其中的前四段作为对齐文档范例。

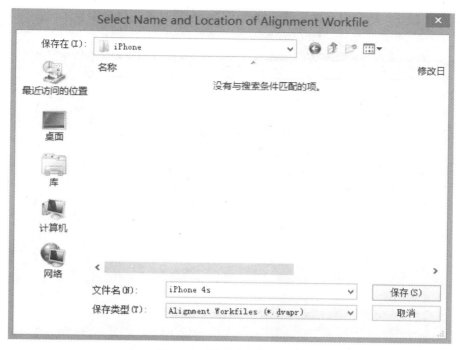

图 4.13 输入对齐文档名称

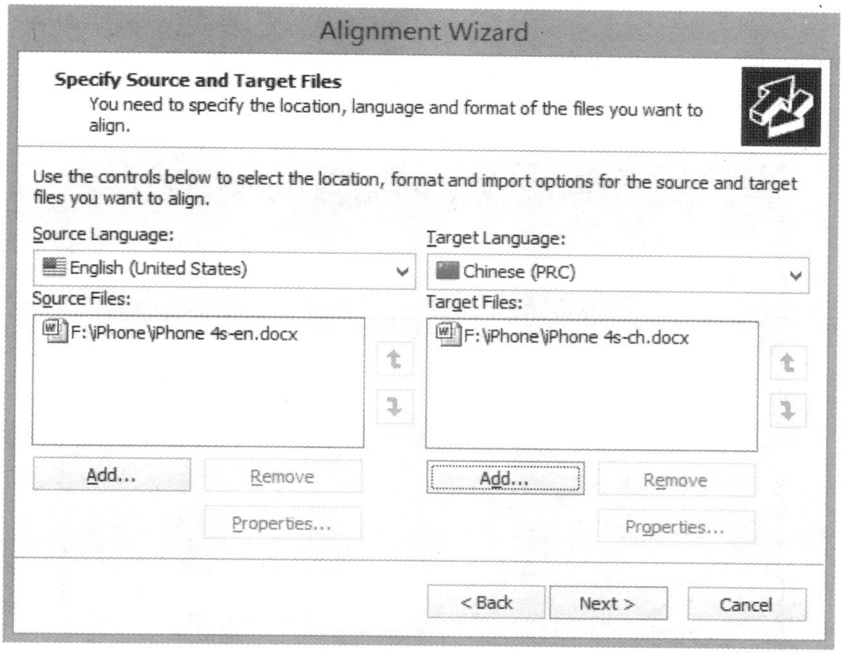

图 4.14 添加对齐文档

步骤 12：在图 4.15 所示界面中，选择客户及主题。这里选择的信息 Déjà Vu X2 会自动记录，并在对齐文档完毕且将其导入翻译记忆后在记忆库信息栏中显示出来。

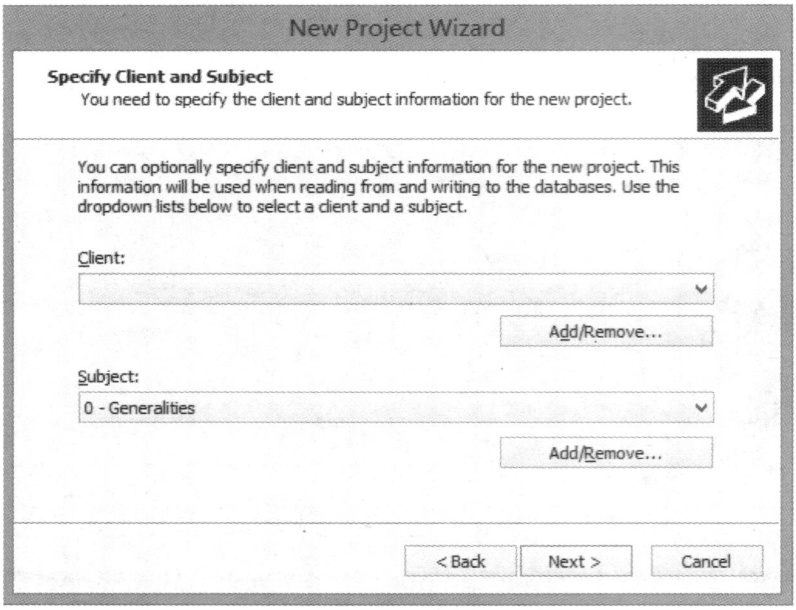

图 4.15　选择客户及主题

点击 "Client"（客户）下的  Add/Remove... 按钮，弹出如图 4.16 所示界面。

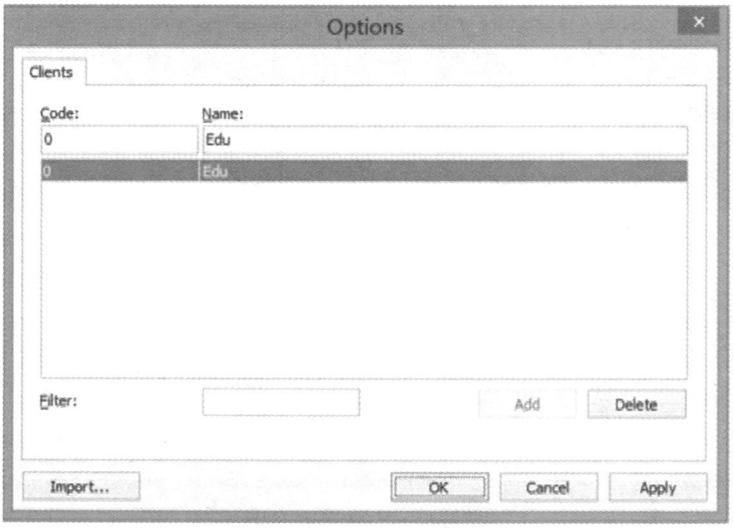

图 4.16　添加客户信息

　　此时需要在"Code"（编号）及"Name"（名称）框内输入相应字符。由于本例作教学之用，这里采用"Edu"作为客户名，点击【Add】（添加），选中条目，再点击【OK】（确定）。另外，我们此处不更改主题，直接采用通用的大类"0-Generalities"。信息选定后界面如图4.17所示。

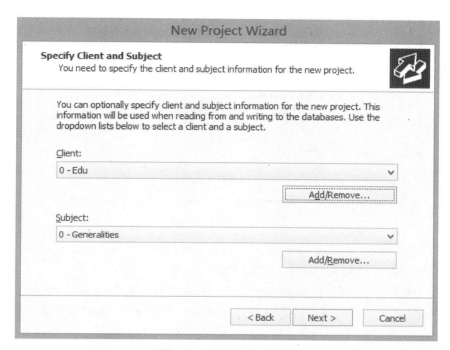

图 4.17　选定客户及主题

　　步骤 13：点击【Next】（下一步）。

　　此时出现的界面（如图4.18所示）显示"源语—目标语"一一对应的句段，在此界面下译员需要检查软件默认处理的文件对是否完全一一对应，并适时利用下方的【Join】（合并）、【Split】（拆分）按钮来处理不对应的句对。具体操作如下：

　　● 按下"Ctrl"键，同时选中源语或目标语中的某些句段，点击【Join】（合并）可将其连接起来。

　　● 在光标所在位置点击【Split】（拆分），可拆分选中句段。

　　● 点击【Delete】（删除）可删除选中句段，按下"Ctrl"键后选中的所有句段，再点击【Delete】（删除）后可将其全部删除。

　　● 选中某个句段，点击【Move Up】（上移）可以将该句段上移。

　　● 选中某个句段，点击【Move Down】（下移）可以将该句段下移。

　　此外，Déjà Vu X2 在此处可实现即时添加术语库的功能：按下"Ctrl"键，同时高亮源语与目标语句段中对应的单词或短语，点击左下角的【Add To TB】（添加到术语库），即可直接将其加入术语库，有关这一部分的内容我们将在后面详细介绍。

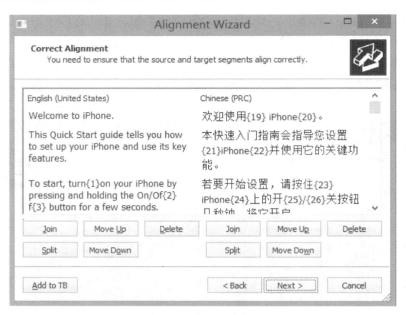

图 4.18　检查对齐句对

步骤 14：检查句对对齐无误后，点击【Next】（下一步）。

对齐文档的存储路径会显示在如图 4.19 所示位置。若需要修改相关信息则点击【Back】（后退），无需修改可点击【Finish】（完成）关闭向导，完成文档对齐操作。

图 4.19　文档对齐完毕

步骤 15：所有操作完成，软件程序加载完毕后会弹出如图 4.20 所示对话框。

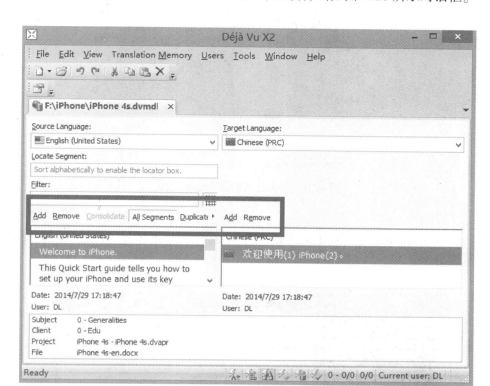

图 4.20　对齐文档导入翻译记忆库完毕

点击此界面中间的"Add"（添加），Déjà Vu X2 的源语列或目标语列将弹出一个新的对话框，译员可以在其中输入新句段。而选中源语列或目标语列中的相应句段，点击"Remove"（移除）则可以将当前句段移出翻译记忆库。

此时，翻译记忆库的信息栏中不再是空白，而是显示了我们在创建翻译记忆的过程中输入的主题、客户、对齐项目及文档相关信息。

以上便是在 Déjà Vu X2 中使用对齐模块，利用现有的源语文本和译文文本创建翻译记忆库的步骤。与 SDL Trados 不同，Déjà Vu X2 的翻译记忆是完整显示源语文本句对，在选中源语文本句对时才能显示对应的译文文本句；而 SDL Trados 对创建完成的翻译记忆则会显示完整的源语文本和译文文本句对。

三、通过导入外部数据创建翻译记忆库

我们刚刚介绍的是译员在手头完全没有任何现成翻译记忆库可供调用的情况下创建翻译记忆库的过程；若译员之前已有与翻译项目相关的 TMX 文件或是其他任何 Déjà Vu X2 支持的翻译记忆文件格式，则可以方便地导入外部数据，具体操作流程如下：

步骤 1：点击"File"（文件）菜单"Import"（导入）弹出菜单的"External Data"（外部数据）。如图 4.21 所示：

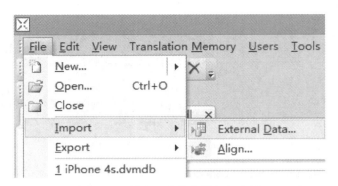

图 4.21　导入已有的翻译记忆文件

此时会弹出"Translation Memory Import Wizard"（翻译记忆导入向导）对话框，如图 4.22 所示。

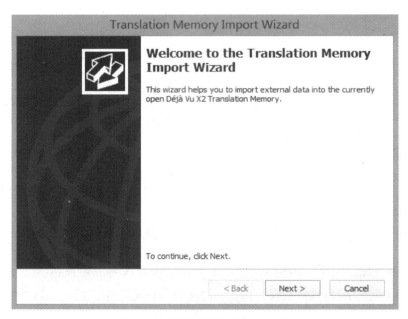

图 4.22　翻译记忆文件导入向导

步骤 2：点击【Next】（下一步），出现如图 4.23 所示界面。

步骤 3：译员可以根据需要选中图 4.23 中所示文件格式相应选项，点击【Next】（下一步）直接将外部数据导入。

Déjà Vu X2 支持导入翻译记忆的几种常见文件格式如下：

● Déjà Vu X2 Translation Memory（Déjà Vu X2 翻译记忆库）——Déjà Vu X2 的合并翻译数据库。

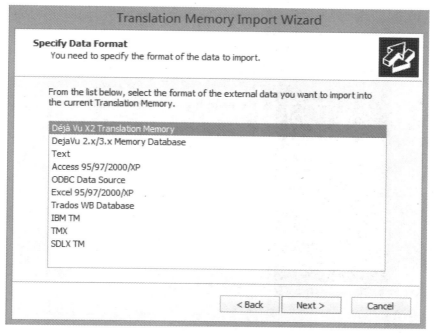

图 4.23　支持导入翻译记忆的文件格式

- Déjà Vu 2. x/3. x Memory Database（Déjà Vu 2. x/3. x 内存数据库）—— Déjà Vu 早期版本中的存储数据库。
- Text——含分隔符（制表符分隔，逗号分隔等）的文本文件。
- Access 95/97/2000/XP——Microsoft Access 不同版本的数据文件。
- Excel 95/97/2000/XP——Microsoft Excel 不同版本的数据文件。
- Trados WB Databases——Trados Workbench. txt 格式的翻译记忆库数据文件。
- TMX——Translation Memory Exchange 格式的数据输入，基于 XML 的不同计算机辅助工具间的格式转换。
- SDLX TM——SDLX. mdb 格式翻译记忆库的数据输入。

第三节　创建术语库

Déjà Vu X2 的术语库是由译员添加的"源语—目标语"词条。每个词条都有默认的语法信息、定义以及主题、客户和时间日期戳等。所有这些相关信息都可以根据需要调整。使用 Déjà Vu X2 翻译项目的时候，术语库也可以接收译员发送的词条，并最终导出为不同格式的外部文件。

本节我们将讲述在 Déjà Vu X2 中创建术语库的有关操作。

步骤 1：在 Déjà Vu X2 主界面的"File（文件）"菜单内点击"New"（新建），或是点击工具栏上的 【New】（新建）按钮。双击"Termbase"（术语库），或是选择后点击【OK】（确定）。此时弹出 "New Termbase Wizard"（新建术语库向导）对话框，如图 4.24 所示。

图 4.24　新建术语库向导

步骤 2：点击【Next】（下一步），进入图 4.25 所示对话框。点击【Create】（创建），选择保存术语库的文件夹（本例中，我们将术语库保存在 F 盘 "iPhone" 文件夹中），输入其名称，例如 "数码"。点击【保存(S)】，术语库的保存路径会出现在图 4.25 方框内所示位置：

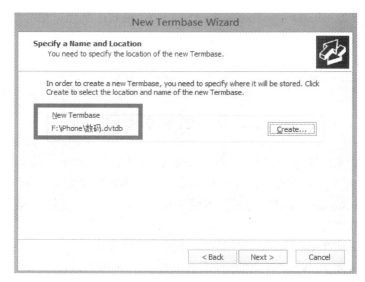

图 4.25　指定翻译术语库名称并保存

步骤3：点击【Next】（下一步），出现术语库模板选择界面（如图4.26所示）。译员通过选择模板来定义与术语库相关联的属性。我们在这里采用系统默认的术语模板"Minimal"。

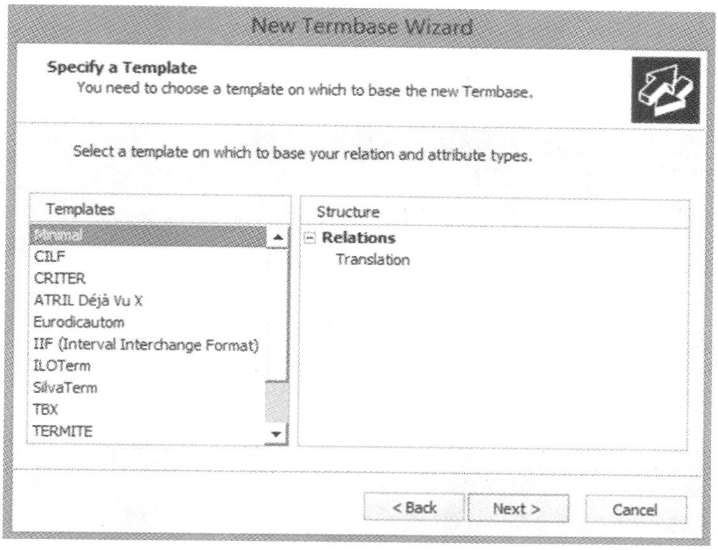

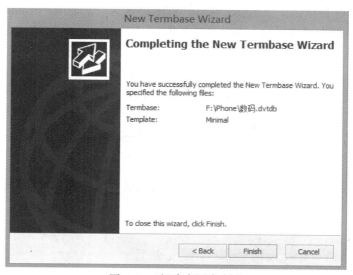

图4.26　选择术语库模板

步骤4：点击【Next】（下一步），完成新建术语库。

在创建术语库完毕后，也会出现新建术语库向导完成界面（如图4.27所示），界面中会显示术语库的存储路径及选用的模板。若需要修改相关信息可点击【Back】（后退），无需修改则点击【Finish】（完成）关闭向导。

图4.27　新建术语库完成

此时创建完毕的术语库也仅仅是一个空库，需要向其中导入数据方能使用。

步骤 5：新建术语库完成后，会弹出"源语—目标语"选择界面（如图 4.28 所示）。

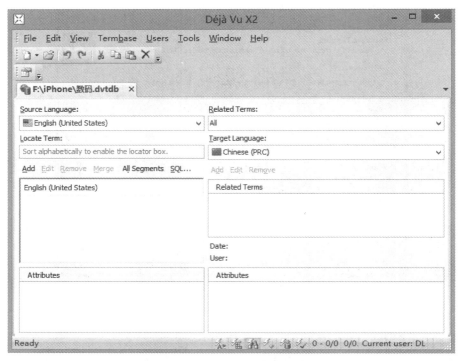

图 4.28 术语库源语、目标语选择界面

同翻译记忆一样，在此对话框中，须选择相应的"Source language"（源语言）和 "Target language"（目标语言），此处我们仍将源语选为"English（United States）"（美式英语），目标语选为"Chinese（PRC）"（中文）。

需要注意的是，术语库中的信息也可以是多语言的，但只可以包括无限多的目标语言。也就是说，一个源语可以对应不同目标语，但不能反向使一个目标语对应多个源语。

步骤 6：如图 4.29 所示，点击菜单栏上的"File"（文件），选择"Import"（导入）

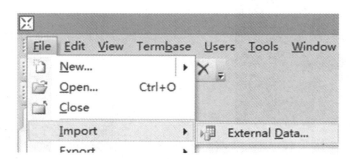

图 4.29 向术语库导入术语

弹出菜单中"External Data"（外部数据），此时会弹出"选择导入术语库的文件格式"对话框（如图 4.30 所示）。

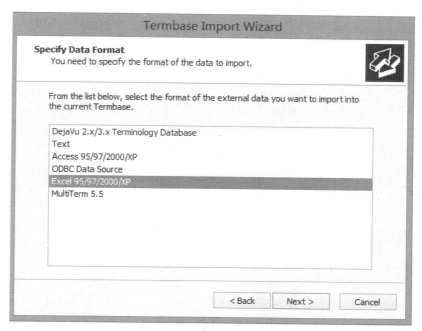

图 4.30　支持导入术语库的文件格式

必须注意的是：由于不需要对齐句段等操作，Déjà Vu X2 在向术语库导入数据的时候仅支持导入外部数据，这一点与向翻译记忆中导入数据的操作略有不同。

Déjà Vu X2 支持导入术语库的几种常用文件格式为：

●　Déjà Vu 2. x/3. x Terminology Database（Déjà Vu 2. x/3. x 术语库）——Déjà Vu 早期版本中的术语库。

●　Text——含分隔符（制表符分隔，逗号分隔等）的文本文件。

●　Access 95/97/2000/XP——Microsoft Access 不同版本的数据文件。

●　Excel 95/97/2000/XP——Microsoft Excel 不同版本的数据文件。

●　MultiTerm 5. 5——MultiTerm 5. 5 的输出文件。

此时，需要将现有的双语对照术语文件导入到新建的术语库中，当然译员也可以选择向术语库中逐条添加术语，或是直接导入第三方词汇表。但正如导入外部数据库到翻译记忆库的功能，这个功能也是可根据需要自行选择的，不必在每次翻译项目中使用。

图 4.31 所示的是我们准备导入术语库的外部文档，该文档是一个 Excel 格式的中英对照术语文档，其中第一行是字段标签栏，在向 Déjà Vu X2 术语库中导入 Excel 文档时，第一行并不会导入到术语库中。此处我们使用"en"和"ch"分别作为字段标签。当然，译员也可以使用 TXT 文档进行导入。但应注意，TXT 文档若不能选择正确的编码，很容易出现乱码的情况，给后面的翻译工作带来不便。

图 4.31　新建中英术语对照 Excel 文档

步骤 7：在图 4.30 所示界面点击【Next】（下一步）后，进入图 4.32 所示界面，点击【Select】（选择），选择待导入文件，此处添加上文编辑完成保存至 F 盘的 "数码.xls"文件。

图 4.32　向术语库中添加 Excel 文件

步骤 8：点击【Next】（下一步）。Déjà Vu X2 术语导入器会自动给 Excel 文件分栏①，如图 4.33 所示。

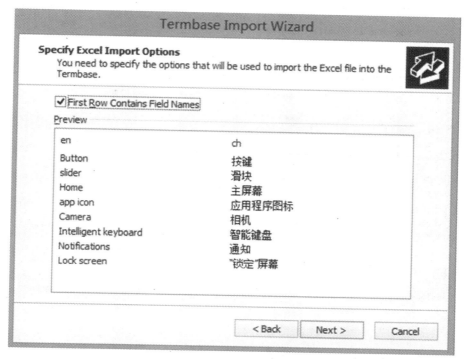

图 4.33 中英对照术语分栏

此处一般需要勾选 "First Row Contains Field Names"（第一行包含域名称）这一选项，便于查看分类条目，这也是此前我们将 Excel 文档的第一行设置字段标签 "en" 和 "ch" 的原因。

步骤 9：点击【Next】（下一步），进入 "Fields"（域）信息选择界面。

这里尤其需要注意，本例是英译汉的翻译项目，所以 "en" fields（英文域）需导入为 "Main Lemma"（主域），"Language"（语言）选为 "English（United States）"，"Code Page"（代码）则是 "US-ASCII"。与其相应，"ch" field（中文域）则需导入为 "Translation"（译文），"Language" 语言选择 "Chinese（PRC）"，"Code Page" 则为 "Chinese Simplified（GB2312）"。也就是说，这里的选项要与翻译项目方向完全对应，若不能正确选择，导入外部数据后术语库将不能正确地显示和应用。上述信息选择界面分别如图 4.34 与图 4.35 所示。

---

① 若导入 txt 文件，还需要选择分隔符号才能正确分栏。

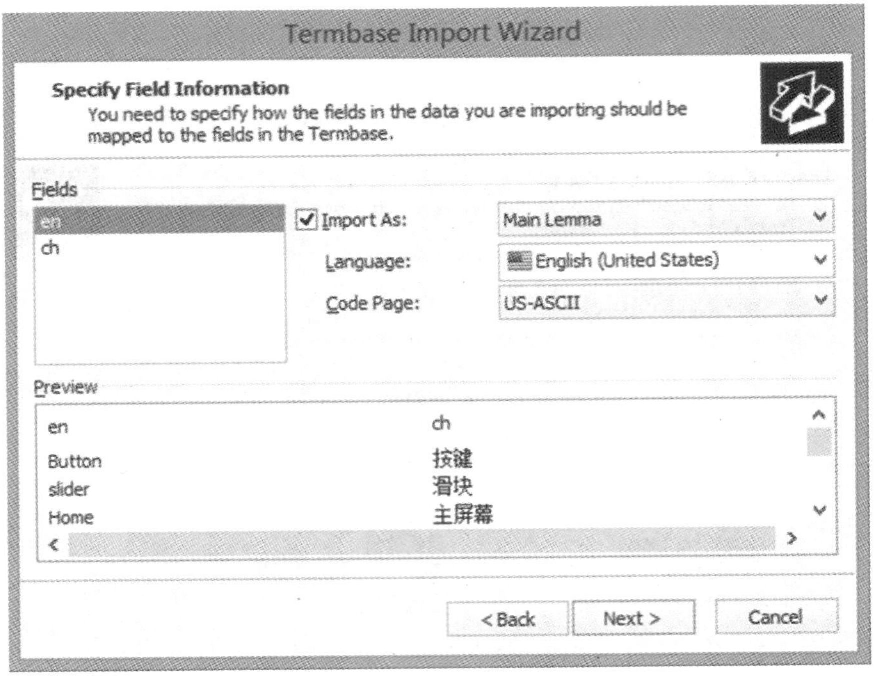

图 4.34　新建术语库“en”field 信息选择页面

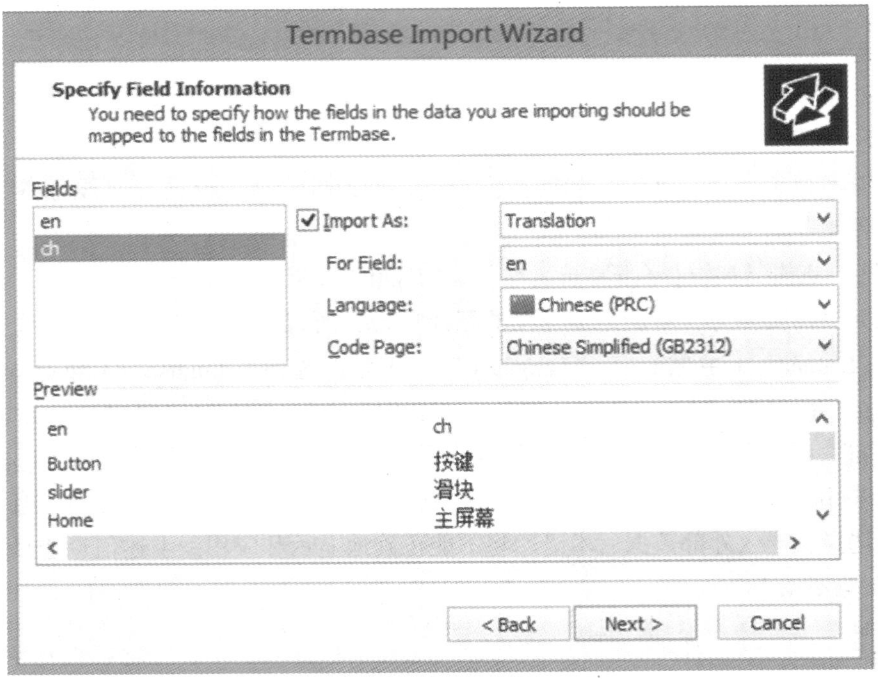

图 4.35　新建术语库“ch”field 信息选择页面

步骤 10：点击【Next】（下一步）。勾选 "Remove duplicate entries"（删除重复术语）选项，可以在导入术语过程中自动过滤掉重复的术语，如图 4.36 所示。

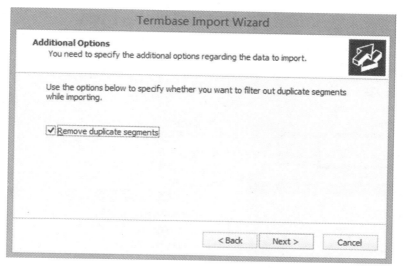

图 4.36　选择是否过滤重复术语

步骤 11：点击【Next】（下一步），完成术语导入设置。若需要修改相关设置，点击【Back】（后退），无需修改则直接点击【Finish】（完成），完成术语导入操作，如图 4.37 所示。

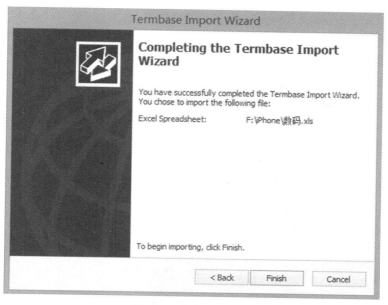

图 4.37　术语导入完毕

步骤 12：待操作完成，软件程序加载完毕后会弹出如图 4.38 所示对话框。

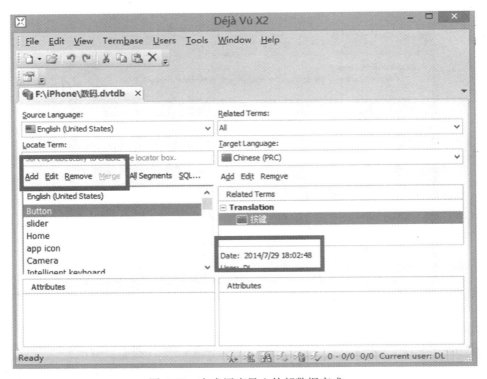

图 4.38　向术语库导入外部数据完成

　　点击术语库界面中间的"Add"（添加），Déjà Vu X2 的源语列或目标语列将弹出一个新的对话框，译员可以在其中输入新词汇或短语；而选中源语列或目标语列中的相应术语，点击"Remove"（移除）则可以将当前术语移出术语库。此外，日期时间戳与译员信息已在界面上显示出来。至此，翻译术语库创建完毕。

　　需要注意的是，SDL Trados 术语库的最终显示界面为完整显示源语，在选中源语术语的情况下会显示源语与目标语术语的一一对照；而 Déjà Vu X2 的术语库则是完整显示源语术语，在选中源语术语的情形下只显示对应的目标语术语，二者略有差异。

第四节　创建翻译项目

　　完成创建翻译记忆库与术语库后，我们下一步要进行的是创建翻译项目的操作。

　　步骤 1：在 Déjà Vu X2 主界面的"File"（文件）菜单上，点击"New"（新建），或是点击工具栏上的 　【New】（新建）按钮，双击"Project"（项目），或是选择后点击【OK】（确定）。

　　步骤 2：如图 4.39 所示，此时会弹出"New Project Wizard"（新建项目向导）对话框，该向导将引导译员创建一个翻译项目文件。

图 4.39　新建项目向导

步骤 3：点击【Next】（下一步）。在图 4.40 所示界面中点击【Create】（创建），选择保存项目的文件夹（本例中，我们将项目文件保存在 F 盘 "iPhone" 文件夹中），然后输入项目的名称，例如 "iPhone 5"。点击【保存(S)】。

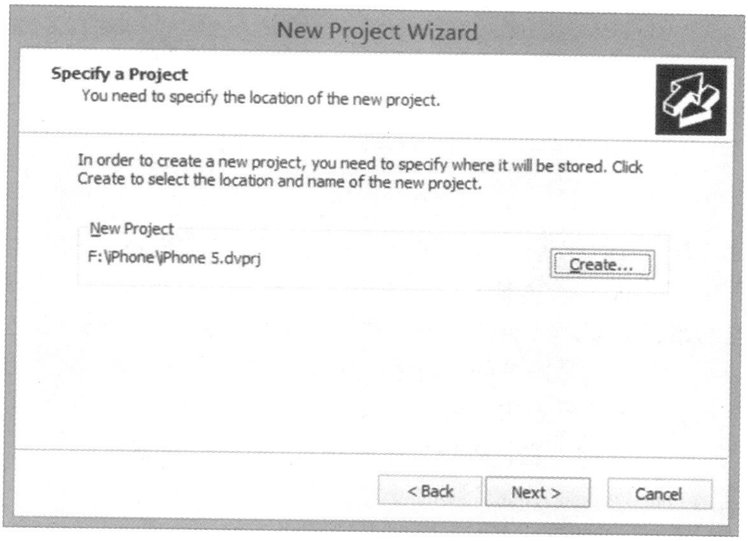

图 4.40　保存项目

步骤 4：点击【Next】（下一步），弹出如图 4.41 所示对话框。

与新建翻译记忆库与术语库时出现的界面类似，在此处出现的对话框中显示了许多语言和子语言选项。与翻译记忆一样，可以选择一个源语对应多个目标语，译员应视翻译项目具体情况作出选择。由于我们仅需要将源语的英文文本译为中文，这里只需将"Source language"（源语）选择为"English（United States）"（美式英语），"Target language"（目标语）选择为"Chinese（PRC）"（简体中文）即可。选择目标语时，译员既可以双击所需语言，也可以单击选中之后，点击【Add】（添加）。

图 4.41　新建项目源语、目标语选择界面

译员应注意，Déjà Vu X2 在"Available language"（可选语言）列表下将子语言进行了分层排列。就中文而言，就分为了"简体中文"和"繁体中文"子语言选项，译员可根据不同需要进行选择。如果译员在列表中找不到所需语言，例如从右到左排列的西里尔字母或东南亚语言，有可能是译员的运行系统不支持这些语言，这时可以在 Windows 系统中选择支持这些语言，方法是点击"开始"菜单，选中"设置"菜单中的"控制面板"，然后在"区域与语言"选项中进行操作。这里我们不作具体讲述。

此外，可选语言的列表显示也会随时变动，顶端会显示最近一次所选的语言。

步骤 5：点击【Next】（下一步），添加本地翻译记忆库，如图 4.42 所示。

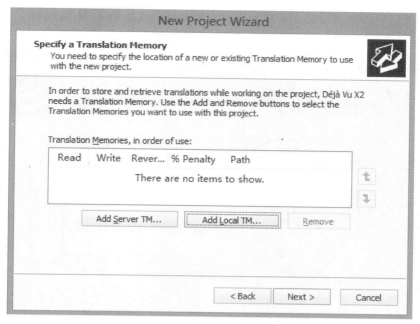

图 4.42 添加本地翻译记忆库

由于此前我们已经创建了翻译记忆库，此处可选择 Add Local TM... 按钮添加先前创建的本地翻译记忆库。如图 4.43 所示，选中文件，点击【打开（O）】。

图 4.43 选择本地翻译记忆库文件

143

此时，被选中的翻译记忆库文件会显示为如下状态（如图 4.44 所示）：

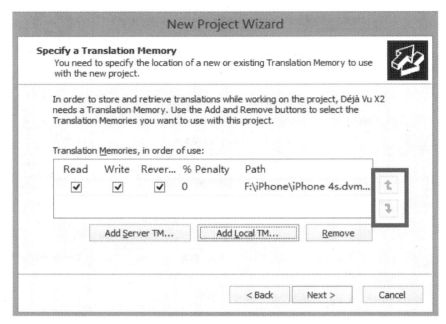

图 4.44　本地翻译记忆库添加完毕

　　需要说明的是，Déjà Vu X2 可以同时添加数个不同的翻译记忆库，若要将主翻译记忆库设置为置顶，可点击图 4.44 所示界面右侧方框中的上下箭头调整顺序。同时，译员可以对添加的翻译记忆库进行设置，例如通过勾选读写状态来选择只从该记忆库中读取数据而不写入新数据，或是既可以读取数据，又可以写入新数据等。此外，还可以在此勾选设定罚分规则与最低匹配率等。

　　与 SDL Trados 一样，Déjà Vu X2 也支持联网状态下添加服务器翻译记忆库，点击图 4.44 所示对话框中的　Add Server TM...　按钮，在出现的对话框中（如图 4.45 所示）依次输入服务器地址、用户名与密码，点击【OK】（确认）即可完成添加。

图 4.45　服务器翻译记忆库登录界面

本例中，我们不涉及添加服务器翻译记忆库，因此直接在图 4.44 所示界面中点击【Next】（下一步）。

步骤 6：在图 4.46 所示界面中添加本地术语库。

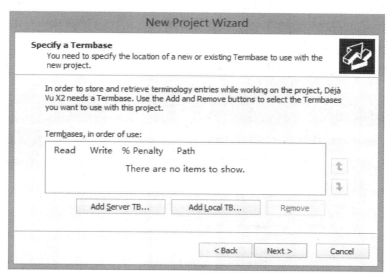

图 4.46　添加本地术语库

同翻译记忆库一样，此处选择 <kbd>Add Local TB...</kbd> 按钮添加创建的术语库，如图4.47 所示。

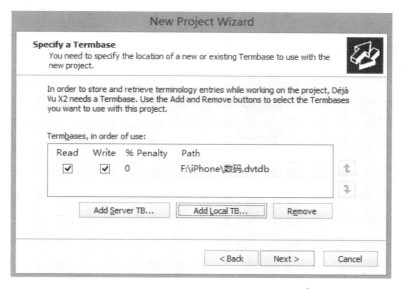

图 4.47　本地翻译术语库添加完毕

145

此外，在联网状态下，也可以点击图 4.47 所示界面中的 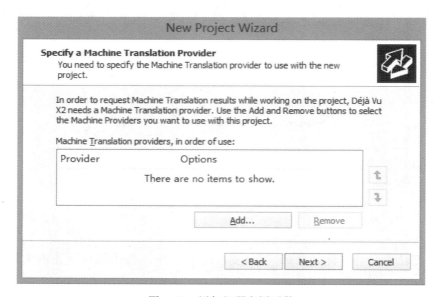 Add Server TB... 按钮，在出现的对话框中依次输入服务器地址、用户名与密码，点击【OK】（确认），亦可添加服务器术语库。

Déjà Vu X2 可以同时添加数个不同的翻译术语库，并将主翻译术语库置顶；还可以对添加的术语库进行进行读写状态等设置，其操作与前文所述设置翻译记忆库类似。

本例中，我们也不需添加服务器翻译术语库，因此直接点击【Next】（下一步）。

步骤 7：在图 4.48 所示界面中添加机器翻译引擎。

图 4.48　添加机器翻译引擎

点击【Add】（添加），会出现可选的机器翻译引擎列表，译员根据实际酌情添加，如图 4.49 所示。

图 4.49　可选的机器翻译引擎列表

以"Google Translate"（谷歌翻译）为例，点击后选择【OK】（确认）。此时软件会要求译员输入"API key"（字符串密码，数字证书，或是一次 Windows 授权的认证行为）。与登录服务器翻译记忆库与术语库时需要输入的用户名与密码类似，这一步是作为辅助功能出现的，若是译员拥有相关密钥则可以添加机器翻译引擎①。我们在此处直接跳过，点击【Next】（下一步）。

步骤 8：选择翻译项目面向的客户以及主题。此处我们沿用之前的设置，如图 4.50 所示；点击【Next】（下一步）。

图 4.50　选定默认客户及主题

步骤 9：在弹出的对话框中选择需要翻译的文件，点击【Add】（添加）。若有多个待翻译文件，此处可以批量添加；添加的文件会全部显示在图 4.51 所示界面的区域内。此处我们选择 F 盘"iPhone"文件夹，双击文件"iPhone 5-en. docx"②，或选中文件后点击【OK】（确定）打开。

---

① 谷歌现已在我国内地关闭翻译 API。

② 此处的"iPhone 5-en. docx"word 文档为《iPhone 5 英文快速入门指南》的 pdf 文档经由 OCR 技术处理后保存的 Word 文档，此处仅选取其中的前四段作为翻译范例。

图 4.51　导入待翻译文档

　　译员可在此点击【Properties】（属性）按钮进入特定的导入文件的属性。向导里的默认属性为已激活的分段（即目前所有的分段规则已启动），并且所有特殊的格式选项被关闭。

　　步骤 10：点击【Next】（下一步），完成项目创建。若需要调整设置，点击【Back】（后退）；如不需要调整则直接点击【Finish】（完成），如图 4.52 所示。

图 4.52　新建项目完成

点击【Finish】（完成）后，新建项目向导会显示文件导入的进度。Déjà Vu X2 所有新建向导的完成界面都会显示已导入文件的列表及路径信息，以供译员及时发现错误信息并修改。

在导入过程中，Déjà Vu X2 会过滤文本，将大多数格式代码隐藏起来，并用嵌入代码取代字符格式代码，以防止代码被意外删除。此外，软件会按照规则将段落分割为句段（这些规则位于选项菜单）并同时创建项目文件。

所有操作步骤完成后，Déjà Vu X2 的翻译项目管理窗格会自动弹出，显示导入的待翻译文件。如图 4.53 所示：主工作区域内，源语句段和目标语句段分居左右两栏，中间显示为翻译状态栏；项目文件翻译进度显示在界面右上方，而自动搜索翻译记忆库及术语库的界面则位于界面右下方，以便译员实时查看。

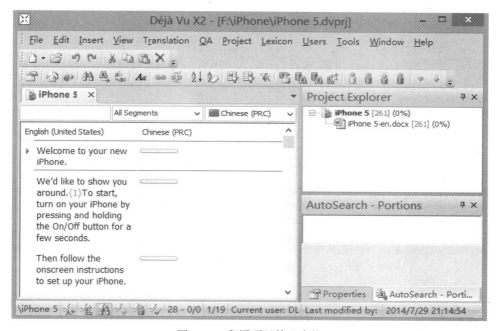

图 4.53　翻译项目管理窗格

至此，使用 Déjà Vu X2 创建翻译项目的操作全部完成。若要在翻译项目管理窗口关闭后再次开始翻译，只须双击文件名或项目名。

第五节　项目文件翻译流程

翻译项目创建和设置完毕后，我们就正式进入了项目文件翻译流程。

一、输入并确认译文

如图 4.54 所示，使用 Déjà Vu X2 开始翻译，须点击工作区域内的第一个句段，将光标移动至目标语单元格中，然后输入译文。每翻译完一句，应当确认该句的状态为"翻译完成"，然后按"Ctrl+↓"移动到下一个句段。此时，在翻译过的句段原文和译文中间会出现标记"✔"，说明该句段已经翻译完成且经过了确认。若打开状态栏下的"AutoSend"（自动发送）功能，Déjà Vu X2 还会将已翻译的内容自动发送到主翻译记忆库，同时进入下一个句段的单元格等待译文输入。由于采用了数据库操作模式，翻译过程中，译员无须时刻保存文档，软件会自动将译员所做的每个操作保存到磁盘。

在翻译项目管理窗口的底部，译员可以查看当前翻译项目的相关信息，如客户、主题、日期/时间戳和数据库所选词的来源。

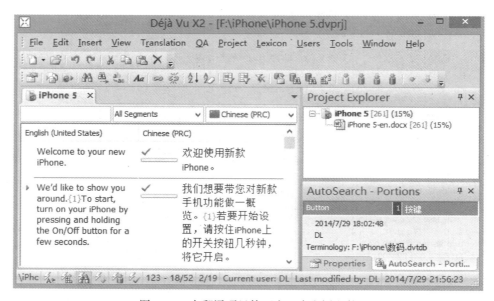

图 4.54　在翻译项目管理窗口中翻译文件

在输入并确认原文的进程中，有几项要点应注意：

首先，第二个句段中间的"｛1｝"符号是一个控制码，里边包含了原文件句段中的格式信息。大多数情况下，译员可不必了解控制码包含的内容，只要在翻译的时候保持控制码的相对位置正确即可。复制控制码的方法有三种：第一种是按"F8"（或"Ctrl+D"组合键）；第二种是右键点击目标语单元格，弹出关联菜单，点击"Copy Next Code"（复制下一控制代码）；第三种是直接复制源语文本控制码，粘贴至目标语单元格中。

其次，由于包含控制码，Déjà Vu X2 会在此句翻译完成前显示警告符号"✖"，以提示译员需要将控制码从源语复制到目标语。复制源语句段到目标语的办法是按"F5"或选择菜单命令"Insert"（插入），选择"Populate"（转至）菜单中的"Current Segment"（当前句段）。

再次，当第一句翻译完成跳至第二句时，界面最下方状态栏中间的位置提示从 1/19 变成了 2/19。这说明当前翻译文件共有 19 个句段，正处在编辑状态的是第 2 个句段。这样就使得译员对翻译进程了然于胸。

最后需要说明的是，第二个句段本应分为两个独立句段，却被合为一个句段，我们可以通过"Split Segment"（拆分句段）操作将此句分割，具体操作步骤此处不作详述，我们接下来直接以分割完毕的句段进行讲解。

二、自动搜索与添加术语

Déjà Vu X2 在工作状态下，会默认开启自动搜索功能，这一功能可以自动扫描（搜索）匹配当前句段的翻译记忆，并能搜索翻译记忆库与术语库的任何部分。而添加条目到术语库则是比较常用的操作。通常情况下，术语库条目越多，自动搜索、预翻译及自动写入等功能提取和显示的翻译结果就越多，这样不仅有利于当前翻译项目，还能提高日后翻译类似项目的效率。以下我们就来介绍 Déjà Vu X2 的自动搜索功能以及如何在项目翻译界面添加条目到术语库。

1. 自动搜索

翻译过程中，Déjà Vu X2 如果在翻译记忆库和术语库中查找到与当前翻译文件的源语文本相似的句段，或者源语文本中包含的术语，就会在界面右下方的"AutoSearch"（自动搜索）窗格显示搜索到的信息，而且会将搜索到的结果自动编号，如图 4.55 所示。

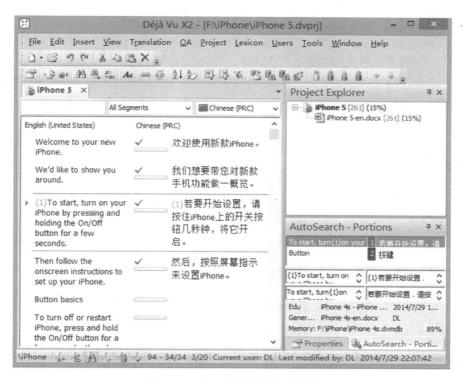

图 4.55　自动搜索窗格自动编号

此时，译员如需插入自动搜索出的翻译结果或术语，可以选中相关条目后双击；或者按下组合键"Ctrl+E"或"Ctrl+R"，将翻译记忆库中的句段或术语库中的术语插入到光标所在位置。

需要说明的是，自动搜索功能一般默认开启，若该功能未开启，译员可以依次点击软件菜单栏上的"Tools"（工具）>"Options"（选项）>"Environment"（环境）>"Enable AutoSearch"（开启自动搜索功能）；或直接点击状态栏上的 图标。

此外，译员在翻译过程中对当前句段所作的任何修改，自动搜索功能都会将其作为一个新的对照条目写入翻译记忆，而不是直接覆盖原有的匹配句段。

2. 添加条目到术语库

虽然 Déjà Vu X2 可以将数据自动发送到翻译记忆，但术语库却不能自动生成。译员可以在术语库中把翻译的词或短语与源语中的条目一一对应。将条目输入术语库是 Déjà Vu X2 需要手工操作最多的部分，但这个过程非常简单，在对齐文档阶段或在术语库界面下也能进行。下面我们介绍一下在项目文件翻译时手动添加术语的方法：

步骤 1：按下"Ctrl"键，用鼠标选中源句段和目标句段对应的术语或短语，将其高亮显示，如图 4.56 所示。

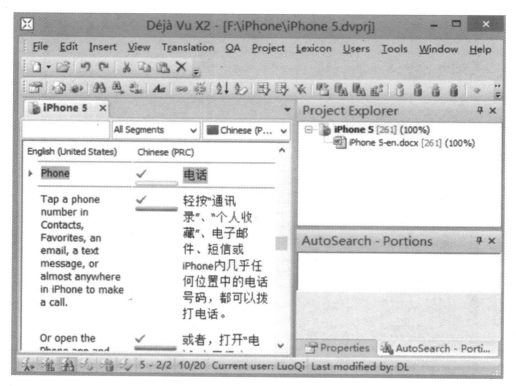

图 4.56　高亮需要添加进术语库的术语对

步骤 2：在界面上方菜单选中 "Translation"（翻译），点击 "Add Pair to Termbase"（将语言对添至术语库），或点击快捷键 "F11"，还可以点击工具栏上的 ![按钮] 按钮，将高亮术语发送到术语库，如图 4.57 所示。

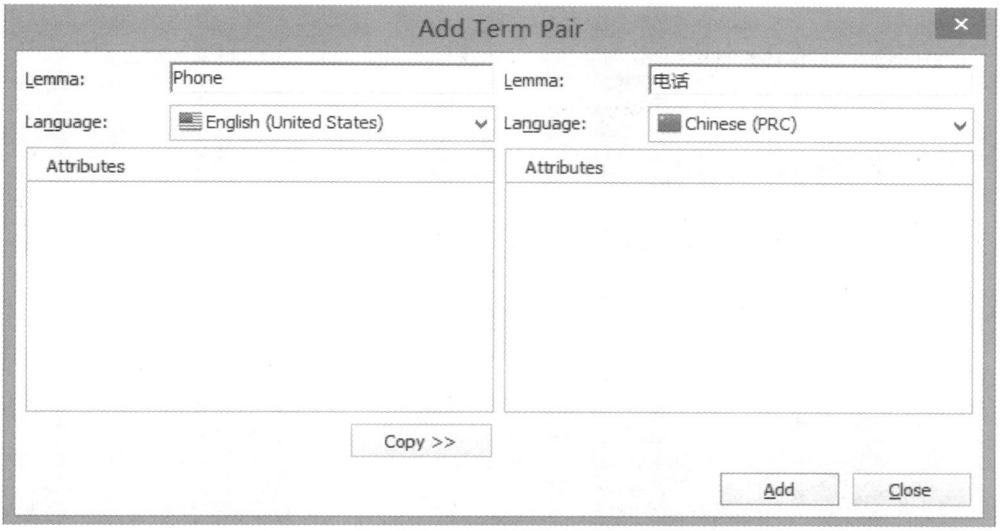

图 4.57　将术语发送到术语库

若译员此前曾设置过相关术语的规格，包括语法信息（词类、性、数等）和语义（上下文信息、主题、客户信息等），在对话框中将其填入相应位置即可。我们此前并未设置，因此直接点击【Add】（添加）。尽可能多地将条目添加至术语库，可以使自动搜索匹配更多结果，从而提高翻译效率。

在确定不需要输入任何附加信息（除标准用户和日期/时间信息外）的情况下，译员可以按下 "Shift+F11" 快捷键或右键点击 "Add Pair to Termbase"（发送句对至术语库）将高亮术语发送至术语库。使用这种方法不会提示译员输入任何附加信息，因此比较适用于项目、主题或客户均不确定的条目。

三、预翻译

除了手动翻译外，Déjà Vu X2 还可以对项目文件进行预翻译。在项目文件翻译过程中，一般优先对文件进行预翻译，它建立在自动搜索功能之上，需要分析文本，并在翻译记忆中搜索相似句段的译文。Déjà Vu X2 会找到最相似的句段（既可能是完全匹配，也可能是模糊或相似匹配），并将其插入对应的翻译位置。预翻译可以批利用译员翻译记忆库与术语库中的内容，大大减少手动翻译的工作量。

步骤 1：在界面上方菜单选中 "Translations"（翻译），然后点击 "Pretranslate"（预翻译）或直接按下 "Ctrl+P" 快捷键，还可以点击工具栏上的 ![按钮] 按钮，打开 "Pretranslate"

（预翻译）对话框，如图 4.58 所示。

步骤 2：设置预翻译选项，完成后点击【OK】（确认），开始预翻译。

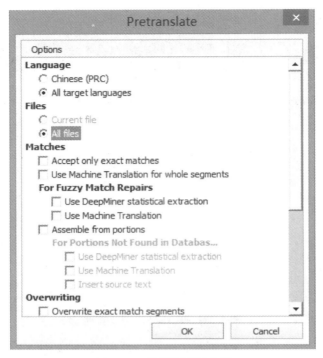

图 4.58　设置预翻译选项

在设置预翻译选项时应注意：若勾选图 4.58 中 "Overwrite exact match segments" 选项，Déjà Vu X2 会搜索翻译记忆库，寻找完全匹配的翻译；若完全匹配不存在，软件会自动寻找模糊匹配句段。

步骤 3：预翻译完成后，图 4.58 所示对话框的底端会出现预翻译状态报告，显示已经处理的句段及相关句段匹配的程度，此时点击【Close】（关闭）。

通过预翻译，Déjà Vu X2 可以帮助译员在一定程度上扫清障碍，铺平道路；译员所需要做的，就是审校预翻译句段的译文，并完成未翻译的句段。图 4.59 为预翻译后的部分句段。

预翻译完成后，原文句段和译文句段中间会出现彩色的指示条。在默认情况下，若完全匹配，则显示为深绿色；若模糊匹配，则显示为浅绿色。此外，根据匹配率的高低，浅绿色显示条的长度也会有所差别。但需要注意的是，即便预翻译显示的是完全匹配的翻译，译员最好也应检查一下译文中是否有错误（以免翻译记忆库中的译文句段本身质量不高），模糊匹配部分则更需要检查与编辑。另外，翻译完每个句段后都不要忘记按下"Ctrl+↓"。

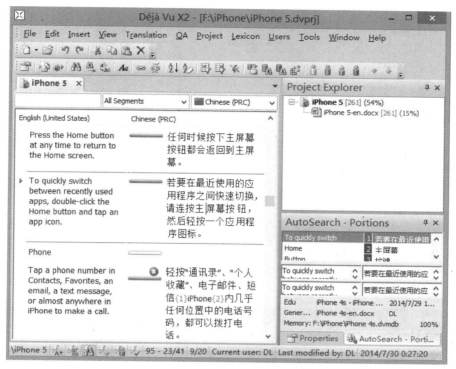

图 4.59　预翻译后的翻译项目显示界面

四、导出完成的翻译

项目文件翻译完成后，需要导出完成的翻译。Déjà Vu X2 提供了三种不同的导出方式：

- 在菜单栏点击"File"（文件），选择"Export"（导出）菜单的"Translated Project"（翻译完成的项目），导出完整的翻译项目。
- 在"Project Explorer"（项目管理窗格）中点击鼠标右键，导出单个文件或文件夹。
- 从"Advanced Project Explorer"（高级项目管理窗格）中导出单个文件或任意子文件。

其中前两种导出方式的操作方法非常类似，我们下面仅对第一种方式进行，即导出完整的翻译项目的方式：

步骤 1：在"File"（文件）菜单中，选择"Export"（导出），然后选择"Translated Project"（翻译完成的项目），如图 4.60 所示。

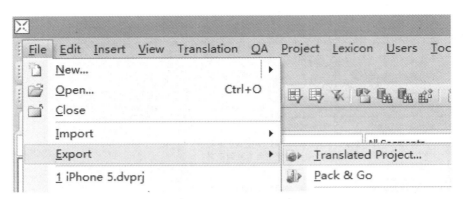

图 4.60　导出完成的翻译

步骤 2：此时 Déjà Vu X2 会提示译员选择导出目录（本例中我们仍选择 F 盘 "iPhone" 文件夹作为导出目录），勾选导出文件的语言，如图 4.61 所示。

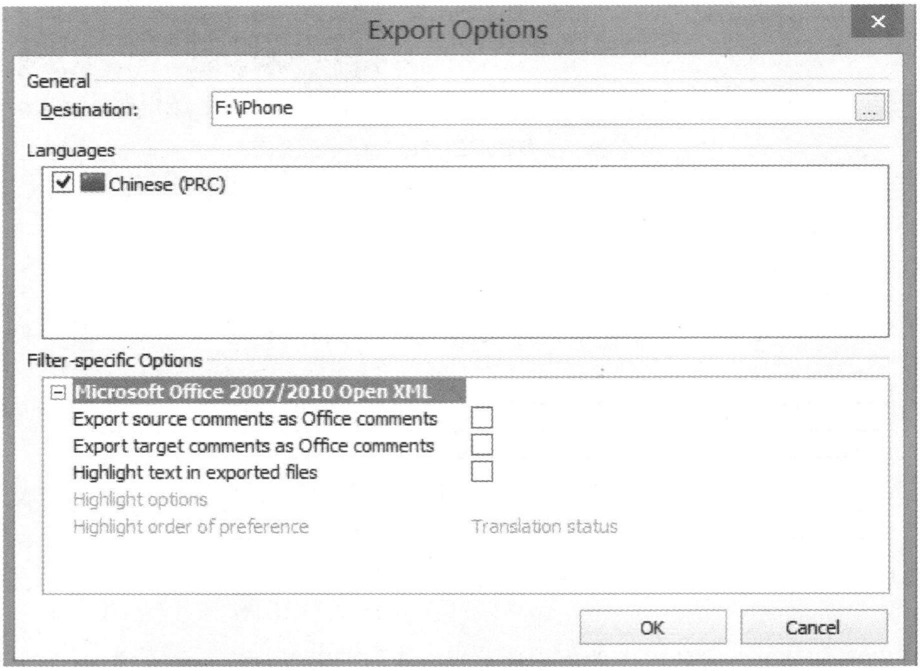

图 4.61　翻译项目导出选项

步骤 3：点击【OK】（确认）。系统会自动检查所有翻译完成的句段，检查控制码或文内空格是否有误。如果 Déjà Vu X2 发现了错误，会弹出提示，如图 4.62 所示。

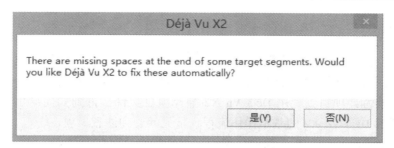

图 4.62　翻译项目导出报错

步骤 4：点击【是（Y）】，软件会自动订正错误。对于有些无法自动订正的错误，Déjà Vu X2 会提示译员返回至翻译编辑界面手动修改，确保控制码、格式等方面完全无误后方能导出译文。

步骤 5：点击【OK】（确认），完成翻译项目导出。

对于要导出的每种语言，Déjà Vu X2 都会在翻译项目导出的文件夹中创建子文件夹，并将该文件夹使用目标语言的代码命名。例如，本例中我们是把原文为英文的项目文件翻译为中文，所以新的文件夹就是"F：\ iPhone\ zh_cn"。

完成导出后，使用 Déjà Vu X2 进行项目文件翻译的简要流程告一段落，包括原始文件在内的所有文件列表如图 4.63 所示。

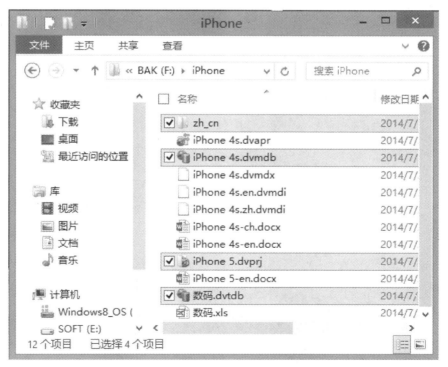

图 4.63　翻译项目完成后包括原始文件在内的所有文件

本章小结

在本章中，我们首先简要介绍了 Déjà Vu X2 软件的主要新增功能。之后，结合实例讲解了如何利用 Déjà Vu X2 软件进行项目文件翻译的全过程：从创建翻译记忆库到创建术语库，从创建翻译项目到利用 Déjà Vu X2 翻译项目文件，再到如何导出项目文件。读者从中可以了解 Déjà Vu X2 的基本操作流程、常见问题和注意事项。

Déjà Vu X2 界面简洁，操作简便；然而对中文的支持存在不足——这一点在翻译项目管理窗格界面的中文符号显示上可以明显看出。不过瑕不掩瑜，总体而言，Déjà Vu X2 仍是一款实用的计算机辅助翻译软件。

思考与练习题

1. Déjà Vu X2 有哪些新增功能？与 SDL Trados 相比，存在哪些优势与劣势？

2. Déjà Vu X2 的自动写入和预翻译相比有何相同与不同之处？

3. Déjà Vu X2 菜单栏上的 QA（质量保证）与导出最终翻译文档时的质量检测是同一概念吗？为什么？

4. 在项目文件翻译界面，故意输错一个术语，然后运用 QA（质量保证）检测术语一致性，并进行修改。

5. 本章讲解实例是先创建翻译记忆库，之后对齐翻译文档。请尝试先对齐翻译文档，之后创建翻译记忆库，并比较二者的异同。

第五章　memoQ 2013 入门

　　memoQ 是一款操作简便、功能强大的计算机辅助翻译工具。它将翻译编辑功能、资源管理功能、翻译记忆、术语库等功能集成到了一个系统中，可以很方便地在这些功能中切换。2013 年 5 月，Kilgray 公司推出了 memoQ 2013①，并进一步改进了 memoQ WebTrans 和 qTerm，使得译员在使用该软件进行翻译的过程中有了更大的应用空间，因而近年来也越来越多地受到专业译员的青睐。

　　本章将对 memoQ 2013 的操作界面、项目文件翻译的基本流程与操作步骤以及资源控制台等方面进行介绍。②

第一节　memoQ 2013 操作界面简介

　　本节我们对 memoQ 2013 R2 版本的基本操作界面作一些简单的介绍。

　　首先，双击 图标，进入软件的主界面（见图 5.1）。

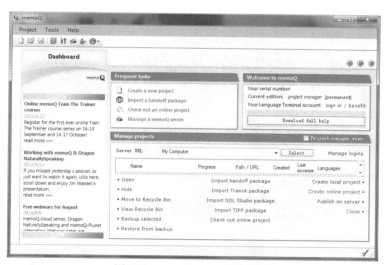

图 5.1　memoQ 2013 操作界面

---

　　①　MemoQ 2014 R2 版于 2014 年 12 月中旬发布。

　　②　本章内容参考了 http：//www. memoq. com/learn/guides-and-videos/translators 和 http：//www. 5icat. cn/forum-81-1. html，最后访问时间为 2014 年 11 月 28 日。

整个操作界面主要分为四个区域：Dashboard（显示面板区）、Frequent tasks（常用任务区）、Welcome to memoQ（用户信息区）和 Manage Projects（项目管理区）。

• Dashboard（显示面板区）

如图 5.2 所示，该区域主要显示近期项目、当前 memoQ 版本信息、最新动态以及管理项目常用指令；用户也可以在该区域创建新的项目，而 memoQ 也会记住项目状态。也就是说，用户如果本次操作结束，关闭了 memoQ，待下一次打开，Dashboard（显示面板区）会显示其最近打开的项目。如果用户打开现有项目，该区域会显示项目上次打开的标签页，并自动切换到其最近使用的标签页。

• Frequent tasks（常用任务区）

如图 5.3 所示，该区域主要是便于用户快速启动其经常涉及的任务，这些常用任务主要包括：Create a new project（创建新项目）、Import a handoff package（导入分发包）、Check out an online project（查看在线项目）和 Manage a memoQ server（处理 memoQ 服务器项目）。

图 5.2 Dashboard（显示面板区）

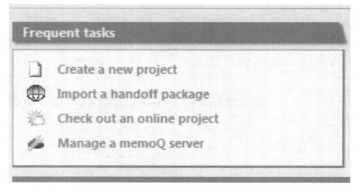

图 5.3 Frequent tasks（常用任务区）

• Welcome to memoQ（用户信息区）

如图 5.4 所示，该区域主要列明用户的身份以及注册信息。在翻译项目中，用户可以选择不同的身份和权限，比如项目经理或者译员，也可以通过该区域点击【Download full help】按钮来获取使用帮助信息。

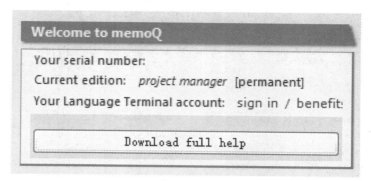

图 5.4 Welcome to memoQ（用户信息区）

- ManageProjects（项目管理区）

如图 5.5 所示，用户通过该区域对翻译项目实施管理，可以对项目进行打开、隐藏、移动至回收站、备份等操作；还可以执行导入项目包、创建本地项目和发布至服务器等操作。相对而言，该区域是 memoQ 2013 主界面最为重要的一个区域。

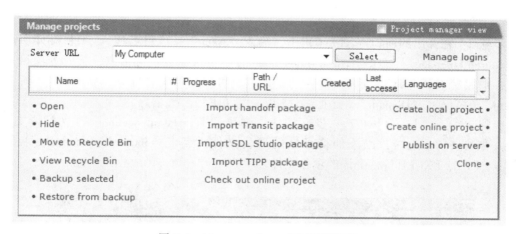

图 5.5 Manage projects（项目管理区）

总体而言，我们可以看出 memoQ 2013 的操作界面分区明晰、功能齐全，有利于用户上手操作。

第二节　创建翻译项目

在 memoQ 2013 中，翻译过程主要包括以下三个步骤：创建翻译项目、翻译和交付。本节主要介绍如何在 memoQ 2013 中创建翻译项目。

步骤 1：进入 memoQ 2013 主界面，点击菜单栏"Project"（项目），再点击"New Project"（新建项目），弹出如下窗口（如图 5.6 所示）。

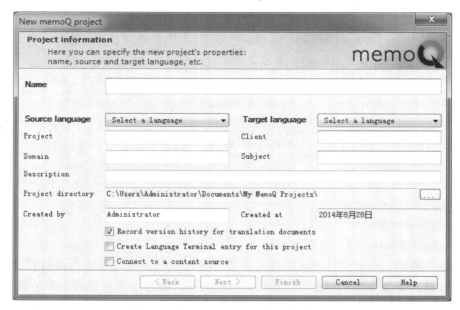

图 5.6　New Project（新建项目）窗口

步骤 2：在弹出的窗口（图 5.6）中，输入"Name"（项目名称）、项目翻译所涉及的"Source language"（源语）和"Target language"（目标语）等信息，接着为项目指定一个存放路径（Project directory）。当然，译员也可以根据需要输入"Project"（项目）、"Client"（客户）、"Domain"（行业）、"Subject"（主题）等信息。

步骤 3：点击【Next】（下一步）按钮，弹出"Translation documents"（翻译文档）窗口（如图 5.7 所示），以添加待翻译的项目文件；点击"Import"（导入），以添加 WORD、PPT、EXCEL 等待翻译的项目文件。

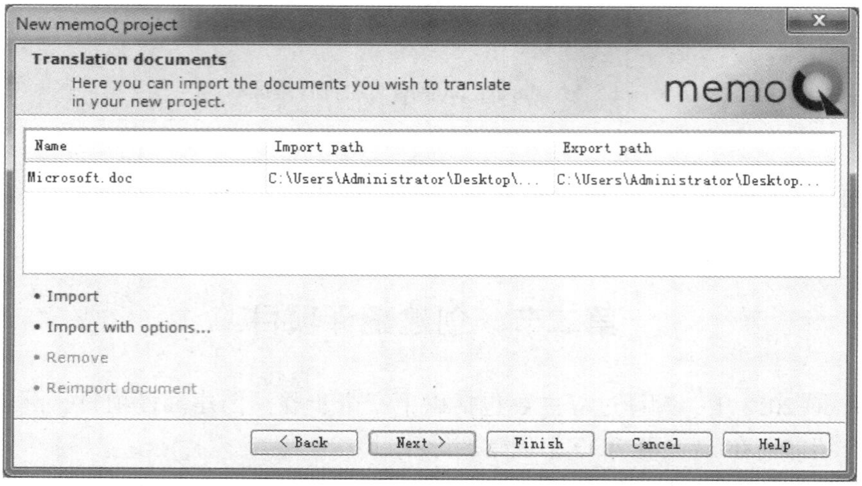

图 5.7　Translation documents（翻译文档）窗口

　　如果译员需要为项目添加多种类型的文件，例如翻译 TRADOS 预翻译未清理格式的双语对照 DOC、TTX 格式；或者需要改变文件导入的过滤器设置，来选择、创建文档导入过滤器或改变文档导入设置，则需要点击"Import with options"（文档导入选项）。

　　步骤 4：添加待翻译项目文件完成后，点击【Next】（下一步），弹出"Translation memories"（翻译记忆库）窗口（如图 5.8 所示）。

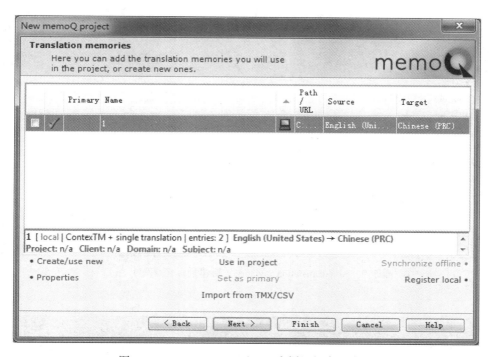

图 5.8　Translation memories（翻译记忆库）窗口

　　此时译员可以点击"Create/use new"（创建/使用新记忆库）来新建一个翻译记忆库；也可勾选此前已创建的可用翻译记忆库。在此界面下，译员还可以点击"Properties"（属性）来查看并设置翻译记忆库的属性，或者点击"Import from TMX/CSV"将外部数据导入翻译记忆库。此处，假定我们是初次使用该软件的译员，需要选择"Create/use new"（创建/使用新记忆库），此时弹出"New translation memory"（新建翻译记忆库）对话框，如图 5.9 所示。

　　译员需要键入"Name"（翻译记忆库名称）、该记忆库的"Source language"（源语）和"Target language"（目标语）等信息，接着为该记忆库指定一个存放路径（path）。此外，译员还可以根据需要设定该记忆库是否为只读（read-only）以及模糊匹配（more fuzzy hits）等选项。

　　如果译员希望为项目添加多个翻译记忆库，须勾选翻译记忆库名称前的勾选框，此时译员在当前项目中所使用的翻译记忆库将会移动至列表顶部。此外，该翻译记忆库会标记为"Primary"（首选记忆库），如图 5.10 所示。

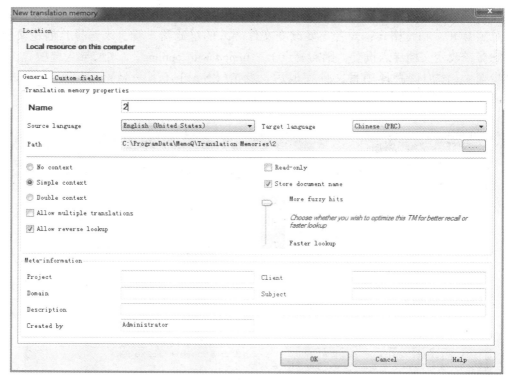

图 5.9　New translation memory（新建翻译记忆库）窗口

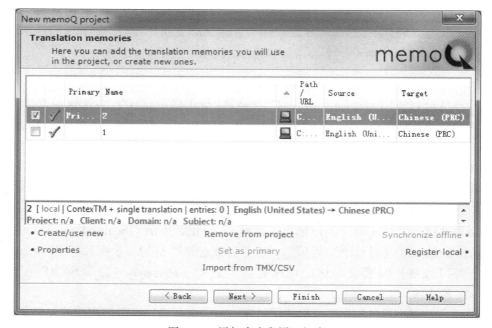

图 5.10　添加多个翻译记忆库

特别需要指出的是，"Primary translation memory"（首选翻译记忆库或项目翻译记忆库）与"Master translation memory"（主翻译记忆库）是不同的概念。如果我们把前者比作一个水桶，把后者比作一个水池，把译员对某个翻译句段进行确认后的翻译单元比作一杯水的话，二者的关系就显而易见了。在翻译过程中，译员对某个翻译句段进行确认后，该翻译单元（"原文—译文"句对）会自动存储到翻译记忆库，这就好比将一杯水倒入水池。但问题是：如果这杯水存在不干净的情况，又没有经过水质检验（翻译单元存在质量问题，且没有经过审校），就可能造成水池中的水质污染。如果译员在未来的翻译项目中需要调用该翻译记忆库（从水池中取水），则可能取到的是被污染了的水（调用的是存在质量问题的译文），这势必会留下隐患。因此，为了避免这种情况的发生，我们加了一个"水桶"作为过渡，也就是"Primary translation memory"（首选翻译记忆库或项目翻译记忆库），作为当前项目调用的若干翻译记忆库中的首选记忆库，也是一个带有临时性质的工作记忆库，让一杯又一杯的水先倒入水桶当中（将当前翻译项目中已确认的翻译单元存入首选翻译记忆库或项目翻译记忆库），待到该水桶的水经过水质检验和净化处理（译审校对、修订、审核通过）以后，再整体倒入"水池"当中，意即批量存储到"Master translation memory"（主翻译记忆库）中，这样就可以最大程度地保证"水池"中的水质安全。

至于当前项目中导入的其他翻译记忆库，在翻译过程中只作参考使用。

步骤 5：添加翻译记忆库完成后，点击【Next】（下一步），弹出"Term bases"（术语库）窗口（如图 5.11 所示）。

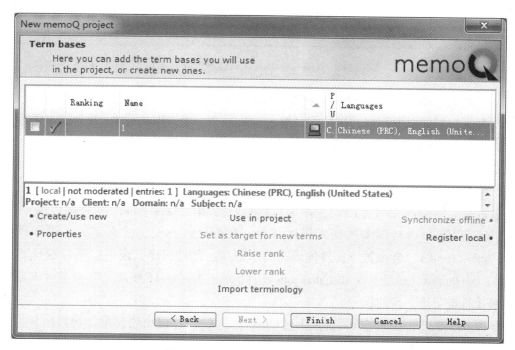

图 5.11　Termbases（术语库）窗口

此时译员可以点击"Create/use new"（创建/使用新术语库）来新建一个术语库；也可勾选此前已创建的可用术语库。在此界面下，译员还可以点击"Properties"（属性）来查看并设置术语库的属性，或者点击"Import terminology"将外部数据导入术语库。此处，我们同样假定是初次使用该软件的译员，因此需要选择"Create/use new"（创建/使用新术语库），此时弹出"New term base"（新建术语库）对话框，如图5.12所示。

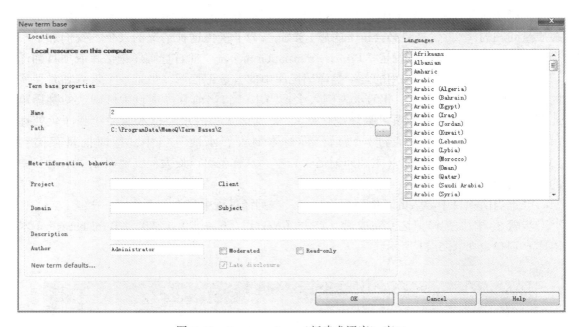

图 5.12　New term base（新建术语库）窗口

与翻译记忆库设置相似，译员需要键入"Name"（术语库名称），并为该术语库指定一个存放路径（path）。此外，译员还需要在对话框右侧勾选该术语库的语言。

点击【OK】（确认）按钮，返回"Term bases"（术语库）窗口，但此时已经可以从列表中清楚地看到刚刚添加的术语库（如图5.13所示）。

要注意，术语库是有排序的，译员可以通过点击"Raise rank"（上移）或"Lower rank"（下移）命令链接来改变术语库排序。在翻译过程中，搜索到的术语翻译结果（Translation results）会优先来自排序最高的术语库。此外，译员还可以通过选择"Tools（工具）> Options（选项）> Miscellaneous（其他）> Lookup（查询）"标签页来对术语库结果排行进行进一步的设置。

步骤6：添加术语库完成后，点击【Finish】（完成）；退出创建翻译项目向导，进入"Project home"（项目主界面），如图5.14所示。

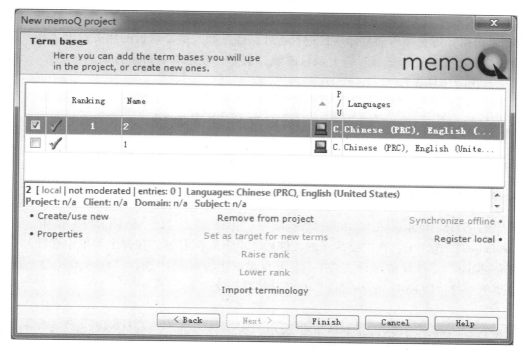

图 5.13 术语库列表

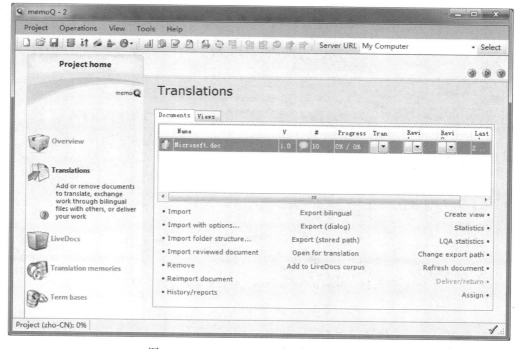

图 5.14 Project home（项目主界面）窗口

在此界面下，译员可以通过点击左侧面板的"Overview"（预览）、"Translations"（翻译）、"LiveDocs"（语料文档管理）、"Translation memories"（翻译记忆库）、"Term bases"（翻译术语库）等选项卡对翻译项目进行管理，或是修改翻译项目的相关设置。译员还可以点击界面下方的命令链接，查看项目的统计信息，或是对项目进行添加、删除、编辑、导入、导出等多项操作。

第三节　项目文件翻译流程

翻译项目创建完毕，接下来就进入项目文件翻译的环节了。

一、打开待翻译文件

如图 5.15 所示，在"Project home"（项目主界面）左侧的面板中，点击"Translations"选项卡；选中要翻译的文件后，点击鼠标右键，在弹出菜单中选择"Open for Translation"（打开待翻译文件）；也可在界面上方菜单中选择"Operations"（操作）下拉菜单中的"Open for translation"（打开待翻译文件）。

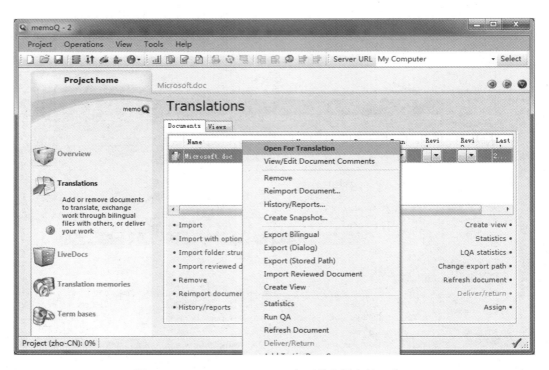

图 5.15　Open for translation（打开待翻译文件）窗口

此时会进入项目文件翻译主界面，如图 5.16 所示。

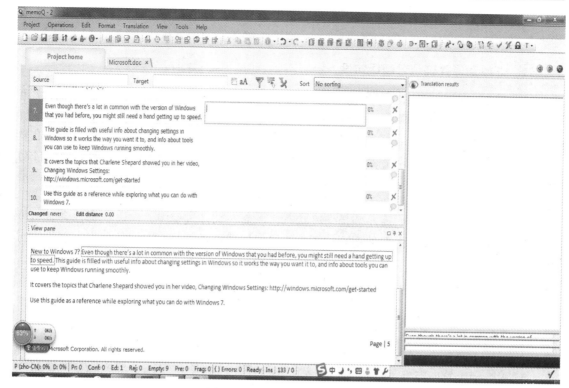

图 5.16 项目文件翻译主界面

下面我们来熟悉一下该界面三大区域的主要作用：

界面右侧为翻译结果显示区域，意即：若项目翻译记忆库和术语库中存在与当前编辑句段达到不小于设定匹配度的内容，则从翻译记忆库和术语库中搜索到的翻译结果列表会显示在该区域。

界面左侧下方为预览区域，译员可以在不改变文档版面的情况下，即时预览已完成和未完成的翻译句段的情况，我们称之为"所见即所得"的预览模式。

界面左侧上方为编辑区域，由于分栏较多，我们放大来看，如图 5.17 所示。

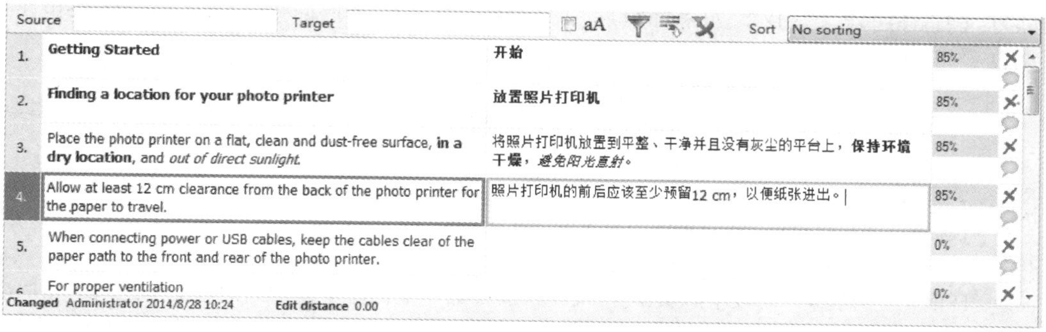

图 5.17 编辑区域

编辑区域共分四栏，从左至右依次为：句段编号栏、原文句段显示栏、译文句段显示栏、句段状态栏。我们将在接下来的部分对编辑区域涉及的主要操作进行讲解。

二、开始翻译并确认已翻译句段

打开待翻译项目文件后，译员就可以在编辑区域翻译第一个句段了，只需要在译文第一个句段的显示栏内键入译文，然后按快捷键"Ctrl+Enter"就可以确认当前翻译的句段，并自动跳转到下一个句段。① 同时，memoQ 2013 会在下一个句段中自动填充翻译结果显示区域中匹配率最高的搜索结果。但译员应注意，memoQ 2013 不会在第一个句段中自动填充匹配率最高的翻译结果。此外，如果译员只是在译文句段显示栏点击某个句段，或是按箭头键上下移动，memoQ 2013 也不会在当前编辑句段中插入翻译结果。

前文提到，编辑区域的最左侧是句段状态栏。而在翻译过程中，句段状态栏会显示每个句段不同的状态，分别由五种不同的颜色编码值体现出来，那么它们各自代表句段的何种状态呢？

- 灰色——显示为 ，代表该句段未编辑。

- 橙色——显示为 ，代表该句段已编辑，但尚未确认。

- 绿色——显示为 ，代表该句段译文已确认；当译文得到确认，显示为绿色的勾，而不是红色的叉。

- 蓝色——显示为 ，代表在"pre-translation"（预翻译）中，目标句段文本自动插入。在这种情况下，蓝色背景上所显示的是一个百分比。例如，完全匹配会显示为 100%（或 101%）。模糊匹配的情况下，依照程度不用，代表匹配率的百分比也会存在差异。②

- 紫色——显示为 ，代表在"pre-translation"（预翻译）中，目标句段文本是由片段组合而成的。也就是说，在翻译记忆库中没有找到整个句段的完整建议，但是有部分（片段）译文建议。如果译员启用了 MT（机器翻译）插件，那么这个结果也可能会来自于机器翻译。

- 红色——显示 ，代表该句段已被设置为拒绝编辑状态，此时句段状

---

① 快捷键"Ctrl+Enter"代表确认当前句段，并将其添加到项目翻译记忆库；若只确认当前句段，但不将其添加到项目翻译记忆库，则使用快捷键"Ctrl+Shift+Enter"。

② 匹配率是当前编辑句段中源文本和 memoQ 项目翻译记忆库中搜索到的源文本之间的相似度。如果匹配率为 101% 或 100%，则代表当前编辑句段中的源文本及其格式与翻译记忆库中完全相同；如果匹配率在 95% 到 99% 之间，则代表文本相同，而标签和数字可能略有不同；如果匹配率低于 95%，则有可能文字也存在不同。

态显示为红色。

　　除此之外，在翻译结果显示区域，如果翻译记忆库中包含与当前处在编辑状态的原文句段相同或达到指定相似度的原文句段，该结果将出现在翻译结果显示区域排序列表的最上方，并标记为红色（如图 5.18 所示）。此时译员可以使用快捷键"Ctrl+↑"和"Ctrl+↓"来浏览此结果列表；如果需要将所选的建议结果插入当前译文句段，可以按快捷键"Ctrl+Space"。

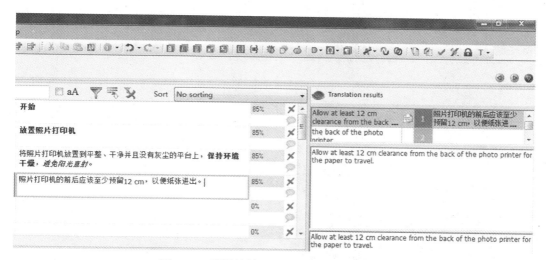

图 5.18　翻译结果显示区域（翻译记忆库）

　　有时译员还会遇到这样的情况：当前编辑句段并非一个完整语义单元，但和下一个句段合并在一起则可以构成一个完整语义单元，此时译员需要执行合并句段操作，可以点击工具栏上的合并句段按钮 　，或者使用快捷键"Ctrl+J"，实现当前编辑句段与下一个句段的合并。

　　反之，如果当前编辑句段包含不止一个语义单元或句子（以句号、问号、感叹号等为标识），此时译员可以执行分割句段操作：在原文句段显示栏中的需要分割的位置点击鼠标左键，然后点击工具栏上的分割句段按钮 　，或者使用快捷键"Ctrl+T"，此时memoQ 2013 会在指定位置将当前编辑句段分割为两个句段。然后，点击译文句段显示栏中分割出来的第一个新句段开始翻译。

　　最后需要说明的是，memoQ 2013 在工作过程中会把译员作出的每个改动都自动保存，因此译员无须担心因断电或计算机故障造成的译文未存盘的情况。

　　三、使用和实时添加术语

　　在翻译过程中，如果当前编辑句段含有术语库中的术语，那么该术语的原文和译文会以带标记的列表形式显示在右侧的翻译结果显示区域，并以蓝色为背景高亮显示（如图

5.19 所示）。如果当前编辑句段中的术语与术语库中术语匹配结果不止一个，则这些结果会以出现的先后顺序排列。此时译员可以使用快捷键"Ctrl+↑"和"Ctrl+↓"来浏览此结果列表；如果需要将所选的术语插入当前译文句段，可以使用快捷键"Ctrl+Space"执行插入术语操作，其操作与添加翻译记忆的方法一致。

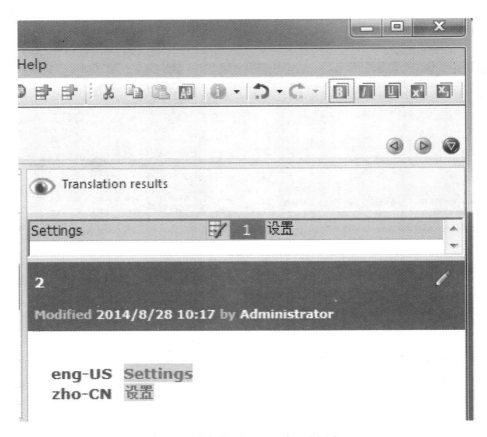

图 5.19　翻译结果显示区域（术语库）

此外，译员在翻译句段的过程中，经常会碰到一些术语库中没有的术语，但该译员认为这些术语有价值、也有必要将其添加到术语库中，以备日后使用。此时，译员可以执行实时向术语库中添加术语操作，其具体步骤如下：

步骤 1：用鼠标分别选中原文和译文的术语，点击工具栏上的 按钮，或者使用快捷键"Ctrl+E"，此时会弹出创建术语条目的对话窗，如图 5.20 所示。

步骤 2：译员可以在此对话框中对术语进行编辑和设置，也可以直接保留默认设置；确认无误后，点击【OK】（确认）按钮，该术语即可成功添加，如图 5.21 所示。此时我们已能够在翻译结果显示区域看到新添加的术语。

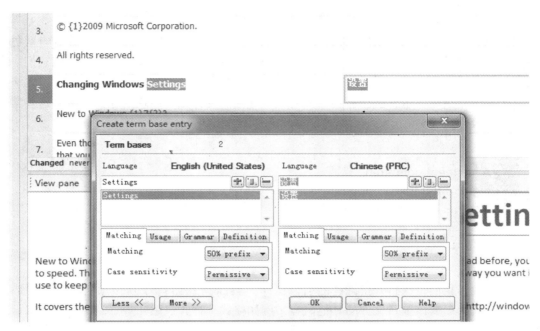

图 5.20 添加新术语

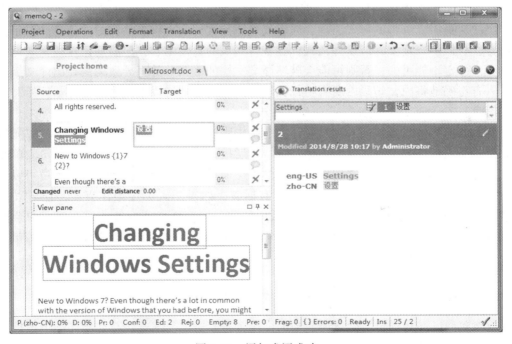

图 5.21 添加术语成功

四、处理格式标签

在编辑区域的原文句段显示栏，我们会发现有些句段中含有如图 5.22 所示的紫色标签，有的初学者想当然地认为这些标签就是一些乱码而已，在译文中不需要用到它们。但是令他们意想不到的是，任意删除标签直接导致的结果就是 QA（质量保证检测）无法通过，严重错误接踵而至，甚至影响译文的正常导入。为什么会出现上述情况呢？这些紫色标签又代表什么呢？

图 5.22　格式标签

实际上，我们每次打开待翻译的项目文件，memoQ 2013 除了从该项目文件中提取文本，还会自动提取该项目文件的其他内容，例如格式、样式、图片等。只不过在编辑区域内，这些所谓的"其他内容"会被转化为格式标签，并显示为以大括号包括起来的紫色数字，例如：{1}，这个数字称为格式标签。具体来说，这些格式标签可能各自代表当前编辑文本在原始文档中是以粗体、斜体、下画线的形式出现，还可能是以超级链接、脚注、尾注、页眉、页脚的形式出现；或者代表原始文档中含有表格和图片信息。对于初学者而言，我们不一定要弄清这些格式标签各自代表的具体内容，但要切记这些格式标签非常重要，一定不能丢失，否则可能会破坏译文文档的格式，甚至导致无法导出译文。因此译员只有正确地将原文句段中所有格式标签都插入到译文句段中，才能够保留原始文档的格式信息。

那么如何将格式标签插入到对应译文句段中呢？译员可以在对应译文句段的单元格中确定需要插入标签的位置，点击鼠标左键，然后按下快捷键"F8"，此时原文句段单元格中的对应标签就会插入到译文句段单元格中了。如果有多个标签需要插入，译员可以使用快捷键"Alt+F8"同时插入该句段中的所有标签；如果插入标签操作有误，还可以使用快捷键"Ctrl+F8"将所有标签从译文句段中移除。只有当格式标签在译文句段中全部予以保留，或者将不必要的格式标签在译文句段中全部删除的情况下，句段状态栏的错误提示（ 图标）才会消失。

五、导出已完成翻译的项目文件

前面我们已经对项目文件翻译的基本操作进行了讲解，那么在全文翻译结束以后，如何将已完成翻译的项目文件从 memoQ 2013 中导出呢？本部分我们将对此作具体的讲解。

在导出项目文件译文前，我们需要先对译文质量进行检测。如图 5.23 所示，点击界面上方工具栏菜单的"Operation"（运行），然后选择"Run QA"（运行质量保证检测）。

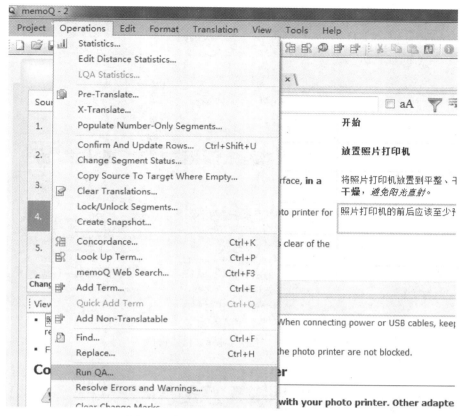

图 5.23　Run QA（运行质量保证检测）

　　运行质量保证检测相当于是为译员把关，帮助译员了解项目文件译文中是否存在句段漏译、格式标签丢失、标点和拼写错误、术语前后不一致等现象。如果存在上述质量问题，memoQ 2013 会形成一份错误信息列表，译员可以查看存在错误的句段，并返回编辑界面进行改正，点击【YES】（确定）按钮，再选择"Resolve errors and warnings"（对错误和警告进行改正）标签页。

　　特别需要指出的是，"Run QA"（运行质量保证检测）只能检测出上文提到的几类低级错误，而对于译文本身在遣词造句、文体风格把握等方面的质量问题，显然需要译员或者译审来人工检测完成。

　　在译文质量进行检测完成后，译员就可以导出译文了。导出译文主要有两种格式：一种是导出为纯译文格式；另一种则是导出为"原文—译文"双语对照格式。

　　如果要导出为纯译文格式，译员可以在 memoQ 2013 主界面下点击左侧面板"Translation"（翻译）选项卡中的"Export（stored path）"（导出到存储路径），如图5.24 所示。

　　如果要导出为"原文—译文"双语对照格式，译员可以在图 5.24 所示界面下选择"Export bilingual"（导出为双语）。此时会弹出选项设置向导，如图 5.25 所示。

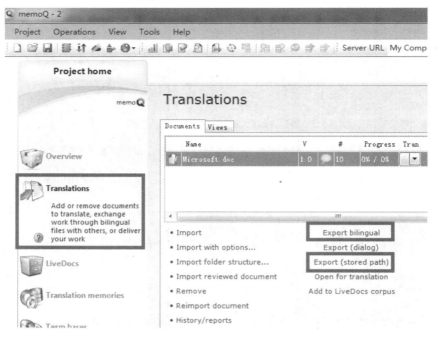

图 5.24　导出为纯译文格式窗口

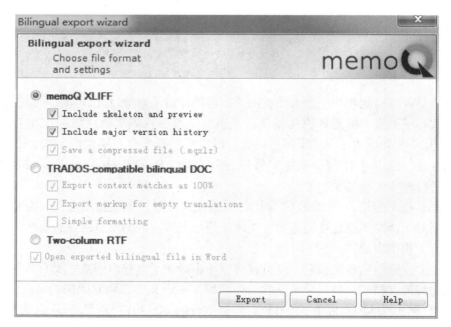

图 5.25　"原文—译文"双语对照格式选项设置向导

　　该设置向导为译员提供了三种导出选项：memoQ XLIFF，TRADOS-compatible bilingual DOC 和 Two-column RTF。译员可以根据需要选择其中一种，并点击【Export】（导出）按钮完成导出。

我们在第一章提到，XLIFF 是一种 XML 本地化数据交换格式标准，所以有些客户专门要求将项目文件导出为此种格式。选择导出为 memoQ XLIFF，就意味着采用了 XLIFF 标准。

如果选择第二种，即 TRADOS-compatible bilingual DOC 格式，则意味着导出的文档格式可以与 SDL TRADOS 兼容，这样不用经过格式转换，就能够直接在 SDL TRADOS 中使用。

而第三种格式是 Two-column RTF。这种富文本格式（RTF）意味着所导出的文档可以用 Microsoft Word 打开并审阅，而不需要打开 memoQ 软件翻译环境。该文档内含有表格，分为两栏，分别为原文和译文。

六、导出项目翻译记忆库与术语库

翻译完成后，除了项目文件的译文文档，有的客户出于某些考虑，还要求同时交付项目翻译记忆库和术语库。因此会涉及导出项目翻译记忆库与术语库的操作，下面我们简述其步骤。

1. 导出项目翻译记忆库

一般情况下，我们会以 TMX 格式标准交付翻译记忆库。在 Project home（项目主界面）选择左侧面板的"Translation memories"（翻译记忆库）；在文档列表中，选择需要导出的翻译记忆库；然后在翻译记忆库列表中选择"Export to TMX"（导出为 TMX），如图 5.26 所示。

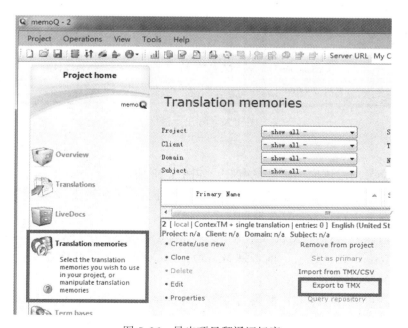

图 5.26　导出项目翻译记忆库

177

此时 memoQ 会提示为该 TMX 文件命名，并指定存放路径；确认无误后，点击【Export】（导出）按钮即可。

2. 导出术语库

导出术语库的操作比导出项目翻译记忆库略微复杂一些。首先，在 Project home（项目主界面）选择左侧面板的 "Term bases"（术语库）；选择需要导出的术语库，然后点击 "Export terminology"（导出术语库），如图 5.27 所示。

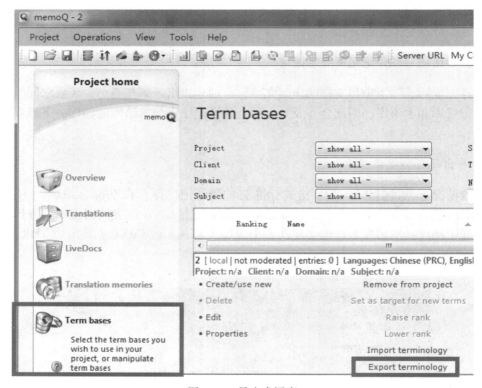

图 5.27 导出术语库

点击后，会弹出术语库导出设置窗口，如图 5.28 所示。

此时除了为该术语库文件命名并指定存放路径外，还可能需要对导出格式、编码、分割符、导出字段等进行设置。这里有两点需要强调：

导出格式有两种选择：Export as CSV（导出为 CSV 格式）和 Export as MultiTerm XML（导出为 MultiTerm XML 格式）。前者是 Microsoft Excel 能够打开的格式，后者是专为兼容 SDL TRADOS 的导出格式。

导出的字段可能会有很多，但我们通常只需要导出词条即可，因此可以把不需要导出的字段取消勾选，只选中 "Term text（with wildcards）复选框即可。

确认无误后，点击【Export】（导出）按钮完成术语库导出。

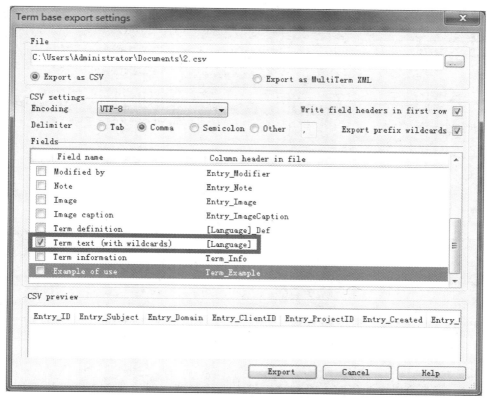

图 5.28 Term bases export settings（术语库导出设置）窗口

第四节 资源控制台

本节我们介绍 memoQ 2013 中的资源控制台功能。在资源控制台中，用户可以方便地进行翻译记忆库、术语库的导入、导出、编辑等管理；在语料文档管理中还能独立于项目进行语料库的创建、导出、删除等管理方面的操作，从而提高用户管理翻译资源的效率。本节我们将对利用资源控制台管理翻译记忆库、术语库和语料文档管理等功能进行简要介绍。

一、翻译记忆库

在管理翻译记忆库之前，我们需要打开资源控制台：在 Project home（项目主界面）上方选择"Tools"（工具）菜单中的"Resource console"（资源控制台），打开资源控制台；然后点击左侧面板的"Translation memories"（翻译记忆库）选项卡，如图 5.29 所示。

179

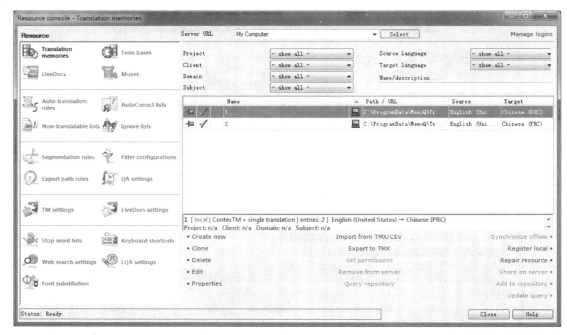

图 5.29　资源控制台 Translation memories（翻译记忆库）窗口

　　此时，译员可以在此界面下对翻译记忆库进行管理，例如独立于项目执行创建、复制、删除、编辑、查看属性、从 TMX/CSV 导入、导出为 TMX 格式翻译记忆库、注册本地翻译记忆库和修复记忆库资源等操作。如图 5.30 所示。

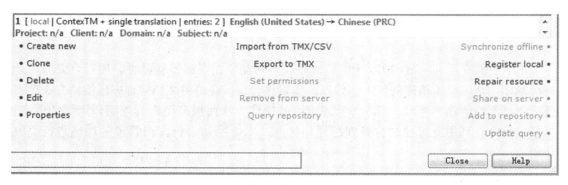

图 5.30　管理翻译记忆库命令链接

二、术语库

　　在图 5.29 所示界面下，选择左侧面板的"Term bases"（术语库）选项卡，可以对术语库进行管理，例如独立于项目执行创建、删除、编辑、查看属性、导入术语、导出术语、注册本地术语库和修复术语库资源等操作，如图 5.31 所示。

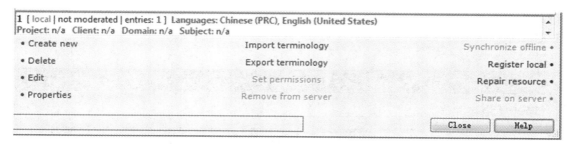

图 5.31　管理术语库命令链接

三、语料文档管理

在图 5.29 所示界面下，选择左侧面板的"LiveDocs"（语料文档管理）选项卡，可以对语料文档进行管理，例如独立于项目执行文档和目录结构导入、添加对齐句对、语料库创建、导出、删除、编辑、查看属性、设置语料库是否为只读等操作，如图 5.32 所示。

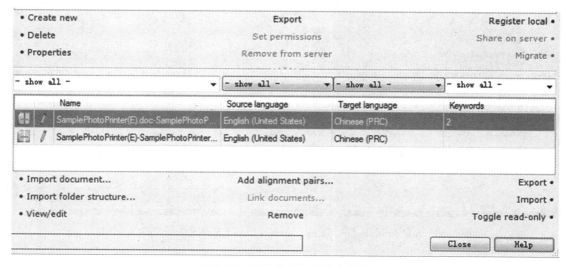

图 5.32　语料文档管理命令链接

这里尤其需要指出的是，译员可以利用"LiveDocs"（语料文档管理）功能，来自行创建一个文档语料库。该语料库通常包括对齐文档对、双语文档、单语文档和二进制（非文字）文件。对齐文档对又包括一个源语文档和目标语文档。译员可将手头已有的各种双语、单语文档添加到语料库，memoQ 2013 会自动对齐这些文档，并通过运算来匹配源语句段和目标语句段。对齐完成之后，文档对就被添加到了语料库。memoQ 2013 甚至可以立即提供文档的匹配内容，译员不必导出为翻译记忆库就可直接在项目中使用。

其操作步骤也非常简单：

步骤 1：在图 5.32 所示界面下，点击 "Create new" 来创建一个新的语料库，然后点击 "Add alignment pairs"（添加对齐句对）来制作语料库。此时会弹出一个新窗口，如图 5.33 所示。

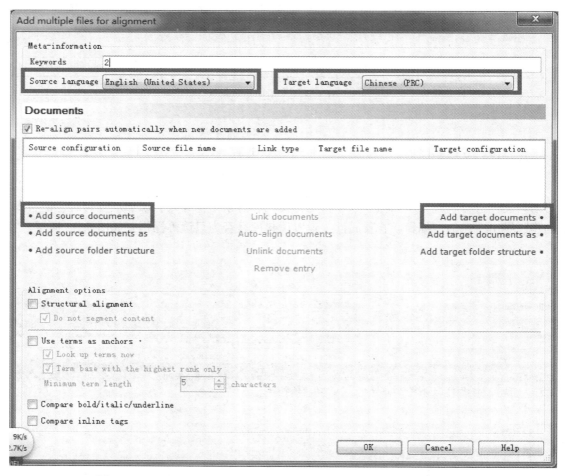

图 5.33　Add multiple files for alignment（添加文档创建对齐句对）窗口

步骤 2：在图 5.33 所示界面下，分别选择该语料库包含的 "Source language"（源语）和 "Target language"（目标语）；然后分别点击 "Add source documents"（添加源语文档）和 "Add target documents"（添加目标语文档）；添加完成后，点击【OK】（确定）。

步骤 3：memoQ 2013 会在后台对添加的文档进行分析运算，以完成对齐①；对齐完成后，点击【OK】（确定），会回到 "LiveDocs"（语料文档管理）主界面，如图 5.34 所示，此时我们可以看到对齐句对文件已成功创建。

---

①　对齐的过程可能需要一定时间，译员需要耐心等待。

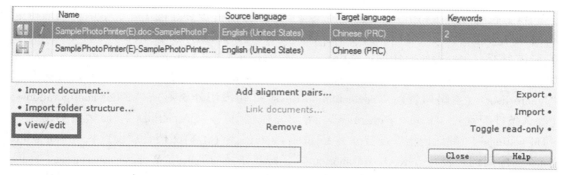

图 5.34　语料文档管理主界面

步骤 4：点击命令链接"View/edit"（查看/编辑），进入对齐句对编辑界面，如图 5.35 所示。

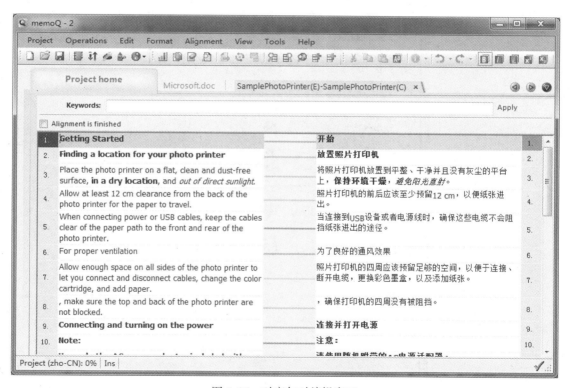

图 5.35　对齐句对编辑窗口

此时译员就可以对 memoQ 2013 自动对齐的句对进行检查和编辑了，例如根据需要进行合并与分割句段的操作。这里需要指出的是，虽然 memoQ 2013 的自动对齐运算比较准确，但有时还是会在句对匹配上出现误差，译员可以手动修正对齐结果。完成后，memoQ

2013 会显示正确的匹配。

以上我们对如何利用 memoQ 2013 的资源控制台来管理翻译记忆库、术语库和语料文档管理等功能进行简要介绍。实际上，资源控制台的功能还远不止于此，我们还可以利用它来进行若干命令操作，例如："Muses"（智能提示）、"Auto-translation rules"（自动翻译规则）、"AutoCorrect lists"（自动更正列表）、"Non-translatable lists"（非译元素列表）、"Ignore lists"（忽略列表）、"Segmentation rules"（句段切分规则）、"Filter configurations"（筛选条件配置）、"Export path rules"（导出路径规则）、"QA settings"（质量检测设置）、"TM settings"（翻译记忆库设置）、"LiveDocs settings"（语料文档管理设置）、"Stop word lists"（停用词列表）、"Keyboard shortcuts"（键盘快捷方式）、"Web search settings"（网络搜索设置）、"LQA settings"（语言质量审核设置）、"Font substitution"（字体替换）等，如图 5.36 所示。

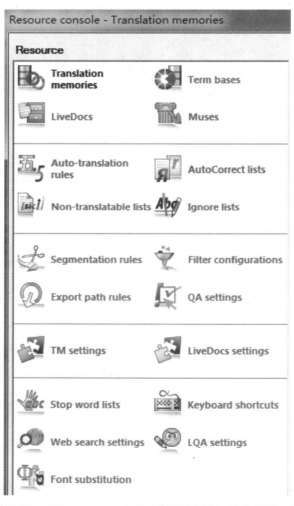

图 5.36　"Resource console"（资源控制台）命令链接一览

最后要说明的是，memoQ 2013 还为用户提供了个性设置，方便项目经理、译员和译审根据不同的需要进行相应的选择，只须点击 memoQ 2013 主界面 "Tools" 工具菜单下的 "Options"（选项）即可对相关选项进行具体的设置，如图 5.37 所示。

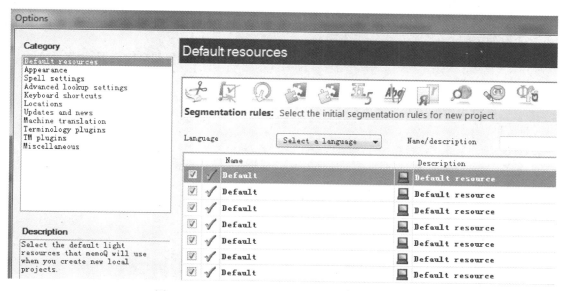

图 5.37 　"Options"（选项）设置命令链接一览

这些设置主要包括："Default resources"（默认资源）、"Appearance"（外观设置）、"Spell settings"（拼写设置）、"Advanced lookup settings"（高级查询设置）、"Keyboard shortcuts"（键盘快捷方式）、"Locations"（保存文件的位置）、"Updates and news"（更新和新闻设置）、"Machine translation"（机器翻译插件设置）、"Terminology plugins"（术语插件设置）、"TM plugins"（翻译记忆库插件设置）、"Miscellaneous"（其他设置）等。限于篇幅，我们不在此赘述，读者可以尝试摸索设置相关选项的操作方法。

本章小结

在本章中，我们主要介绍了 memoQ 2013 R2 版软件操作界面各区域的功能；讲解了创建翻译项目的基本步骤，并区分了 "Primary translation memory"（首选翻译记忆库）与 "Master translation memory"（主翻译记忆库）概念上的不同之处；其后，从打开待翻译文件、开始翻译并确认已翻译句段、使用和实时添加术语、处理格式标签、导出已完成翻译的项目文件和导出项目翻译记忆库与术语库等方面梳理了项目文件翻译流程；最后，我们简要介绍了资源控制台的主要功能。

思考与练习题

1. 在 memoQ 2013 中，"Primary translation memory"（首选翻译记忆库）与 "Master translation memory"（主翻译记忆库）有哪些主要区别？

2. 在使用 memoQ 2013 进行翻译的过程中，句段状态栏会分别以不同的颜色编码值来显示每个句段不同的状态，它们各自代表句段的何种状态？

3. 在 memoQ 2013 编辑区域的原文句段显示栏有时会出现一些紫色标签，它们代表什么？如何将这些标签插入到对应译文句段中？

4. 在全文翻译结束以后，如何将已完成翻译的项目文件从 memoQ 2013 中导出？其导出方式有何不同？

5. 结合手头已有文档，自行摸索 memoQ 2013 的资源控制台和个性设置功能。

第六章 传神 iCAT 入门

iCAT 是目前中国最大的翻译公司——传神自主研发、推出的一款轻量级计算机辅助翻译工具。有关 iCAT 的基本信息与其主要功能、特色，我们已经在第一章作过简单介绍。本章将对其详细功能和操作步骤进行专门介绍。主要包括：iCAT 的安装与登录、iCAT 的启动与设置、iCAT 主要功能按钮介绍、WORD 版操作介绍（主翻译流程）、EXCEL 版操作介绍（主翻译流程）和语料管理等。

第一节 iCAT 的安装与登录

一、iCAT 的安装

iCAT 的运行环境需要安装微软 . net4. 0 组件、vsto 组件后才可以正常运行。因此在安装本软件前，需要提前安装 . net4. 0、vsto 组件。iCAT 安装工具包中已经集成了上述组件，如果译员提前已经安装了相关组件，直接安装 iCAT 客户端即可。

iCAT 目前支持 OFFICE 的 WORD、EXCEL 版，具体版本包括：WORD2007、WORD2010、WORD2013、EXCEL2007、EXCEL2010、EXCEL2013。此外，iCAT 目前仅支持 32 位 OFFICE 系统，暂时还不支持其他 OFFICE 版本的翻译。

以安装 "iCAT for WORD2013" 程序为例，在没有安装过 . net4. 0 及 vsto 组件情况下的完整安装步骤如下。

步骤 1：双击安装文件，如图 6. 1 所示。

图 6.1　iCAT 安装文件图标

步骤 2：点击【下一步】，开始安装，如图 6. 2 所示。

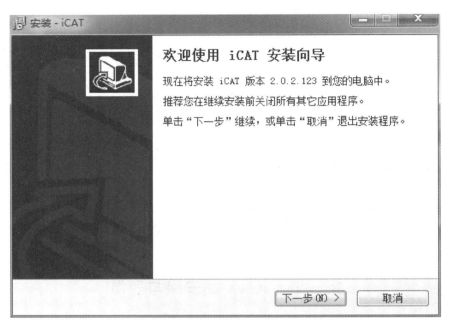

图 6.2　iCAT 安装向导

步骤3：点击【下一步】，出现选择安装的路径，通过浏览可以更改安装路径，如图 6.3 所示。

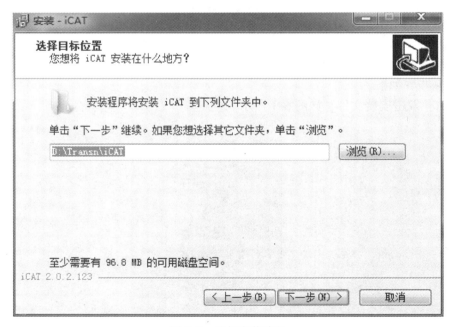

图 6.3　选择安装路径

步骤 4：点击【安装】，进入安装程序，如图 6.4、图 6.5 所示。

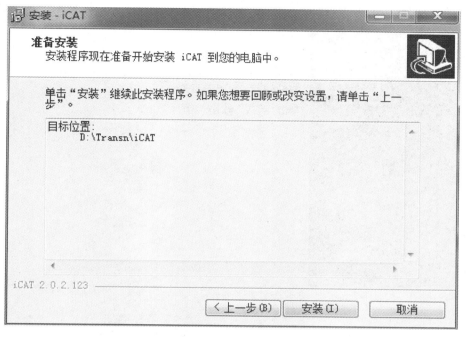

图 6.4　准备开始安装

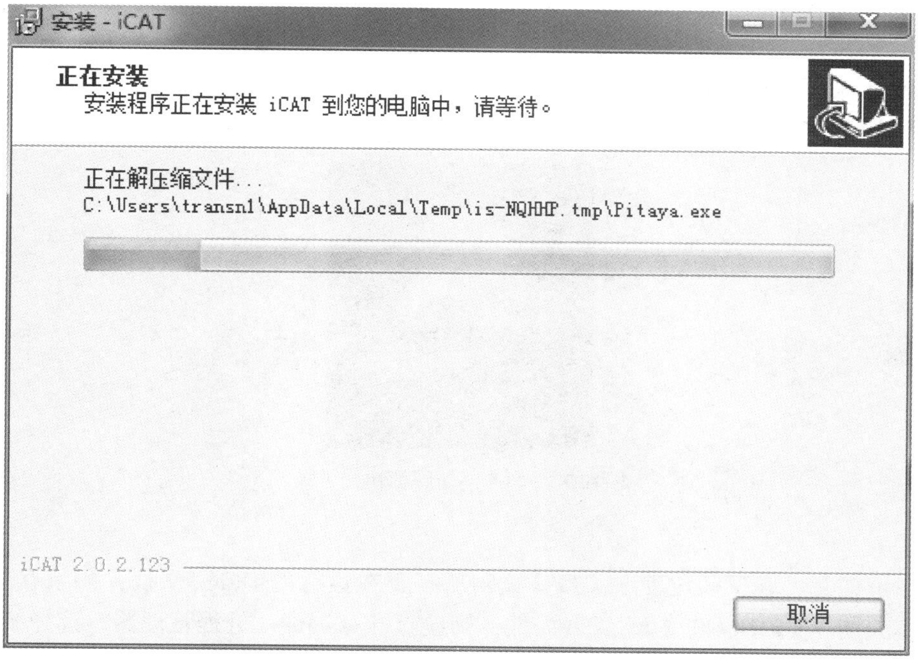

图 6.5　正在安装

步骤 5：安装完成后，点击【完成】，如图 6.6 所示。

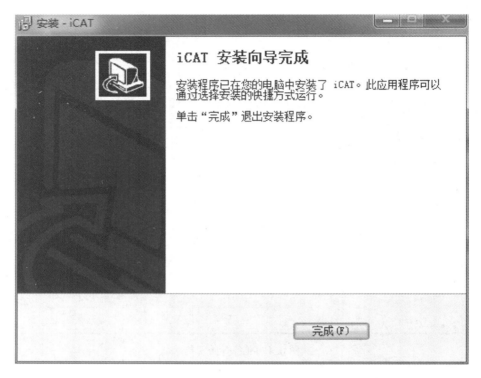

图 6.6 安装完成

安装成功后，译员的电脑桌面会出现如图 6.7 所示的图标。

图 6.7 iCAT 桌面图标快捷方式

译员应注意，在安装过程中，需要关闭所有正在运行的 Office 文档；如果在关闭后，仍旧提示关闭 WORD 稿件或 EXCEL 稿件，则应打开 Windows 进程管理器，选择结束所有"WINWORD. EXE"进程即可（如图 6.8 所示）。

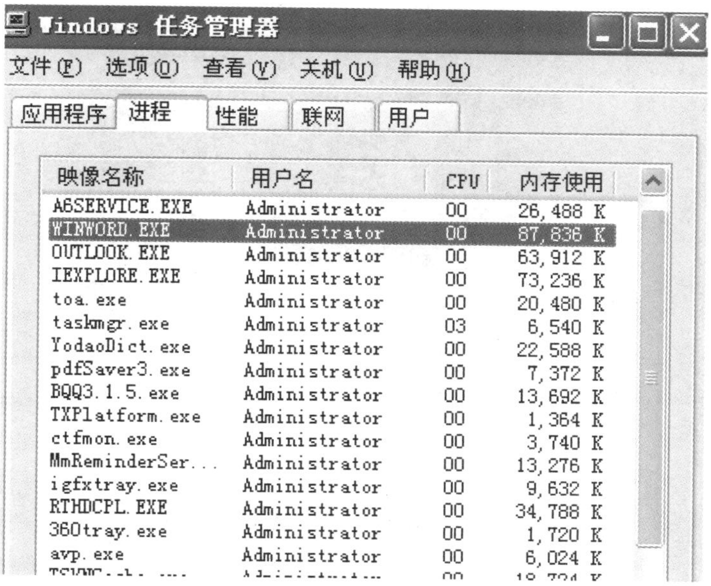

图 6.8　iCAT 安装报错时结束进程

二、iCAT 的登录

双击 iCAT 桌面图标，即可启动 iCAT 登录界面，如图 6.9 所示。

图 6.9　iCAT 用户登录界面

　　如果译员有自己的账号，直接输入账号和密码登录即可；如果译员没有自己的账号，可以先进行注册，再登录。

　　登录之后的界面如图 6.10 所示。

图 6.10 iCAT 用户登录成功界面

第二节 iCAT 的启动与设置

一、iCAT 启动的两种方式

iCAT 有两种常见的启动方式。

第一种方式：如图 6.10 所示，点击【开始翻译】，选择需要翻译的 WORD 或 EXCEL 文档，打开即可。

第二种方式：先打开 WORD 或 EXCEL 文档，再点击 iCAT 菜单中的【启动 iCAT】按钮即可。如图 6.11 所示。

图 6.11 启动 iCAT

二、iCAT 的设置

1. 基本设置

在 iCAT 基本设置选项中，主要是设置语种和选取术语库。译员可以选择源语和目标语①，并可以根据需要点击 ![切换图标] 在两种语言之间任意切换。

---

① 在 iCAT 操作界面，源语和目标语分别显示为"源语言"和"译语言"。

由于 iCAT 与火云术语库建立了关联，译员可以在术语库选项中根据需要，选择本次翻译过程可能涉及的术语库，如图 6.12 所示。

图 6.12　iCAT 基本属性设置界面

2. 翻译设置

翻译设置主要包括：语料匹配率设置①、翻译模式设置、机器翻译设置；在 EXCEL 版里还有联想输入设置。

语料匹配率设置的主要目的是通过设定语料匹配百分比，来限定当前翻译句段与语料库中已有句段匹配的"门槛"，设定区间在 50%～100%，但一般我们会设定为 70%，因为如果"门槛"太高（例如 100%），那么对于语料库匹配率的要求就非常严格，只有在当前翻译句段与语料库中已有句段达到完全匹配的情况下，才会出现匹配提示，这样就无法有效发挥语料库的作用；而如果"门槛"太低（例如 50%），那么可能造成低匹配率的句段也混入其中，这种"鱼龙混杂"使得译员时常停下来进行甄别，反而会降低翻译效率。

翻译模式匹配主要是设置翻译断句格式，分为句翻译模式和段翻译模式，译员可根据需要进行选择。

机器翻译设置主要是选择是否开启机器翻译以及选择何种机器翻译引擎。如果选择开启，那么译员在借助语料库辅助翻译的同时，还可以由机器翻译提供参考。目前可供选择的机器翻译引擎主要有：谷歌、必应、有道、Excite（日语）。

EXCEL 版里的联想输入主要是选择是否开启语料库联想功能，译员可根据需要进行勾选。

图 6.13 和图 6.14 分别为 iCAT 翻译设置界面（WORD 版）和 iCAT 翻译设置界面（EXCEL 版）。

---

① 在 iCAT 中，语料指的是我们所熟悉的翻译记忆库。

图 6.13　iCAT 翻译设置界面（WORD 版）

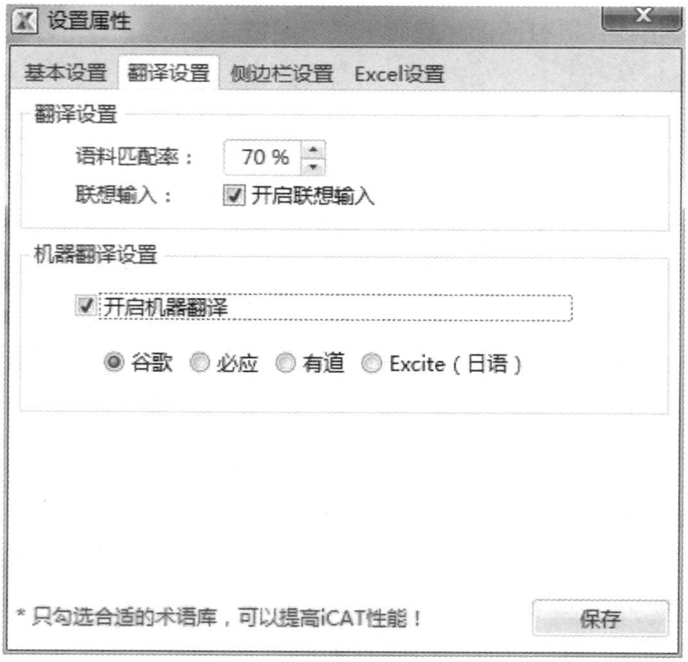

图 6.14　iCAT 翻译设置界面（EXCEL 版）

3. 侧边栏设置

侧边栏主要集成了搜索引擎的功能，包括术语、释义、语料、例句等检索功能。侧边栏设置主要是对翻译搜索界面进行参数设定，包括：查询服务设置和网络接口设置。

查询服务设置包括选择开启何种查询对象以及是否开启自动查询。译员可以根据需要开启术语、释义、语料、例句服务，还可以开启侧边栏取词后自动查询，这样做的好处是译员不仅能从本地语料库中获取具有高匹配率的句段，还能从侧边栏浏览当前翻译句段中的某个术语在其他语境中的用法，为准确选择其语义寻求参考。

网络接口设置主要是选择词典和例句网络资源接口，译员可以根据需要关联有道、爱词霸、千亿（俄）等网络词典，还可以关联句酷例句资源，其作用与查询服务类似，都是为译员准确翻译某个术语提供参考。

图 6.15 和图 6.16 分别为 iCAT 侧边栏设置界面（WORD 版）和 iCAT 侧边栏显示界面。

图 6.15　iCAT 侧边栏设置界面（WORD 版）

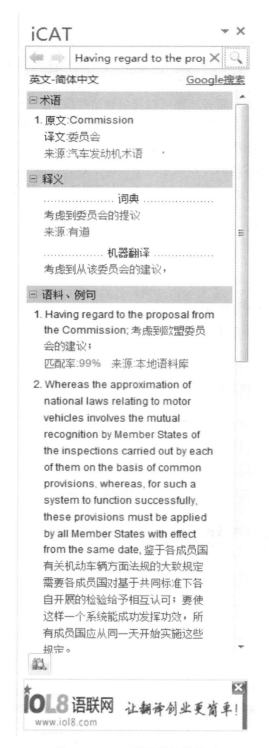

图 6.16　iCAT 侧边栏显示界面

4. EXCEL 设置

iCAT 还提供专门针对 EXCEL 版的设置功能，主要包括译文放置方式和翻译方向。译员可以根据需要设定译文是在一个单元格中原文和译文混合存放还是在单元格中仅存放译文；也可以选择翻译方向是单行、单列还是多行循环翻译，如图 6.17 所示。

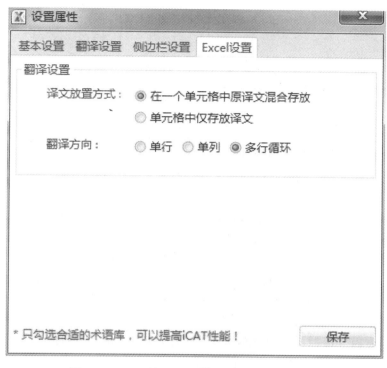

图 6.17　iCAT 的 EXCEL 设置界面（EXCEL 版）

第三节　iCAT 主要功能按钮介绍

iCAT 菜单在激活之后，会显示在 WORD 或 EXCEL 操作界面菜单栏的下方，如图 6.18 和图 6.19 所示。

图 6.18　iCAT 主要功能按钮（WORD 版）

图 6.19　iCAT 主要功能按钮（EXCEL 版）

下面我们分别介绍 iCAT 主要功能按钮的各自用途。

1. WORD 版

- 预翻译。自动将所选文字在语料库中进行"自动翻译"，完成语料复用的功能。
- 开始翻译。在翻译窗口进行翻译。
- 撤销译文。取消已经翻译过的译文，还原成未翻译状态。
- 隐藏原文。隐藏已经翻译过的原文只将译文显示出来。
- 添加术语。在翻译过程中添加术语，完成对某一行业的术语积累。
- 批注术语。通过批准的形式显示术语。
- 删除批注。删除批注的术语，是"批准术语"的逆操作。
- 检查。（1）漏译检查。自动快速的检查文稿是否完整翻译。给出遗漏句子列表，并提供直接翻译该句子的方便功能。（2）错误检查。自动快速的检查文档翻译过程中的术语漏译，日期、数字、标点等低级错误。
- 导出译后稿。将翻译完成的稿件按照选择的类型导出指定的文档。有段段对照、并列对照以及纯译文 3 种方式：（1）段段对照。一行原文，一行译文对照显示，适合作翻译记忆库；（2）并列对照。左右两列窗口，左边窗口显示原文，右边窗口显示译文。（3）纯译文。按照原文的格式显示译文。
- 术语管理。启动火云术语客户端，对云端术语进行管理、收藏、分享、共建等操作。
- 语料管理。用户本地语料的管理工具。可方便快捷地添加、修改或者删除本地语料；还可以直接进行文件导入或者导出为文件。
- 清除原文。直接把原文清除（注意此操作不可逆）。
- 译后替换。批量替换译文。
- 用户。对用户个人翻译量、信息分享、用户活跃程度等相关信息进行统计。

2. EXCEL 版

- 预处理。自动将所选文字在语料库中进行"自动翻译"，完成语料复用的功能。
- 开始翻译。在翻译窗口进行翻译。
- 添加术语。在翻译过程中添加术语，完成对某一行业的术语积累。

- 导出译后稿。将翻译完成的稿件按照选择的类型导出指定的文档。有单元格内为纯译文和单元格内为原译文两种方式：（1）单元格内为纯译文。按照原文的格式显示译文。（2）单元格内为原译文。按照原文的格式同时显示原文和译文。
- 术语管理。启动火云术语客户端，对云端术语进行管理、收藏、分享、共建等操作。
- 语料管理。用户本地语料的管理工具。可方便快捷地添加、修改或者删除本地语料；还可以直接进行文件导入或者导出为文件。
- 帮助。分为意见反馈、检查更新、关于 iCAT 三个部分：（1）意见反馈。提交问题及意见。（2）检查更新。版本的检查。（3）关于 iCAT。软件信息、客服、交流群。

第四节　WORD 版操作介绍（主翻译流程）

在本节中，我们着重介绍 iCAT 的 WORD 版操作的主翻译流程。

一、预翻译

步骤 1：点击【预翻译】按钮，出现如图 6.20 所示对话框。

图 6.20　执行预翻译对话框

步骤 2：点击【确定】，执行添加译文，如图 6.21 所示。

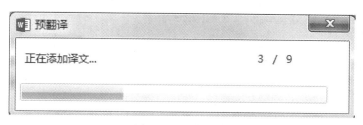

图 6.21　添加译文

最后会出现预翻译完成对话框，该对话框提示本次预翻译共匹配成功 9 句，待翻译文档一共有 44 句。如图 6.22 所示。

图 6.22　预翻译完成

预翻译之后的文档如图 6.23 所示。

COUNCIL DIRECTIVE of 18 December 1975 1975 年 12 月 18 日理事会指令 on the approximation of the laws of the Member States relating to statutory plates and inscriptions for motor vehicles and their trailers, and their location and method of attachment 就成员国有关机动车辆及其挂车后牌照板的固定及其安装空间方面法规的大致规定

(76/114/EEC)

THE COUNCIL OF THE EUROPEAN COMMUNITIES,

Having regard to the Treaty establishing the European Economic Community, and in particular Article 100 thereof,

Having regard to the proposal from the Commission,

Having regard to the opinion of the European Parliament (1),

Having regard to the opinion of the Economic and Social Committee (2) 考虑到经济和社会委员会的意见（2）；

Whereas the technical requirements which motor vehicles must satisfy pursuant to national laws relate inter alia to statutory plates and inscriptions, and their location and methods of attachment;

Whereas those requirements differ from one Member State to another; whereas it is therefore necessary that all Member States adopt the same requirements either in addition to or in place of their existing rules, in order, in particular, to allow the EEC type approval procedure, which was the subject of Council Directive 70/156/EEC of 6 February 1970 on the approximation of the laws of the Member States relating to the type approval of motor vehicles and their trailers to be applied in respect of each type of vehicle;

Whereas the approximation of national laws relating to motor vehicles involves the mutual recognition by Member States of the inspections carried out by each of them on the basis of common provisions; whereas, for such a system to function successfully, these provisions must be applied by all Member States with effect from the same date,

HAS ADOPTED THIS DIRECTIVE 因此通过本指令：

Article 1 第 1 条

For the purposes of this Directive "vehicle" means any motor vehicle intended for use on the road, with or without bodywork, having at least four wheels and a maximum design speed exceeding 25 km/h , and its trailers, with the exception of vehicles which run on rails, agricultural or forestry tractors and machinery, and public works vehicles.

图 6.23　预翻译之后的文档

二、开始翻译

步骤 1：选择需要翻译的句段（光标定位到需要翻译的句段即可），单击【开始翻译】，出现如图 6.24 所示的窗口。

图6.24　待翻译句段编辑窗口

　　图6.24中，待翻译句段编辑窗口分为上下两块区域：上方为原文窗口，下方为译文窗口。此时，我们可以通过匹配率和来源了解译文窗口自动提示译文的可靠性。在本例中，译文来源为"用户库"，表明此译文在本地语料库中存在；匹配率为99%，表明当前翻译句段与语料库中存储句段的匹配率相当高，译员只需要在译文窗口中稍作编辑即可完成该句段的翻译。倘若译文来源为"机器"，表明该译文并非来源于本地语料库，而是来自网络引擎的机器翻译，此时译文质量无法保证，译员须加以甄别，是否采纳机器翻译提供的译文，是否需要进行修改甚至完全手动输入译文。

　　步骤2：点击【匹配率】按钮，会在原编辑窗口上方弹出匹配对比窗口，如图6.25所示。

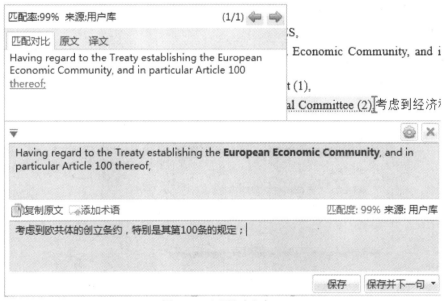

图6.25　匹配对比窗口

　　此时会出现语料库中与当前翻译句段全部匹配到的句子，其中标为红色的文字代表与与原文不一致的地方，提示译员进行编辑和修改；标为蓝色的文字代表搜索到的已有术语；译员也可以根据需要随时添加术语。

步骤 3：点击【保存并下一句】按钮，即可完成对当前句段的翻译和编辑，并转入下一句段。以此类推，译员可完成对整篇文档的翻译。

三、翻译窗口显示调节

iCAT 的操作界面十分友好，译员如果在翻译过程中发现翻译窗口影响了视图，可以随时进行调节，如图 6.26 所示，译员可以点击▼按钮，对窗口进行调节设置。这类调节设置主要包括：窗口大小、透明度、文本大小、文本背景色等。

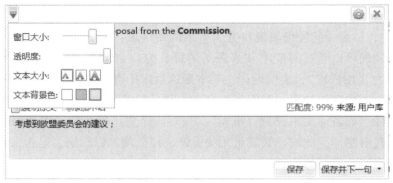

图 6.26　调节翻译对话框

四、翻译设置

译员在翻译过程中还可以根据需要，随时对翻译进行设置，主要包括：语料匹配率、翻译断句模式、是否开启机器翻译等，只须点击 ⚙ 按钮，即可对翻译进行设置，如图 6.27 所示：

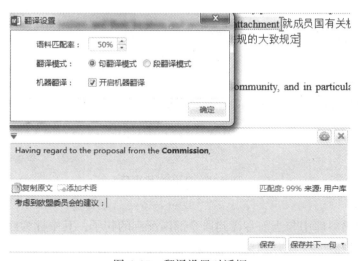

图 6.27　翻译设置对话框

五、术语显示

前文提到：在翻译过程中，标为蓝色的文字代表搜索到的已有术语；此时，译员将光标移动至原文窗口标为蓝色的文字，就会出现悬浮窗口，窗口中提示的是该词条或术语的译文及所属类别，如图 6.28 所示。

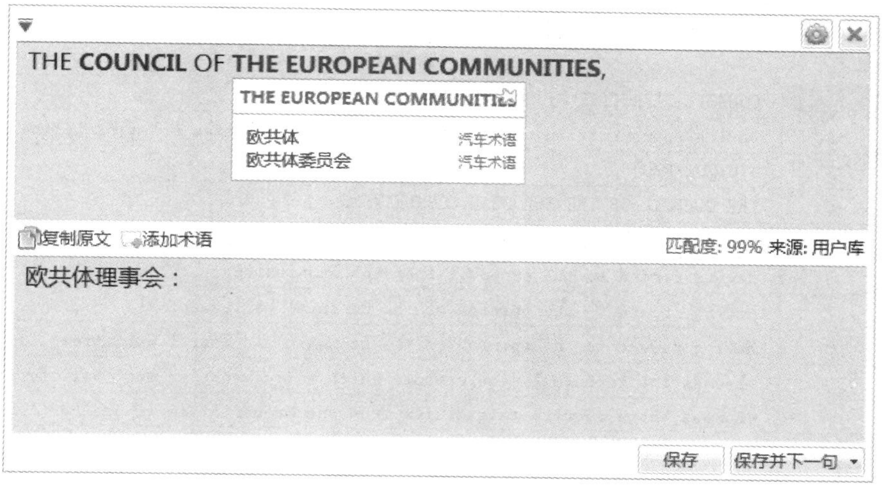

图 6.28　术语显示窗口

六、添加术语

译员在翻译过程中，如果碰到新术语，认为有必要添加，可以分别选中翻译窗口的原文窗口和译文窗口中的对应文字，然后点击【添加术语】按钮，弹出对话框，如图 6.29 所示。最后点击【保存】即可添加新术语。

图 6.29　添加术语对话框

203

七、漏译检查

翻译完成之后，选择 iCAT 菜单"检查"中的"漏译检查"功能，即可检查当前文档的漏译情况，如图 6.30 所示。

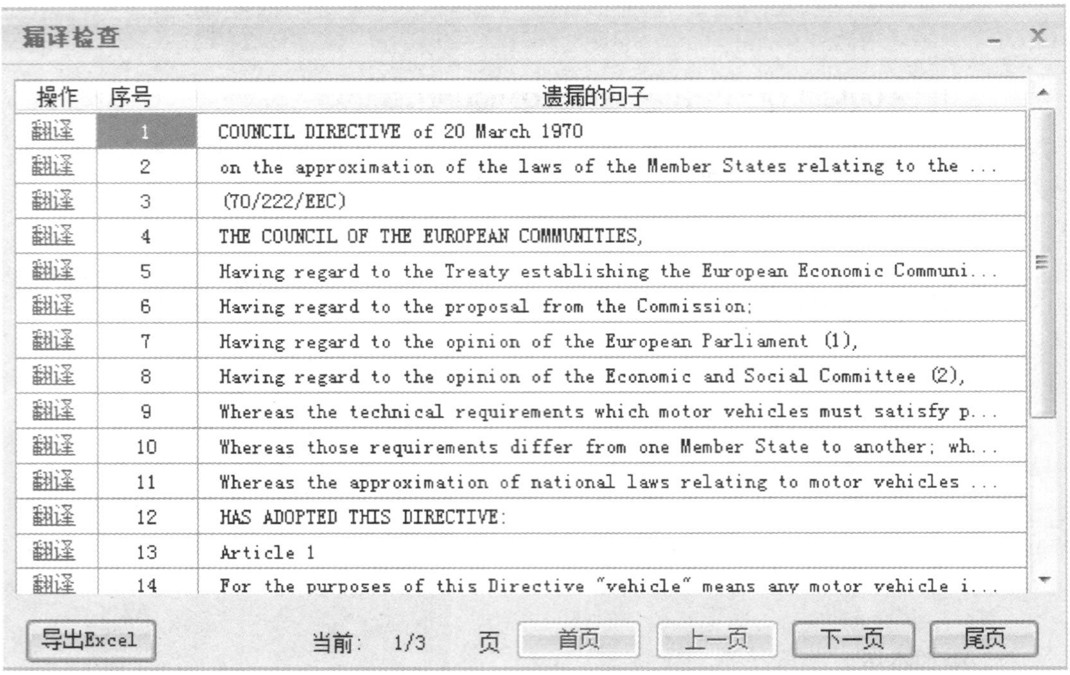

图 6.30　漏译检查对话框

译员双击漏译的句子，即可对该句段进行定位；点击左侧的【翻译】按钮，即可直接打开辅助翻译窗口来翻译漏译的句子。

八、错误检查

译员通过点击【错误检查】按钮，可以对翻译后的稿件进行低级错误检查，检查内容主要包括术语、日期、数字、标点、计量单位。需要注意的是，错误检查只能检查上述指标的低级错误，不能检查语法错误以及翻译质量问题。

九、导出译后稿

翻译完成之后，译员可以通过选择 iCAT 菜单"导出译后稿"的功能来完成对译后稿的排版处理。

译员点击【导出译后稿】按钮，可以根据需要选择导出文件的格式：纯译文方式、段段对照方式和并列对照方式，如图 6.31 所示。选择对应的格式后，点击【导出】，按照提示保存即可。

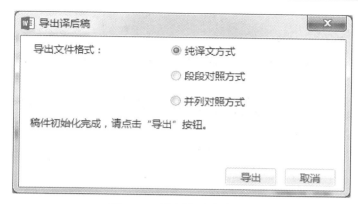

图 6.31　导出译后稿对话框

　　导出的译后稿相当于是另存为一份单独的文档，对原文的格式和内容没有任何影响。系统默认的导出格式为段段对照格式。图 6.32 是并列对照格式的效果图。

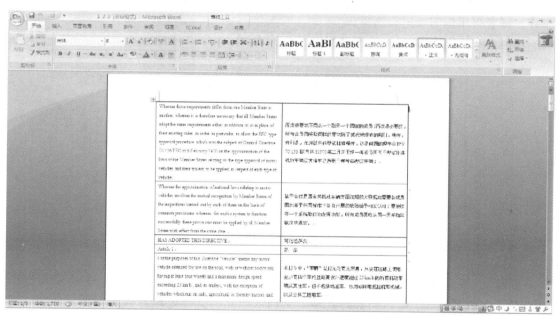

图 6.32　导出为并列对照格式的译后稿

第五节　EXCEL 版操作介绍（主翻译流程）

　　iCAT 的 EXCEL 版操作的主翻译流程与 WORD 版有很多环节和步骤几乎相同，因此在本节中，我们将着重介绍其与 WORD 版不同之处。

一、预处理

步骤 1：点击【预翻译】按钮，出现如图 6.33 所示对话框。

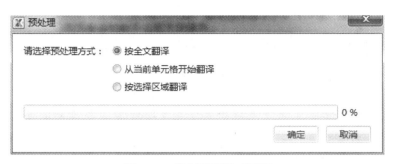

图 6.33　执行预翻译对话框

EXCEL 版的预处理有三种方式：按全文翻译、从当前单元格开始翻译、按选择区域翻译。译者可根据需要进行选择。

步骤 2：点击【确定】，处理过程如图 6.34 所示。

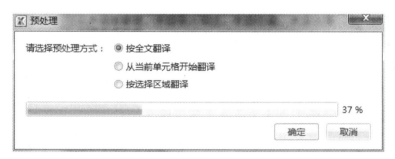

图 6.34　预翻译进程显示

步骤 3：预翻译处理过程结束后，会出现提示信息对话框，如图 6.35 所示。点击【确定】，完成预翻译，经过预翻译处理的文档依照此前选择处理方式的不同，分别如图 6.36、图 6.37、图 6.38 所示。

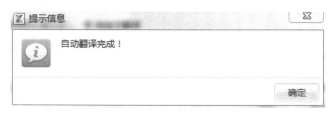

图 6.35　预翻译完成提示信息

	系统 System	类型 Type	功能模块 Function Module	功能说明 Function Description
3	翻译工具 Translation Tools	基本配置 Basic Configuration	计算机辅助翻译工具 Computer-aided translation tools	翻译记忆、语料复用、术语批注、在线查词、辅助翻译、自动翻译、术语管理、语料管理、漏译检查、低错检查等功能 Translation Memory, corpus multiplexing, the term annotation, online word search, aided translation, automatic translation, terminology management, corpus management, leak checking translations, low error checking and other functions
4	术语工具 Terminology Tools	基本配置 Basic Configuration	术语管理工具 Terminology management tool	个人术语库管理、术语导入导出、术语收藏、术语分享、团队术语库等功能 Personal terminology database management, import and export terminology, terminology collections, term share, team functions Termbases
5	术语库 Termbases	基本配置 Basic Configuration	术语库 Termbases	提供共享术语资源的使用权限 Provides shared terminology resource permissions
6			5年软件维护和升级服务 5-year software maintenance and upgrade services	从软件合同日起3年内为客户提供后续版本的软件升级，并提供电话和邮件远程支持服务。 From software contracts date from three years to provide customers with subsequent versions of the software upgrade, and provides telephone and email remote support services.
	基础服务 Basic	基础配置		提供软件系统的现场安装、调试和技术培训等服务，具体包括： Provides software systems on-site installation, commissioning and technical training and other services, including: 1. 对服务器应用环境的安装，包括操作系统、数据库系统、文件系统等；

图 6.36　经过预翻译处理后的文档（按全文翻译）

	系统	类型	功能模块	功能说明
3	翻译工具	基本配置	计算机辅助翻译工具	翻译记忆、语料复用、术语批注、在线查词、辅助翻译、自动翻译、术语管理、语料管理、漏译检查、低错检查等功能
4	术语工具	基本配置 Basic Configuration	术语管理工具 Terminology management tool	个人术语库管理、术语导入导出、术语收藏、术语分享、团队术语库等功能 Personal terminology database management, import and export terminology, terminology collections, term share, team functions Termbases
5	术语库 Termbases	基本配置 Basic Configuration	术语库 Termbases	提供共享术语资源的使用权限 Provides shared terminology resource permissions
6	基础服务 Basic services	基础配置 Basic Configuration	5年软件维护和升级服务 5-year software maintenance and upgrade services	从软件合同日起3年内为客户提供后续版本的软件升级，并提供电话和邮件远程支持服务。 From software contracts date from three years to provide customers with subsequent versions of the software upgrade, and provides telephone and email remote support services.
			软件安装服务 Software Installation Service	提供软件系统的现场安装、调试和技术培训等服务，具体包括： Provides software systems on-site installation, commissioning and technical training and other services, including: 1. 对服务器应用环境的安装，包括操作系统、数据库系统、文件系统等； 1 installed on the server application environment, including operating systems, database systems, file systems, etc. 2. 软件系统在服务器和客户端的安装，其中远程客户端的安装提供远程技术支持 2 software on the server and client installation, including installation of remote clients to

图 6.37　经过预翻译处理后的文档（从当前单元格开始翻译）

	A	B	C	D
1	系统	类型	功能模块 Function Module	功能说明
2				
3	翻译工具	基本配置	计算机辅助翻译工具 Computer-aided translation tools	翻译记忆、语料复用、术语批注、在线查询、辅助翻译、自动翻译、术语管理、语料管理、漏译检查、低错检查等功能
4	术语工具	基本配置	术语管理工具 Terminology management tool	个人术语库管理、术语导入导出、术语收藏、术语分享、团队术语库等功能
5	术语库	基本配置	术语库 Termbases	提供共享术语资源的使用权限
6	基础服务	基础配置	5年软件维护和升级服务 5-year software maintenance and upgrade services	从软件合同日起3年内为客户提供后续版本的软件升级，并提供电话和邮件远程支持服务。
7			软件安装服务 Software Installation Service	提供软件系统的现场安装、调试和技术培训等服务，具体包括： 1.对服务器应用环境的安装，包括操作系统、数据库系统、文件系统等； 2.软件系统在服务器和客户端的安装，其中远程客户端的安装提供远程技术支持； 3.软件系统的运行调试，确保系统运转正常； 4.对系统的技术维护知识提供培训。
8				总计

图 6.38 经过预翻译处理后的文档（按选择区域翻译）

二、导出译后稿

EXCEL 版在翻译句子、翻译窗口显示调节、翻译设置、术语显示、添加术语等环节的操作与 WORD 几乎完全一致，因此我们不再赘述，而是重点讲解导出译后稿的处理方法。

EXCEL 版译后稿的导出方式分为两种：单元格内为纯译文和单元格内为原译文。顾名思义，"纯译文"是指译后稿仅显示译文；"原译文"是指译后稿同时显示原文和译文。

译员点击【导出译后稿】按钮，可以根据需要选择导出文件的格式，如图 6.39 所示。选择对应的格式后，点击【导出】，按照提示保存即可。

图 6.39 导出译后稿对话框

与 WORD 版一样，EXCEL 版导出的译后稿相当于是另存为一份单独的文档，对原文的格式和内容没有任何影响。系统默认的导出格式是"单元格内为原译文"。图 6.40 和图 6.41 分别是"单元格内为纯译文"和"单元格内为原译文"的效果图。

	System	Type	Function Module	Function Description
1-2	System	Type	Function Module	Function Description
3	Translation Tools	Basic Configuration	Computer-aided translation tools	Translation Memory, corpus multiplexing, the term annotation, online word search, aided translation, automatic translation, terminology management, corpus management, leak checking translations, low error checking and other functions
4	Terminology Tools	Basic Configuration	Terminology management tool	Personal terminology database management, import and export terminology, terminology collections, term share, team functions Termbases
5	Termbases	Basic Configuration	Termbases	Provides shared terminology resource permissions
6	Basic services	Basic Configuration	5-year software maintenance and upgrade services	From software contracts date from three years to provide customers with subsequent versions of the software upgrade, and provides telephone and email remote support services.
7			Software Installation Service	Provides software systems on-site installation, commissioning and technical training and other services, including: 1 installed on the server application environment, including operating systems, database systems, file systems, etc. 2 software on the server and client installation, including installation of remote clients to provide remote technical support; Run 3 software system debugging, ensure that the system is operating normally; 4 technical maintenance of the system knowledge to provide training.
8				Total

图 6.40　导出为纯译文格式的译后稿

	System	Type	Function Module	Function Description
1-2	系统 System	类型 Type	功能模块 Function Module	功能说明 Function Description
3	翻译工具 Translation Tools	基本配置 Basic Configuration	计算机辅助翻译工具 Computer-aided translation tools	翻译记忆、语料复用、术语批注、在线查询、辅助翻译、自动翻译、术语管理、语料管理、漏译检查、低错检查等功能 Translation Memory, corpus multiplexing, the term annotation, online word search, aided translation, automatic translation, terminology management, corpus management, leak checking translations, low error checking and other functions
4	术语工具 Terminology Tools	基本配置 Basic Configuration	术语管理工具 Terminology management tool	个人术语库管理、术语导入导出、术语收藏、术语分享、团队术语库等功能 Personal terminology database management, import and export terminology, terminology collections, term share, team functions Termbases
5	术语库 Termbases	基本配置 Basic Configuration	术语库 Termbases	提供共享术语资源的使用权限 Provides shared terminology resource permissions
6	基础服务 基础配置		5年软件维护和升级服务 5-year software maintenance and upgrade services	从软件合同日起3年内为客户提供后续版本的软件升级，并提供电话和邮件远程支持服务。 From software contracts date from three years to provide customers with subsequent versions of the software upgrade, and provides telephone and email remote support services.
				提供软件系统的现场安装、调试和技术培训等服务，具体包括： Provides software systems on-site installation, commissioning and technical training and other services, including: 1.对服务器应用环境的安装，包括操作系统、数据库系统、文件系统等；

图 6.41　导出为原译文格式的译后稿

第六节 语料管理

译员在使用 iCAT 进行翻译的时候，所翻译的句子会保存到本地用户库（语料库）中。为了让本地用户库更为有效地发挥作用，我们需要对用户库中的语料进行管理。

一、语料管理窗口介绍

译员通过点击【语料管理】按钮，即可打开本地语料库，如图 6.42 所示。这样就可以对本地语料进行导入、导出、添加、修改、删除以及查找等操作。

图 6.42　用户库管理界面

二、导入语料

除了在使用 iCAT 进行翻译时的自动存储外，最常用的语料添加方式就是批量导入。译员在平时的翻译过程中积累了大量的翻译资源，由于语料格式的特殊性，往往需要先通过语料数据整理工作，将译员积累的翻译资源，整理成语料库能够识别的特殊格式，例如 *.xls、*.txt、*.tmx 等，然后将语料批量导入到语料库中。①

步骤 1：点击右上角的"导入语料"，弹出语料导入对话框，如图 6.43 所示。

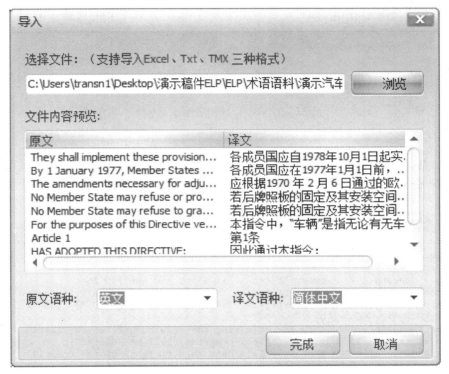

图 6.43　语料导入对话框

步骤 2：点击【浏览】按钮，选择本地已准备好的语料文件进行导入，在文件内容预览区域会分别显示语料文件的原文和译文内容预览，译员可根据需要检查确认，如图 6.43 所示。

步骤 3：选择语料"原文语种"和"译文语种"，确认无误后，点击【完成】按钮，系统后台会即刻进行语料导入，译员只须等待其全部导入完成。

译员需要注意的是，如果待导入文件是 *.xls 格式，则待导入文件的样式应为一列原文对应一列译文，如图 6.44 所示；不符合格式要求的待导入文件可能会导致无法导入或

---

① 转换格式可以使用传神的语料对齐工具，参考网址：http：//tools. transn. com/tools/index. php？v = dialog&act = pdetail&pid = 28&v =

在导入过程中报错。

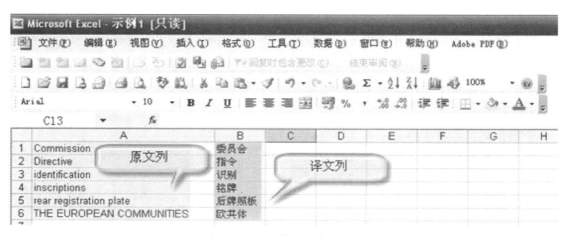

图 6.44 ＊.xls 格式的待导入文件

如果待导入文件是＊.txt 格式，则待导入文件内的文字须按照分隔符（＝、@ 等用户自定义的符号）将原文与译文间隔开来，如图 6.45 所示。

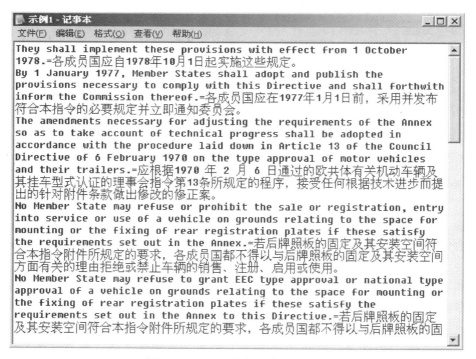

图 6.45 ＊.txt 格式的待导入文件

三、语料编辑

在导入语料后，译员可以根据需要，随时对语料进行增加、修改、删除当前页等编辑操作（如图6.42所示），其操作步骤较为简单，在此无须赘述。

四、导出语料

有时，译员希望将本地语料库中的内容导入其他计算机辅助翻译软件（如 SDL Trados，Wordfast，memoQ 等）中使用，这就要涉及 iCAT 的导出语料操作。

步骤1：选择"语料导出"，出现导出路径对话框，如图6.46所示。

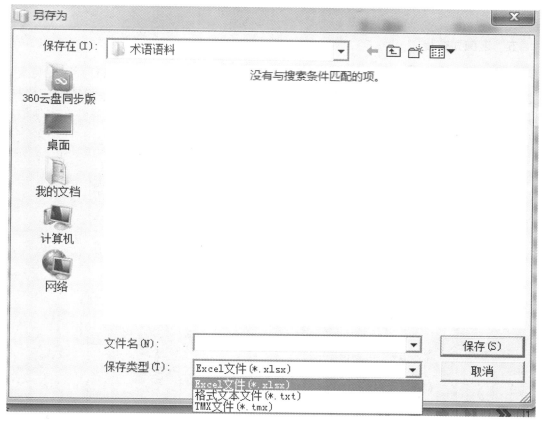

图6.46 导出路径对话框

步骤2：选择导出的格式类型（目前支持导出的格式类型有 *.xlsx、*.txt 和 *.tmx）；为导出语料添加一个文件名；点击【保存】按钮。

步骤3：选择导出的语言方向，如图6.47所示。确定无误后，点击【导出】按钮，完成语料导出。

图 6.47　选择导出的语言方向

五、匹配句查找

译员点击语料管理右上角的"匹配句查找"（如图 6.42 所示），可以打开匹配句查找界面，如图 6.48 所示。在此界面中，译员可以根据需要输入查找内容，设置原文语种、最低匹配率和返回的句数，点击【确定】按钮后，系统会自动根据设置属性在本地语料库中进行符合条件的匹配句查找。

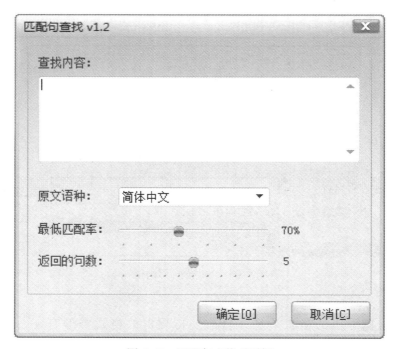

图 6.48　匹配句查找对话框

本章小结

本章我们对 iCAT 的安装与登录、iCAT 的启动与设置、iCAT 菜单主要按钮的功能、WORD 版和 EXCEL 版操作的翻译流程以及语料管理等进行了介绍。有关 iCAT 的术语管理操作，我们将结合第九章"火云术语入门"进行专门讲解。

思考与练习题

1. iCAT 的语料匹配率设置应遵循怎样的原则？

2. iCAT 的 WORD 版和 EXCEL 版主要功能按钮各有哪些主要用途？

3. 预翻译有哪些主要作用？操作时有哪些注意事项？

4. 译员在翻译过程中如何添加术语？

5. 请自行选取 iCAT 本地语料库中的语料，将其转换为 SDL Trados Studio 2014 所支持的记忆库格式。

第七章　雪人 CAT 入门

雪人计算机辅助翻译软件①（Snowman Computer Assisted Translation Software——缩写为：雪人 CAT）由佛山市雪人计算机有限公司研发，是一种将计算机运算能力、记忆能力和人的创造能力相结合的人机互动的辅助翻译软件，由译员把握翻译质量，计算机提供辅助。它能够辅助译员优质、高效、轻松地完成翻译工作，帮助企业及个人充分利用资源，降低成本，成倍提高工作效率；适用于需要精确翻译的机构和个人。而由服务器端软件和客户端软件构成的"雪人 CAT 网络协同翻译平台"则简化了服务器架设及对服务器系统的要求，使翻译企业、翻译团队轻松架设并拥有自主的协同翻译平台，切实保障翻译资料的安全性与保密性。

本章我们将首先简要介绍雪人 CAT 的主要功能，然后结合图例概览软件基本操作，最后讲解如何使用其网络协同翻译平台进行项目文件协同。

第一节　雪人 CAT 主要功能介绍

与其他计算机辅助翻译软件相比，雪人 CAT 运行稳定而快速；它将繁杂的功能整合在高效易用的界面中，翻译 Word、Excel、PPT 等文件以及网页文件时在某些性能方面具有一定的优势。自 V1.27 版本开始，软件增加了导出句子格式和 Unclean 格式的双语对照格式译文的选项，为译员提供了诸多便利。雪人 CAT 软件经过不断改进，于 2014 年 10 月推出了该软件的最新版——雪人 CAT V1.37 版。下面我们简要介绍其主要功能：

● 实时预览——译文随译随见，即时自动更新，无需译员手动刷新；同时，软件还支持预览原文和译文、原文混合预览，使译员可以更好地把握文章的整体性，对样式复杂的文档、数学公式、化学分子式、化学方程式等文档的翻译尤显方便。

● 在线自动翻译——雪人 CAT 在软件中嵌入 Google、Bing、Yahoo、Youdao、Systran 等多个自动翻译引擎，逐句自动给出"在线自动翻译"的译文供参考，点击即可引用或在其基础上修改。

---

① 本章内容基于佛山市雪人计算机有限公司授权使用的《雪人翻译软件说明书 V1.31 版》、《雪人 CAT 协同翻译平台说明书 V1.03 版》及《雪人 CAT 协同翻译平台升级说明 V1.03 版》修订而成，特致谢忱。

• 内嵌在线词典辅助翻译——雪人 CAT 自带词典非常丰富，标准版①中含有 1200 万、涵盖 60 多个专业领域的词库。与此同时，雪人还在软件中嵌入包括 Google、Jukuu 在内的 10 个在线词典，很好地利用在线词典的资源为译员服务。

• EBMT（example-based machine translation，基于实例的机器翻译）和 TM（translation memory，翻译记忆）两种技术相结合——针对单纯的 TM 技术存在着的精确匹配率不高、模糊匹配时产生译文质量较差等缺点，雪人 CAT 采用先进的 EBMT 技术，能根据记忆库中已有的例句自动替换翻译出其他相似的句子。例如，它能以记忆库中的"He is a student. 他是一个学生。"这一句为模板，将"America is a developed country."准确译为"美国是一个发达的国家。"此外，雪人还能以记忆库中的例句为模板，对翻译进行增词或减词处理。

• 快速响应的片段搜索——雪人 CAT 中，在原文用鼠标划选某片段，下方的"片段搜索"窗口立即显示出搜索结果，且可以将记忆库中查找的结果复制到译文中或定义新词中。

• 智能屏幕取词——目前大部分 CAT 软件不支持屏幕取词，且有些 CAT 软件还和词典软件冲突，查到词语也只能再次录入或复制。在雪人 CAT 中，当鼠标指向某词或短语停留片刻，会弹出屏幕取词窗口，单击内容后可以直接输入到译文中，极大减少译员键盘输入的工作量。此外，翻译过程中定义的新词、术语和短句可以立即在屏幕取词中应用，这是利用其他 CAT 软件和词典软件协同工作时较难实现的。

• 剪切板功能——通过雪人 CAT 的剪切板功能，可以翻译网页、PDF、PPT 等一切可以复制、粘贴的文档。

• 双语对齐工具——无论是网上看到的双语文章，还是此前翻译好的文章；无论是中英文分开，还是中英文混排的文章，雪人 CAT 都可以自动逐句地帮助译员实现对齐。此外，软件还可以直接读入其他 CAT 软件的译稿，制作成译员个人的记忆库，从而帮助译员轻松创建大型记忆库。

• 词语的整批替换——雪人 CAT 具有"查找和替换"功能，方便对译文、词典、记忆库进行批量修改替换。

• 词频统计及自动短语提取——雪人 CAT 能在翻译前预先统计出待译文章中重复率高的词语，对它们进行预先的准确翻译，给后续的翻译工作提供便利。此外，利用词频统计功能还可以从记忆库中提取高频词语，将它们添加到词典中。

• 自定义语法规则翻译——无论是英语还是汉语，都有一定的语法规则可循，译员可以在规则词典中预先将这些规律定义成语法规则，进一步提高取词和翻译的准确性。

• 预翻译——软件能利用记忆库、词典、规则词典、本地术语库和在线翻译相结合等方式进行预翻译，快速生成译文。

---

① 雪人 CAT 还同时推出了免费版，该版本带有包含 30 万词条的小型词典，支持 TXT 格式的文本文件，同时支持导入 TMX 格式的记忆库和 XML 格式的词典文件。免费版主要是对所支持的原文文件格式、所配有的专业词典等有所限制，只能翻译原文是 TXT 格式的文件，不支持 WORD 等其他格式的文件，其他功能与标准版相同。

第二节　雪人 CAT 基本操作指南

在本节，我们将结合实例介绍雪人 CAT 标准版辅助翻译的基本操作流程。

一、新建项目及引用词典、记忆库

步骤 1：安装好雪人翻译软件后，在桌面上双击 ![icon] 图标启动软件，点击 ![icon]【新建】，选择项目文件类型是英译汉或者汉译英（本节以英译汉项目文件为例），如图 7.1 所示。

图 7.1　雪人 CAT 新建英译汉项目文件

步骤 2：点击【确定】，此时会出现项目设置窗口，如图 7.2 所示。

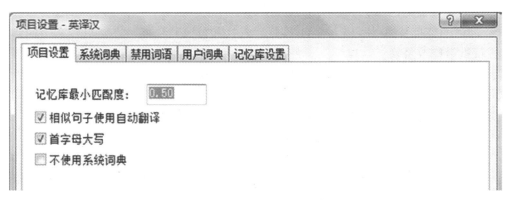

图 7.2　雪人 CAT 项目设置窗口

在项目设置窗口中，"记忆库最小匹配度"是指当需要翻译的句子与记忆库中例句的相似程度大于该设定值时，会自动将记忆库中的例子列出供参考，相似程度小于该设定值的例句将不出现，软件默认的最小匹配度为 0.5，译员可以自行设定该值，但必须在

0.5~1.0 之间。若相似度小于 0.5，整句的匹配意义不大，此时应该使用软件的片段搜索功能。"相似句子使用自动翻译"选项是指软件对于相似例句的不同部分自动做智能的替换翻译。

步骤 3：点击切换到"系统词典"选项卡，在"系统词典"页签中勾选本次翻译可能需要用到的雪人 CAT 系统自带词典，此处可以直接勾选"通用"，如图 7.3 所示。

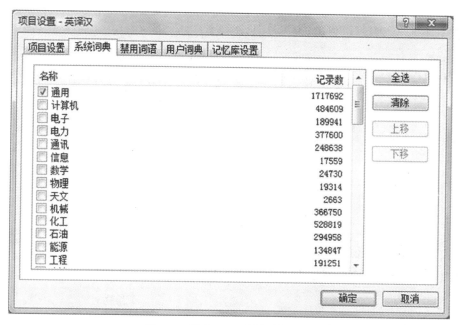

图 7.3 雪人 CAT 选择系统词典

步骤 4：点击切换到"禁用词语"选项进行设置。

雪人 CAT 具有删除系统词条功能：在屏幕取词窗口中使用鼠标右键选择属于系统词典的解释后，可以删除系统的词条。删除功能只在当前项目有效，删除后便取消了系统词典中该词条的所有解释。通过删除系统词条，可以更正系统词典中的错误，从而更为灵活地分词。被删除了的系统词条会保存在"禁用词语"页签中，如图 7.4 所示。

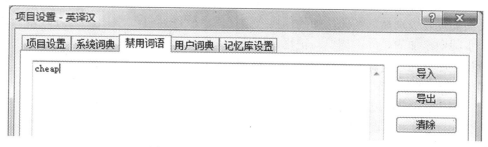

图 7.4 雪人 CAT "禁用词语"页签

在此页签下，译员可以增加或取消禁用的系统词条项目，点击【清除】可将删除的词条恢复；使用【导入】与【导出】按钮可实现与其他翻译项目的词条交换。

步骤 5：根据翻译项目所属的专业类型，分别点击切换到用户词典和记忆库设置（分别如图 7.5 和图 7.6 所示）。

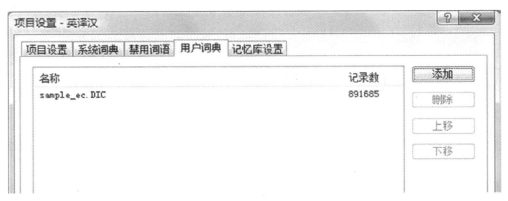

图 7.5 雪人 CAT 用户词典引用设置

图 7.6 雪人 CAT 记忆库引用设置

一般而言，用户词典和记忆库的排列顺序决定它在这个项目文件应用中的优先顺序，排在上面的优先级别高。在此添加的词典或记忆库，软件通过"引用"的方式来使用它，在这个步骤中添加的是外部词典与记忆库。

译员应尽量通过【添加】引用外部的词典和外部记忆库的方式来为当前翻译项目指定使用的词典和记忆库，而不是将它导入到"项目词典"或"项目记忆库"中，因为【添加】引用的方式可以更好地控制项目文件的大小，减小对系统资源的占用。

步骤 6：完成上述设置后，点击【确定】，此时软件会自动生成一个项目文件、一个项目词典和一个项目记忆库，如图 7.7 所示。

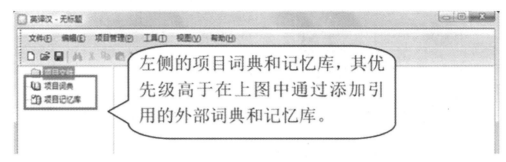

图 7.7　雪人 CAT 生成项目文件、项目词典与项目记忆库

步骤 7：右键点击"项目文件"，弹出导入文件菜单，在此导入需要翻译的文件。

译员应注意，一个项目文件中可以导入多份原文，多份原文既可以是相同的文件格式，也可以是 TXT、DOCX 等不同的文件格式①。项目文件下导入的多份文件共用相同的词典和记忆库。

图 7.7 左侧的"项目词典"和"项目记忆库"用于记录本项目在翻译过程中产生的新词汇和新例句，词典和记忆库刚开始为空。译员在翻译过程中添加的新词、术语会被保存到项目词典里，翻译好的译文会被自动保存到项目记忆库中。右键点击"项目词典"或"项目记忆库"，点击"导入"可以导入其他词典或记忆库为当前翻译项目服务。整个翻译工作完成后，译员可以单击"F2"键切换浏览与修改状态，在浏览状态下按快捷键组合"Ctrl+ Delete"可以删除整行；在修改状态下可以对原文、译文进行修改，以此对本次翻译积累下来的词典、记忆库进行进一步的整理；然后利用右键点击菜单的"导出"或者切换到"项目管理"的"导出"。菜单将积累的成果导出为外部词典和外部记忆库，以备日后使用。

译员应注意：先前在新建项目时，设置用户词典和记忆库操作中所添加的词典和记忆库属于外部词典和外部记忆库，将不会出现在此。此外，在翻译一个新文件时，译员不必每次都去新建一个项目，然后进行添加记忆库、词典等操作；而是可以利用雪人 CAT 在一个项目文件下面能够包含 200 份待翻译文档的功能来建立一个翻译项目模板。需要翻译新文档时，就可以打开这个项目模板，将需要翻译的文件导入模板中。这样操作的优势在于可以在同一个项目中不断积累记忆库和词典，为以后所有待译文档提供共享。

二、对照模式与单句模式下的翻译

为满足不同译员的输入偏好，雪人 CAT 支持对照模式和单句模式两种输入模式，译员可以根据个人习惯选用，在两种输入模式下任意切换。导入需要翻译的文件后，默认的界面为左右表格排列的对照模式，如图 7.8 所示。

---

① 　免费版只支持导入 TXT 格式的原文，而标准版可以支持导入多种格式的原文。

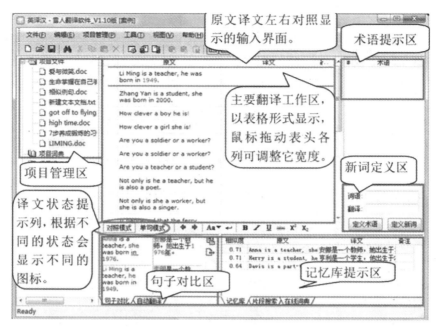

图 7.8 雪人 CAT 对照模式翻译界面

点击"单句模式",可切换为单句模式翻译界面,此时光标会自动定位在当前翻译的句子中,界面如图 7.9 所示。

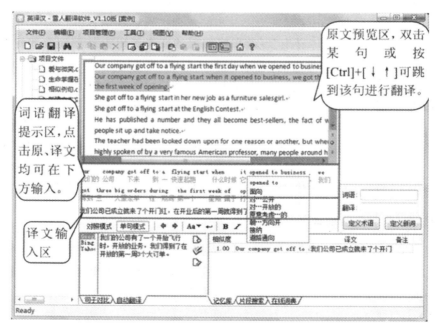

图 7.9 雪人 CAT 单句模式翻译界面

对照模式输入界面里，原文、译文以左右对照的表格方式排列，这种界面简洁高效，条理清晰，对表格和审稿、校稿尤其方便；而在单句模式下，屏幕中部的原文预览区可以图文并茂地预览原文，输入界面则可以预览原文和译文，以及进行自动的取词翻译，鼠标点击即可输入译文，减少击键次数，这种界面直观性和整体性强，对样式复杂的文档和公式、化学式等尤其适用。

正是基于此，雪人 CAT 支持对各种文件格式的文档（WORD、PPT 等）进行翻译。关于这一部分内容，接下来我们将详细介绍，从中也可比较对照模式与单句模式各自的优势。

1. 翻译 WORD 文档

雪人 CAT 对 WORD 文档的支持与一般的计算机辅助翻译软件不同，它是在软件中直接嵌入 WORD，不用另外开启 WORD 窗口，且一个项目文件下支持嵌入多份 WORD 文档。它对文档中的字体样式、文本绕图排版、上下标等都有很好的支持，还支持以字符形式插入的图片（如"国庆 60 周年"中的"60"）。同时，雪人对表格的支持程度也较高。翻译过程中，译员只须专注于表格的内容，软件会自动处理表格样式。

雪人 CAT 中的样式控制码很少，只相当于同类软件样式码的十分之一，很多样式都由软件自动处理了，即使翻译时忽略所有的样式代码，它也可以导出一个样式基本正确的译文，译员可以在导出后再进行样式排版处理。此外，与有些计算机辅助翻译软件要求译员必须一个不漏地正确处理完所有的样式码后才可以导出译文不同，雪人 CAT 可以随时导出译文。

下面，我们通过几个实例了解使用雪人 CAT 翻译不同格式 WORD 文档的流程：

（1）翻译图文并茂的 WORD 文档

在安装有 WORD 2007 版本的电脑上导入一个名为"《阿凡达》影评"的 WORD 文档，导入后的界面如图 7.10 所示。

该文档有插入绕图，字体样式也比较多，以第一句为例："詹姆斯·卡梅隆导演的影片《阿凡达》讲述的故事发生在一个名叫"潘多拉"的星球上……"该句包含 5 种样式："詹姆斯·卡梅隆导演"加粗；"《阿凡达》"加了底纹及边框；"潘多拉"红色加粗；"unobtanium"加了下画线；其他为普通五号字体。

进行了上述字体样式分析后，我们需要提取这些字体的样式。雪人提取字体样式的方式有两种：一种是边翻译边自动提取，翻译到哪句便立即自动提取该句的样式，样式一经提取后会自动保存；另一种是点击"工具"菜单的"预提取字体样"，在翻译开始前一次性提取所有字体样式，翻译的过程中再不需要任何的等待时间。预提取字体样式的进程可以随时中断，中断后没有提取的那部分会在翻译时逐句自动提取。预提取字体样式功能对 WORD 2007 版本才有效，且该功能只用于提取字体的样式，图片等其他样式软件在导入时便已由软件自动处理。

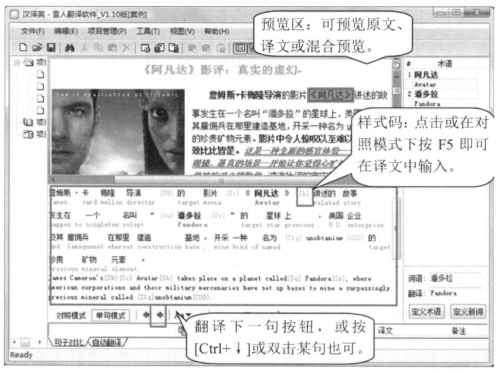

图 7.10　雪人 CAT 单句模式下导入"《阿凡达》影评" WORD 文档

在雪人 CAT 中，如果整句的样式相同，软件会自动处理，不会出现任何样式码，只有在句子中存在多种不同的字体样式时才会出现样式码。如图 7.10 中的标题"《阿凡达》影评：真实的虚幻"这几个字的样式为：浅蓝色、加粗、四号字体。但是由于整句的样式相同，所以不出现样式码，只需要关注该如何翻译就可以了。而由于第一句中包含 5 种样式，从图 7.10 中可以看到软件出现了多个灰色的样式码" ‖ "。所以，对于这一句，翻译完成后还需要在译文的相应位置插回样式码（点击上面的样式码，或在对照模式下按"F5"键即可输入）。

译完该句后，按下"Ctrl+↓"（或双击下一句、或按下方的下一句按钮）进行下一句的翻译。图 7.10 中我们选择的是预览原文的方式，若点击"视图"菜单的"预览译文"，译员可以看到刚才已经翻译好的标题及第一句的效果，如图 7.11 所示。

此外，如果在单句模式下将文章全选，按下"Ctrl+T"可以将" ‖ "里面的内容变成样式代码；否则" ‖ "里面的内容不会被认为是样式代码。

雪人 CAT 的译文实时预览技术使我们在译好一句后可以立刻看到译文的效果，如图 7.12 所示。译文随时自动更新，随翻译随预览，非常便捷实用。

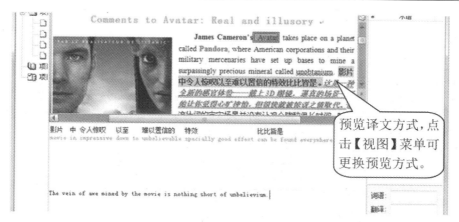

图 7.11　雪人 CAT 单句模式下译文预览窗口

图 7.12　雪人 CAT 译文实时预览效果

不过，需要注意的是，雪人 CAT 的上述功能需要译员安装有 WORD 2007 版本。对于 WORD 2003 版本，微软有部分样式接口不开放，所以效果会受到一定的影响。虽然雪人 CAT 对于样式不太复杂，单句中字体没有太多样式变化的 WORD 2003 文档的输出效果也不错，但对于字体样式复杂或对字体样式有精确要求的文档输出，建议还是安装 WORD 2007 版本。

（2）翻译 WORD 文档中的表格

上例中我们讲解了雪人 CAT 如何处理 WORD 文档的样式和排版，下面我们再来看看软件对 WORD 文档中表格的处理。本例拟翻译的表格为《西门子冰箱技术参数》，如图 7.13 所示。

该表格标题为绿色、黑体、加粗、斜体，一号字体，并加橙色下画线；表头样式为黑色、宋体、加粗，三号字体，并带灰色底纹；表格单元内有 插图。

同样，分析完原始表格的具体样式后，我们将其导入到雪人 CAT 中进行翻译。

经由软件处理后，图 7.14 中明显已没有样式码的痕迹，而且由于这个表格以数字为主，使用对照模式来翻译会显得更加简洁。表中许多与原文一样的地方可按"F8"将原文快速拷贝过来。当然译员也可以随时切换到单句模式下进行翻译。关于这部分内容，我们不作详细介绍。

西门子

冰箱技术参数

型号 / 名称	KK22F56TI	KK26U79TI	KK26U69TI
气候类型	SN / ST	SN / ST	SN / ST
星级标志	***	***	***
总有效容积(L)	218	254	254
冷冻室有效容积(L)	51	64	64
冷冻室温度(℃)	-18	-18	-18
电源	220V 50Hz	220V 50Hz	220V 50Hz
冷冻能力(kg/24h)	17	10	10
耗能量(kW h/24h)	0.66	0.78	0.76
中国能效标识等级	1	1	1
制冷剂(g)	R600a (48g)	R600a (41g)	R600a (41g)
外形尺寸(mm)	590x649x1750	640x633x1850	640x641x1900
额定电流(A)	0.6	0.8	0.8
噪声声功率级别(A)	37.1	正常运行为38.9(两个压缩机同时运行为42)	正常运行为38.9(两个压缩机同时运行为42)
净重(kg)	74	84	85
防触电保护类别	1	1	1

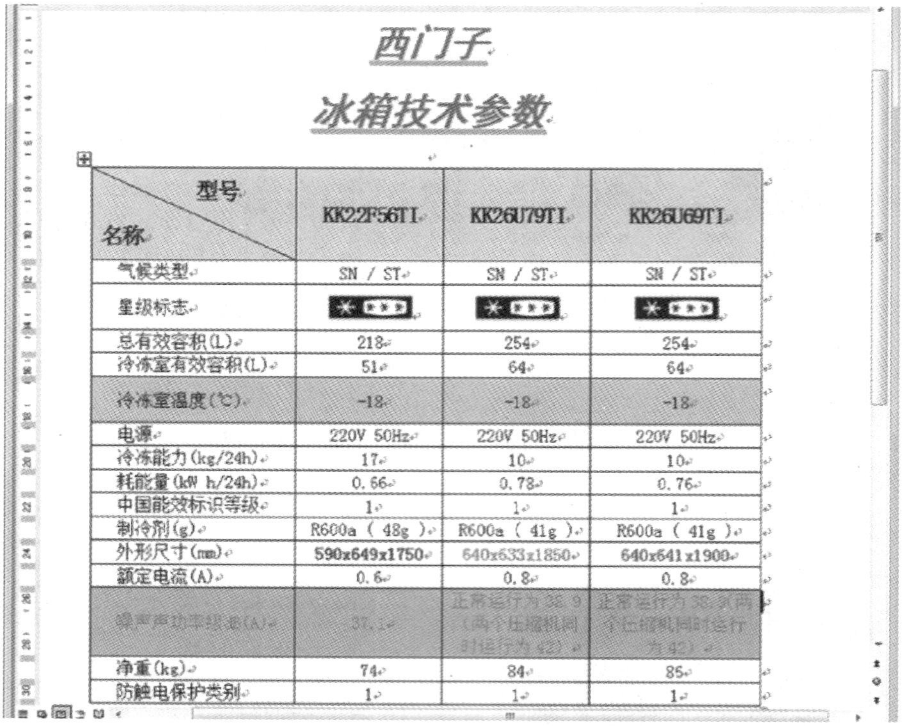

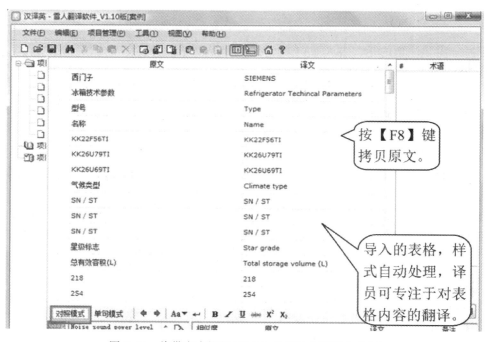

图 7.13　拟翻译表格:《西门子冰箱技术参数》

图 7.14　将带有表格的 WORD 文档导入到雪人 CAT

译员将表格所有内容翻译好后，可点击工具栏的“导出”或使用鼠标右键单击出现的菜单中的导出功能来将翻译完成的表格导出。在导出的表格里，所有的样式与原文保持高度一致，如图 7.15 所示。

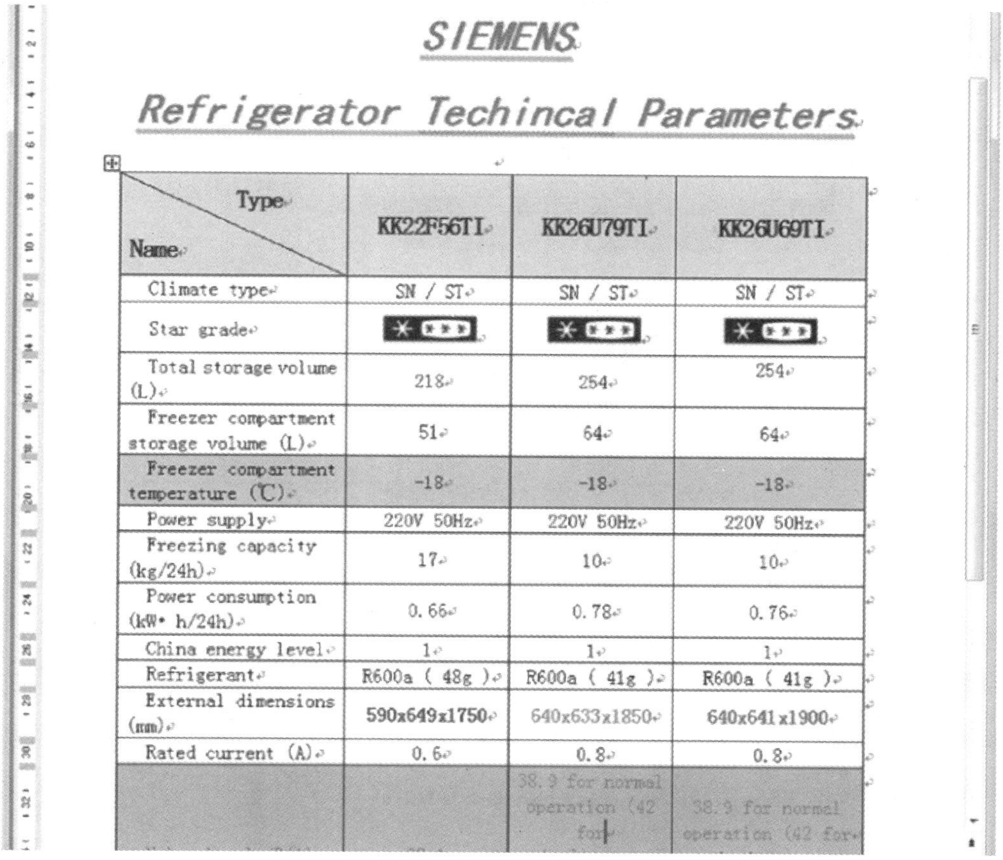

SIEMENS

Refrigerator Techincal Parameters

Type / Name	KK22F56TI	KK26U79TI	KK26U69TI
Climate type	SN / ST	SN / ST	SN / ST
Star grade	****	****	****
Total storage volume (L)	218	254	254
Freezer compartment storage volume (L)	51	64	64
Freezer compartment temperature (℃)	-18	-18	-18
Power supply	220V 50Hz	220V 50Hz	220V 50Hz
Freezing capacity (kg/24h)	17	10	10
Power consumption (kW• h/24h)	0.66	0.78	0.76
China energy level	1	1	1
Refrigerant	R600a (48g)	R600a (41g)	R600a (41g)
External dimensions (mm)	590x649x1750	640x633x1850	640x641x1900
Rated current (A)	0.6	0.8	0.8
		38.9 for normal operation (42 for	38.9 for normal operation (42 for

图 7.15　导出翻译完成的表格文件

（3）翻译 WORD 文档中的复杂数学公式

遇到样式复杂的公式，若使用对照模式翻译，可能会只看到一些毫无意义的样式码，但若使用单句模式翻译，就显得非常直观方便。

如图 7.16 所示，我们在这里导入一个“泰勒公式”文档，翻译“求 ln（1+x）的 Maclourin 公式”。公式比较复杂：有指数形式，还有多种数学符号和分子式。使用雪人 CAT 翻译时，译员只需要翻译“求 ln（1+x）的 Maclourin 公式”这几个字即可，其他的都不用处理，软件会自动转换。译文预览效果如图 7.17 所示。

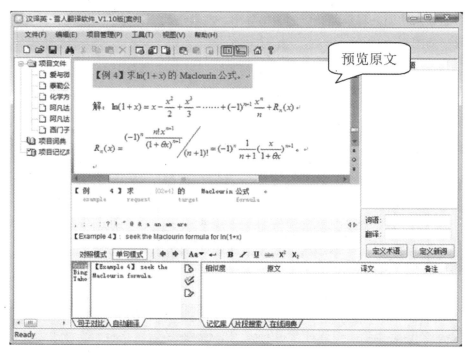

图 7.16　单句模式下翻译复杂数学公式

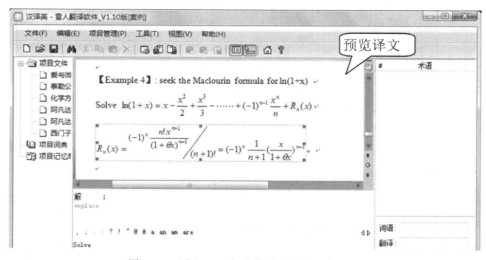

图 7.17　雪人 CAT 复杂数学公式译文预览图

（4）翻译 WORD 文档中的复杂化学式

化学式会经常涉及上下标，如果是 WORD 2007 版本，雪人 CAT 会自动处理上下标的样式，在单句模式下不出现其样式码；但如果是 WORD2003 版本，软件会忽略上下标的样式，此时可利用屏幕下方的上下标工具按钮来标注。另外，在单句模式的预览区中用鼠标划选某些内容并将其直接拖到译文输入区中，其样式也会一同被复制下来，这一功能对局部复制非常实用。

如果译员需要对公式进行换行，可以点击换行按钮，在译文中加入换行的支持。

如果译员需要对译文进行转换大小写，可以点击大小写转换按钮，选中需要转换的译文，单击大小写转换按钮，便会有首字母大写、全部大写和全部小写的选择。点击"项目管理"菜单中的"项目设置"，也可以设置默认首字母大写，如图 7.18 所示。

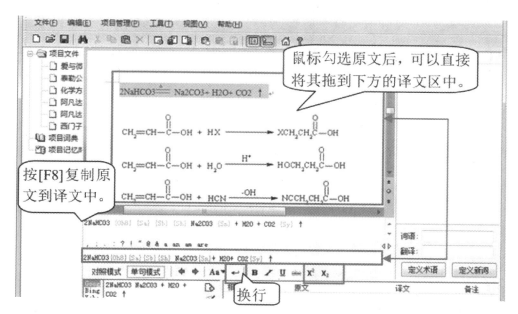

图 7.18　雪人 CAT 单句模式下复制原文到译文以及换行操作

以上我们演示了在对照模式与单句模式下对几种常见格式的 WORD 文档的翻译。需要注意的是，WORD 文档的导入及预提取字体样式需要一定的时间，建议单份 WORD 不要太大，以 30~50 页为宜。对于大型的待翻译 WORD 文档，可以拆分成多个小的文档导入到雪人 CAT 中。此外，为了保证译文样式导出的正确性，需要保持导入、导出时 WORD 版本的前后一致性，即：导入时若是 WORD 2003 版本，那么导出译文时也应该导出为 WORD 2003 版本；导入时若是 WORD 2007 版本，那么导出译文时也应该选择 WORD 2007 版本。

2. 翻译 PPT 文档

对于 PPT 文档的翻译，采用单句模式可以直接预览 PPT 的原文，这样会比"对照模式"更为直观、方便。我们先将 PPT 格式的文件导入到雪人 CAT 的翻译项目中，如图 7.19 所示。

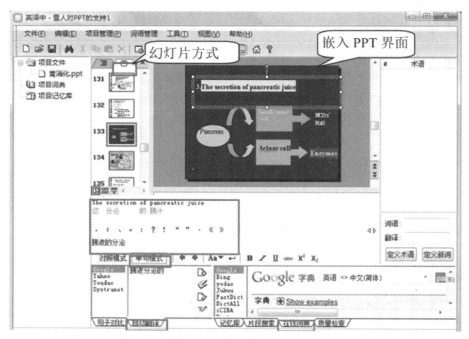

图 7.19　雪人 CAT 单句模式下翻译 PPT 文档

在"幻灯片"浏览模式①下，单击需要翻译的句子，即可开始翻译。译员只需要关注翻译本身，而不必分心于 PPT 的样式、排版等问题。翻译完成后，将译文导出，即可导出与原稿相同格式的 PPT 译文。

译员在翻译 PPT 时，应注意避免修改原文，因为修改后的内容不会存盘，还可能会造成定位不准确。若出现此类问题，译员可以重新打开当前文件或切换项目中的文件，恢复原文。

导出译文后，针对部分没有正确显示的未生成的缩略图，可以切换到大纲模式后再选择"缩略图"进行刷新。此外还要注意，在 PowerPoint 2003 中，直接选择表格中的文字时是不能自动定位到相应的句子的。

3. 翻译 EXCEL 文档

雪人 CAT 支持 EXCEL 文档的嵌入。在本例中，我们将要翻译的 EXCEL 文档格式比较复杂，包括图片，而且字体样式及颜色等变化较多，如图 7.20 所示。

---

① 注意不要在大纲模式下操作，因为 PPT 预览无法在大纲模式下定位句子。

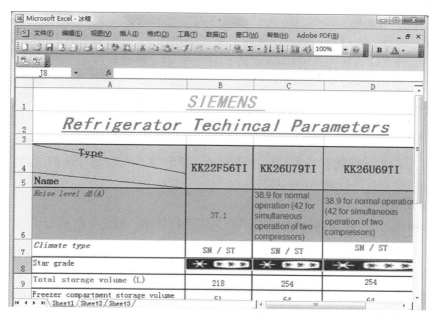

图 7.20 待翻译的 EXCEL 文档

将上面的 EXCEL 文档导入雪人 CAT，导入后在单句模式下可以预览原文，如图 7.21 所示。

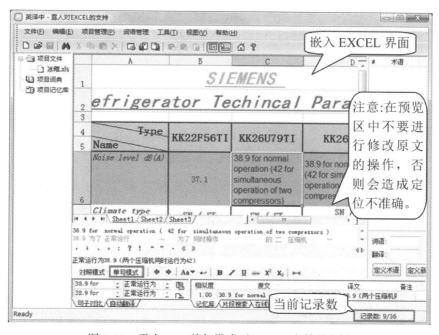

图 7.21 雪人 CAT 单句模式下 EXCEL 文档的翻译

与翻译 PPT 时一样，译员只需关注译文本身，不必理会字体的样式、颜色、图片等因素。翻译完成后，在屏幕左侧点击鼠标右键"导出译文"，即可生成与原文格式保持一致的译稿。此外，译员在雪人 CAT 界面的预览区中不要进行修改原文的操作，因为即使修改了原文，也不会保存修改的结果，反而还有可能造成定位不准确的问题。若出现此类问题，也是通过重新打开文件或切换到其他预览项目后再切换回来恢复。

4. 利用剪切板翻译各种格式的文档

通过雪人 CAT 的剪切板功能可以翻译网页、PDF 等可以复制粘贴的文档。下面我们举例介绍借助剪切板进行翻译的具体应用。

（1）翻译网页文件

通过剪切板，我们可以很方便地对网页文件进行翻译。首先，将要翻译的内容拷贝到剪切板，然后将其粘贴到雪人 CAT 中，翻译完毕后，利用雪人的 【导出到剪切板】按钮，将译文导出并将其粘贴到网页的原来位置即可。同之前的文档翻译一样，译员只需要关注翻译本身，而无须太多关注网站的排版和样式。

如图 7.22 所示，我们在网页编辑软件"Dreamweaver"中将"雪人计算机辅助翻译"这个标题复制到剪切板，然后切换到雪人 CAT。在软件中，译员既可以根据剪切板的内容自动新建一个文件，也可以将剪切板的内容粘贴在当前文件的后面。这里我们点击工具栏上的 【粘贴为新文件】按钮，以剪切板的内容自动新建一个文件。此时，先前复制的"佛山市雪人计算机公司"这几个字已经粘贴到雪人 CAT 中，并且在左侧的"项目文件"中自动增加了一份名称为"clipboard"的文件，如图 7.23 所示。此句翻译完成后，点击工具栏的 【导出到剪切板】按钮将译文导出。

图 7.22 待翻译的网站

图 7.23　雪人 CAT 以剪切板的内容自动新建一个文件

最后，切换回网页编辑软件"Dreamweaver"中，按"粘贴"键即可将刚才的译文粘贴到原处。工具栏的 ![按钮] 为【粘贴内容】按钮，它不是在左侧增加一个"clipboard"文件，而是将剪切板的内容粘贴到当前文件的后面。

（2）翻译 PDF 文件

除了对网站进行翻译，译员还可以使用剪贴板功能对各种支持编辑的文件进行翻译，例如翻译 PDF 格式的文件。

译员在 PDF 编辑器中将要翻译的内容复制到剪切板（如图 7.24 所示），然后将其粘贴到雪人 CAT 中进行翻译。翻译完毕后，将译文导出到剪切板，在 PDF 编辑器中按"粘贴"按钮就可将译文粘贴回原处。如图 7.25 所示。

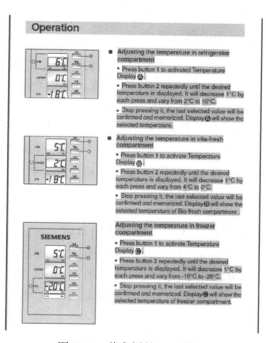

图 7.24　待翻译的 PDF 文档

图 7.25　雪人 CAT 利用剪贴板在对照模式下翻译 PDF 文件

有了剪贴板的支持，任何可编辑的文件格式（即任何可以复制、粘贴的内容）都可以利用雪人 CAT 进行翻译。

以上便是雪人在对照模式或单句模式下对各类文档进行翻译的实例，在对照模式和单句模式下翻译文档各有其优势，译员可以在实践中逐步摸索。另外，对于句子的拆分与合并，必须在对照模式中进行，例如，把光标移到需要拆分的地方，按"Enter"键，即可把当前的句子拆分为两个单元句子；把光标移到需要合并的第一句话的末尾，按"Delete"键就可合并两个单元句子，这方面内容我们不作赘述。

三、翻译过程中对网络资源的整合运用

译员在翻译过程中，除了利用本地资源，还可以将网络资源为我所用。以雪人 CAT "在线词典"功能为例：软件中嵌入了包括 Google 在内的多个在线词典，在原文中双击或用鼠标选中某词语后会立即显示查找结果，点击即可切换到其他在线词典查看。这样做既可以很好地利用在线翻译资源，又可以对在线翻译的结果进行即时修改；既可以进行整句翻译，又可以分片段进行翻译；最重要的是，这些操作并没有增加过多的额外工作量。下面，我们将会讲解在雪人 CAT 中如何利用在线资源进行辅助翻译。

1. 使用内嵌的多个在线词典辅助翻译

如图 7.26 所示，点击屏幕下方的"在线词典"页签，再双击原文的某单词或用鼠标勾选，例如选择了"President"，在"Google"在线词典中就立即显示出 President 的查找结果，软件默认排序显示在第一位的是"Google"在线词典，第二是微软的"EngKoo"，第三是有道词典"youdao"①。点击相应选项可立即切换到该词典并同时显示查找结果。

---

①　雪人 CAT 自 V1.29 版后还新增内嵌有 Baidu 词典"BaibuDict"和 Baidu 英语论文写作助手"BaiduWriting"两个在线词典，译员可以根据需要选用。

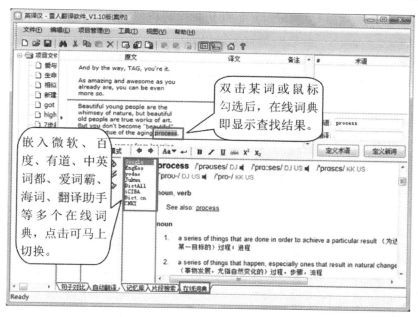

图 7.26　雪人 CAT 使用内嵌在线词典

若在"Google"在线词典中查不到对应结果，或是对查找的结果不满意，可以切换到其他的在线词典中查找，例如切换到"EngKoo"中查看对"get the best of"这个短语的解释，只须点击左侧的"EngKoo"，如图 7.27 所示。

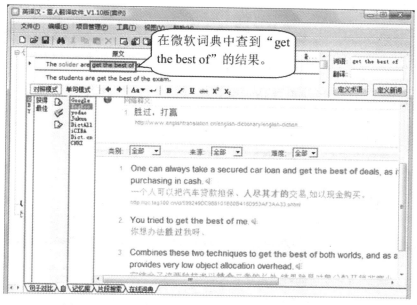

图 7.27　"EngKoo"中对"get the best of"短语的解释

"Google" 和 "EngKoo"，即可对短语和短句进行机器翻译。我们在原文处勾选 "get the best of" 时，"EngKoo" 给出的是这个短语的例句参考，如果我们在原文中选择整句 "The solider are get the best of the war."，这一句的机器自动翻译结果是 "士兵都得到最好的战争。" 如图 7.28 所示。

图 7.28　"EngKoo" 的整句翻译结果

此外，双击屏幕下方的 "在线词典" 页签，即可弹出独立的在线词典窗口，使查词变得更加方便，如图 7.29 所示。

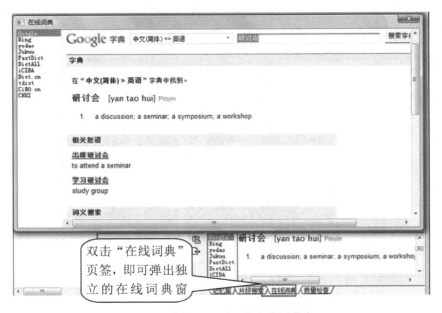

图 7.29　雪人 CAT 独立的在线词典窗口

2. 嵌入在线自动翻译①

译员若要在翻译之前将在线词典的翻译结果自动嵌入到译文中，需要首先点击屏幕下方的"自动翻译"页签；而后，当翻译到某一句时，自动翻译窗口就会自动给出在线翻译的结果，如图 7.30 所示。利用在线自动翻译可以大幅提高工作效率。

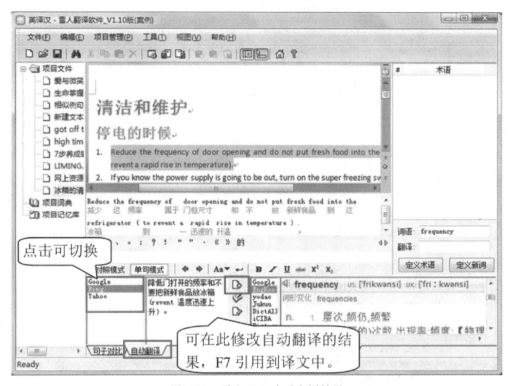

图 7.30 雪人 CAT 自动翻译结果

译员可以在自动翻译显示框中直接修改自动翻译的结果，修改好后点击旁边的 "粘贴"按钮或按"F7"键，将其引用到上方的译文区。例如，对于"Reduce the frequency of door opening and do not put fresh food into the refrigerator（to revent a rapid rise in temperature）."这一句，自动翻译的结果为："降低门打开的频率和不要把新鲜食品放冰箱（防止温度迅速上升）。"对于自动翻译的结果，略作修改后就可以按"F7"将它引用到译文中了。

如图 7.31 所示，译员翻译好上一句后，点击"下一句"就可以直接翻译原文的下一句，此时在自动翻译窗口中立即出现下一句的自动翻译结果。重复以上步骤直至翻译完成。

---

① 自动翻译仅对标准版的用户提供，免费版用户没有此项功能。

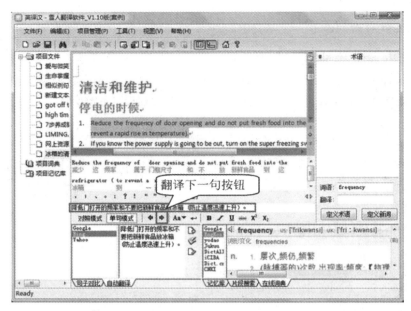

图 7.31 雪人 CAT 翻译下一句

3. 用户术语库与在线自动翻译的结合

除了使用内嵌在线词典自动翻译，雪人 CAT 还支持使用本地术语库与在线翻译混合的翻译模式。通过使用自定义的术语能使在线自动翻译更加准确，从而进一步提升自动翻译的质量。例如，图 7.32 中 "He boasted that if he could find the solution to the problem,

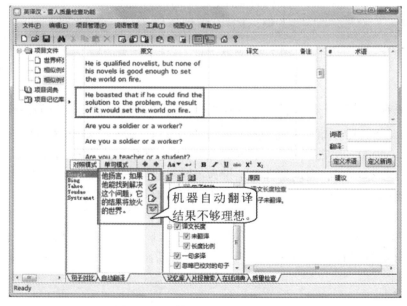

图 7.32 不够理想的机器翻译结果

the result of it would set the world on fire." 这一句，"Google" 在线自动翻译给出的译文是：
"他扬言，如果他能找到解决这个问题，它的结果将放火的世界。" 这句译文显然不够通
顺，因为对于 "set the world on fire" 这个短语，机器翻译未能给出满意的译文。

这时，我们可以将 "set the world on fire 轰动全世界" 这个短语加入到项目词典，并
将它设为 "术语"（术语以粗体显示，以区别于普通词汇），如图 7.33 所示。

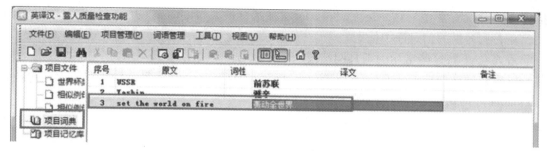

图 7.33　雪人 CAT 将短语设为术语

然后，点击自动翻译窗口旁边的 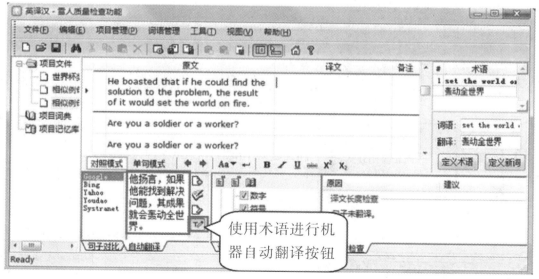【使用术语翻译】（该按钮鼠标点击后会略凹下
去，表示以后各句均使用术语进行翻译，再点击则不使用用户术语库）。此时 "Google"
给出的自动翻译结果修正为 "他扬言，如果他能找到解决问题，其成果就会轰动全世
界。" 这个翻译结果显然比之前要好，如图 7.34 所示。

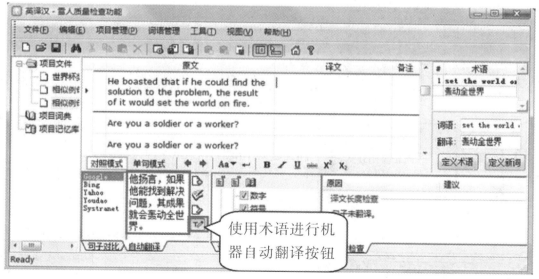

图 7.34　雪人 CAT 术语与自动翻译结合

由此可见，译员自己定义的术语库结合 "Google" 等在线自动翻译，可以较好地改善

机器自动翻译获取词义的质量问题，在提高自动翻译质量的同时也提升了译文录入速度。

4. 在线搜索

雪人的"在线词典"功能固然给翻译提供了极大便利，但有时一些专有词汇（人名、地名、机构名称等）在"在线词典"中找不到相应的结果；此外，对于有些词汇，除了知道其词义，我们还希望了解与之相关的更多知识，例如人物的背景资料、行业的规范标准等。这时就需要登录 Google、Wikipedia（维基百科）、Hudong（互动百科）、百度等网站，在它们海量的信息库中检索。

雪人 CAT 将这些常用的工具网站嵌入到了软件中，点击屏幕下方的"在线搜索"页签，鼠标在原文勾选词语后，不但能从"在线词典"中查询结果，还可显示从 Google、Wikipedia 等网站搜索到的相关资料。

图 7.35 中，鼠标划选"Prince William"后，"在线搜索"窗口立即显示出 Wikipedia 中关于"Prince William"的介绍文章。若译员觉得下方的屏幕空间不够大，可以双击"在线搜索"页签，弹出独立的放大窗口来显示搜索到的内容，与此前弹出独立在线词典窗口的操作一样。

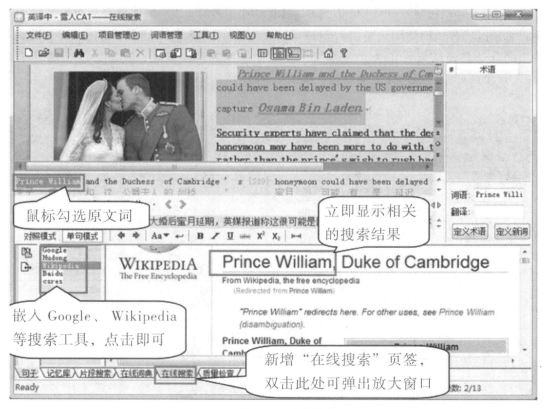

图 7.35　雪人 CAT 在线搜索功能

四、项目词典和记忆库的维护

翻译工作完成后，在翻译过程中生成的词典及记忆库会自动保存在"项目词典"和"项目记忆库"中，译员可以进行再次整理、编辑；编辑完成后可导出为外部的词典或记忆库，在日后其他翻译项目中可以通过"项目设置"的"添加"来引用（如图 7.36 所示）。

雪人 CAT 打开项目词典和项目记忆库时，默认是长光标的浏览状态，此时不能修改，需要按"F2"切换为编辑状态。修改完成后，点击右键菜单的导出功能可以将它导出为STM 格式①的外部词典或外部记忆库，在以后的翻译项目中可以直接引用。此外，导出项目记忆库的方式与导出项目词典的方式一致，在此不再赘述。

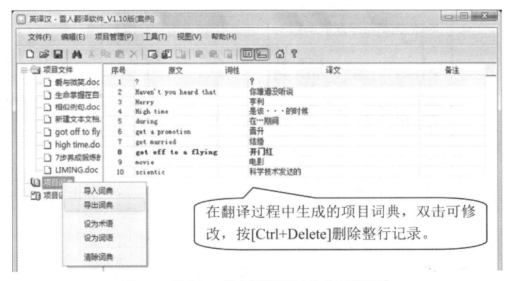

图 7.36　雪人 CAT 导出翻译过程中生成的项目词典

五、译稿的审校

完成初次翻译后，译员可将项目文件发给审稿人进行审校，雪人 CAT 将涉及当前项目的所有内容打包在一个项目文件里，其中包括在翻译过程中形成的项目词典和项目记忆库等文件。如图 7.37 所示，审核人打开译员发送的项目文件后，经审校，如果认定译文准确，会在当前行按下"F9"，此时软件会在此行的第一列标注一个绿色的"√"，表示审核通过；如果觉得某句翻译存在问题，会在当前行按下"F4"，此时软件会在此行的第一列标注一个红色的"×"，表示审核未通过，并且可以在备注列中写明未通过的具体原

---

① 免费版只能导出为 STM 格式的文件，标准版除导出为 STM 格式的文件外，还可导出为 TMX 和EXCEL 等多种格式。

因。待审校全部完成后，审稿人再将该项目文件发还给译员。

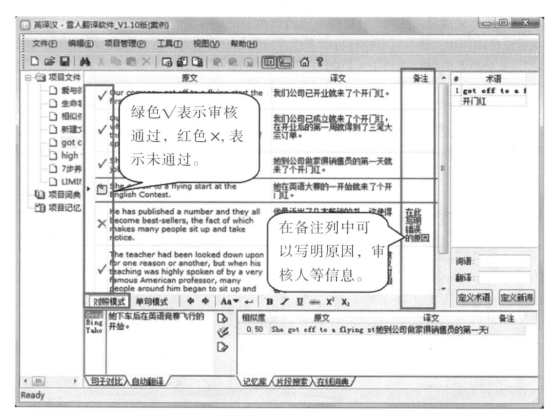

图 7.37　雪人 CAT 译稿的审校

对于译员而言，打开审稿人返还的项目文件，查看第一列的图标及备注信息，就可以知道译文存在哪些问题。对某句修改完毕后，按下"F4"，原本的"✕"会变成黄色图标，表示修改完成。按下"Ctrl+N"组合键可直接跳到下一个红色"✕"的位置继续修改，十分方便。

总体而言，在审稿、校稿方面，对照模式尤为方便。除此之外，在对照模式中，表格各列的宽度是可以随意调整的：将鼠标移向表头处拖动即可改变宽度。若屏幕空间不够，可以向右拖动备注列将其隐藏，待需要时再向左将其拖曳出来。

六、导出译文或双语对照

翻译、校对工作都完成后，译员可以通过鼠标右键点击左侧"项目文件"下的具体文件，选择"导出译文"将译文导出。雪人 CAT 不仅可以导出与原文格式一致的译文，还可以导出双语对照文件，两者操作类似，此处仅以导出双语对照文件为例进行讲解。

双语对照有四种格式：段落格式、句子格式、Unclean 格式和网页格式。段落格式即一段原文、一段译文；句子格式则是一句原文、一句译文；Unclean 格式方便与使用其他

CAT 软件的用户进行交流；网页格式也是以句为单位，一句原文、一句译文。导出的文件支持 TXT、WORD、EXCEL、PPT 等格式。

　　导出双语对照文件时，点击左侧"项目文件"下面的翻译文档，右键点击菜单，选择"导出双语对照文件"。文件保存时会记录当前翻译的位置，在打开文件时软件自动转到上次保存的位置。

　　以导出句子对照 WORD 文件为例，在弹出的"导出双语对照文件"窗口中，点击"保存类型"的下拉框，选择"导出句子对照 WORD 文件（＊.doc）"，如图 7.38 所示。

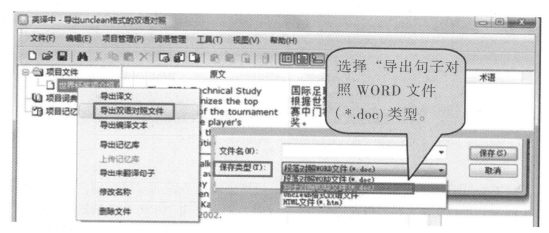

图 7.38　雪人 CAT 导出句子对照 WORD 文件（＊.doc）

　　点击【保存】，弹出"导出设置"窗口。此时译员可以自己定义原文、译文前后的分隔符号，如图 7.39 所示："＼n"为插入换行符，"＼t"为插入制表符（Tab），"＼r"为插入回车。若导出为文本格式，通常需要标注为"＼r＼n"。此处还可输入任意文字，例如可以添加括号以将译文包括起来。

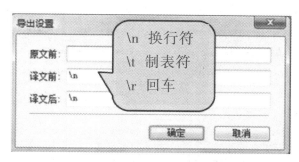

图 7.39　雪人 CAT 导出设置窗口

　　导出的 WORD 格式句子双语对照效果如图 7.40 所示。

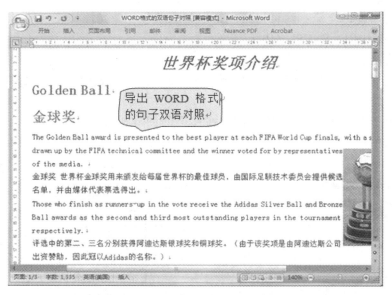

图 7.40　雪人 CAT 导出的 WORD 格式句子双语对照

对于 WORD 中插入的表格，如果译员希望导出段落格式的双语对照，可以将雪人 CAT 的 STP 项目文件另存一份（避免修改原文件）后，利用合并句子的方法来实现。

导出 EXCEL、PPT 格式的句子双语对照操作方法与 WORD 一致，在此不作详细介绍。

段落格式、Unclean 格式与网页格式的双语对照文件效果分别如图 7.41、图 7.42 和图 7.43 所示。

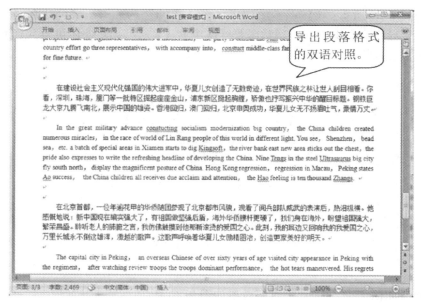

图 7.41　雪人 CAT 导出的段落格式双语对照

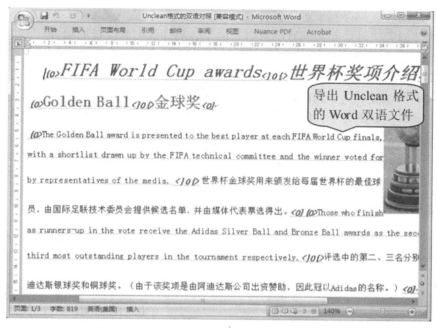

图 7.42　雪人 CAT 导出的 Unclean 格式双语对照

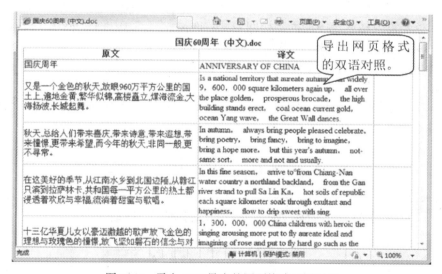

图 7.43　雪人 CAT 导出的网页格式双语对照

第三节　雪人 CAT 网络协同翻译平台的使用

雪人 CAT 网络协同翻译平台由服务器端软件和客户端软件构成。该平台不仅可以在 Windows Server 2003/2008 服务器版本的操作系统下使用，也可以在 Windows XP 及以上的操作系统下使用。在翻译越来越团队化、规模化的今天，雪人 CAT 网络协同翻译平台能让翻译团队体验到成员之间协同互助所带来的整体翻译效率和质量的提升。

使用雪人 CAT 软件 V1.37 版和服务器 V1.07 版可以实现项目文件协同，通过远程文件管理，实现多人协同翻译同一个文件，由项目组长上传文件，译员、审校下载文件，译员翻译的内容可以随时同步到审校的客户端界面中，审校审核后即可同步到其他译员的客户端界面中。审核后的句子，所有译员都不能再进行修改，审核完成后，审校和组长可以直接导出最终译文，真正做到翻译与审校同步。

在本节，我们将简要介绍使用雪人 CAT 网络协同翻译平台进行项目文件协同的基本操作流程。

一、登录服务器

步骤 1：架设服务器。登录雪人网站（http：//www. gcys. cn），下载雪人 CAT 网络协同翻译平台服务器端软件"scatserver"，解压后安装。

步骤 2：双击桌面快捷方式 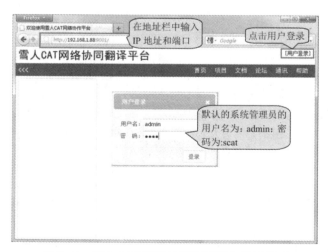，启动服务器。此时屏幕的右下角会出现 服务器的图标。

步骤 3：启动浏览器（IE7 以上版本或 Firefox 浏览器），在浏览器的地址栏中输入译员需要连接的服务器的 IP 地址，格式为服务器的 IP 地址：端口。雪人软件默认的端口是9001，输入格式如 http：//192. 168. 1. 88：9001。如果将个人电脑作为服务器使用，利用本机登录服务器需要输入统一的固定访问地址：http：//127. 0. 0. 1：9001。我们在这里输入 http：//192. 168. 1. 88：9001，出现"雪人 CAT 网络协同平台"和屏幕右上角的"用户登录"等信息，此时需要以授权的用户身份登录。雪人默认的系统管理员身份的用户名是 admin，密码是 scat。

步骤 4：点击屏幕右上角的"用户登录"，在弹出的窗口中输入默认用户名和密码，然后点击【登录】按钮完成平台登录，如图 7.44 所示。

图 7.44 雪人 CAT 网络协同翻译平台登录界面

二、添加用户并设定权限

上述步骤完成后，整个协同平台目前只有 admin（系统管理员）一个用户，接下来便是为平台添加新的人员，并设置各个成员的权限。

点击屏幕左侧的"用户管理"，单击【新建账户】增加新成员，提示窗口如图 7.45 所示。

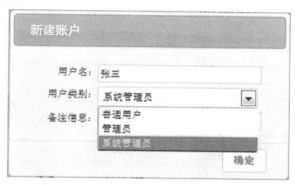

图 7.45　雪人 CAT 网络协同翻译平台新建账户

用户类别分为普通用户、管理员①与系统管理员，不同的用户类别有不同的权限。系统管理员的权限最大，可以创建、删除管理员和普通用户，重设管理员和普通用户的密码，创建翻译项目组，创建、修改共享的记忆库、术语库等。管理员可以创建普通用户，但不能创建管理员。普通用户则只能登录浏览、上传下载资料、发表文章，以及进行即时通信。

如图 7.46 所示，我们创建了张三、李四、王五等多个用户，其中张三是系统管理员，李四是管理员，王五是普通用户。系统管理员和管理员在"用户组"列中都会标注为"admin"。

三、创建翻译项目组

创建用户完成后，下一步就需要根据不同的翻译项目和涉及的专业创建不同的翻译项目组，再将此前创建的用户添加到项目组中来。一个用户可以同时参加多个项目组，没有参加某个翻译项目组的用户是看不到该项目组的相关信息的。

步骤 1：点击屏幕左侧的"群组管理"，再点击其下方的【新建群组】，创建新的翻译项目组。如图 7.47 所示，我们已经创建了"汽车工程、水利工程、专利翻译"等多个翻译项目组。

---

① 新建的管理员的默认密码也是 scat。

图 7.46 雪人 CAT 网络协同翻译平台添加用户完毕

图 7.47 雪人 CAT 网络协同翻译平台创建翻译项目组

步骤 2：确定翻译项目参加人员。如图 7.48 所示。

若要设置参与"专利翻译"项目组的人员，首先点击"专利翻译"项目组，然后点击屏幕下方的"增加成员"按钮，输入用户名称及角色，用户名称为在"用户管理"中设定的人员名称。用户角色划分为：项目组长、审校、译员。项目组长负责该项目的管理、人员安排、审校等工作。审校负责该项目的记忆库、术语库等审核工作，发现问题及时通知译员。

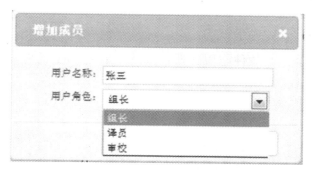

图 7.48 雪人 CAT 网络协同翻译平台添加项目参加人员

如图 7.49 所示，"专利翻译"项目组目前有 4 名成员，具体设置如下：张三为项目组长，王五为审校，李四和王小二为译员。

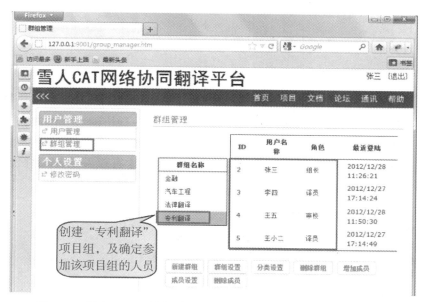

图 7.49 雪人 CAT 网络协同翻译平台确定项目参加人员及角色分配

项目组成员设置完毕后，张三、李四等 4 人就可以通过雪人 CAT 的客户端软件连接服务器，实现项目文件协同了。在这里进行的角色指定对该"专利翻译"项目组所有翻译的文件都有效。但要注意，这里定义的审校，是指他有权审核术语库和记忆库，而不是具体项目文件中的审校角色。

四、项目文件协同

下面我们以"项目组长张三"的身份讲解如何将客户端软件与服务器相连接，实现多人协同翻译同一份 WORD 文件"欧盟专利公约 .docx"。

1. 项目组长上传文件、分派任务

步骤 1：将个人客户端软件与服务器连接。在雪人 CAT 的客户端软件中新建一个"英译中"的翻译项目，然后依次点击"项目管理"、"项目设置"、"服务器设置"、输入服务器的地址（假设服务器设在张三的机器上）、用户名、群组名称，如图 7.50 所示。

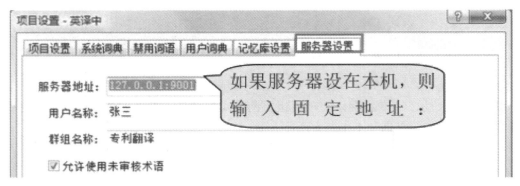

图 7.50　雪人 CAT 项目设置—服务器设置

步骤 2：点击【确定】后，再点击工具栏的 🔲【连接服务器】，在弹出的"登录服务器"窗口中输入登录密码连接服务器，然后导入需要进行协同翻译的文档"欧盟专利公约.docx"，点击鼠标右键菜单中的"上传文件"，将需要翻译的文档上传到协同平台的服务器中（如图 7.51 所示）。注意，只有项目组的组长才有权限上传文件及分派任务，其他人员没有此权限。

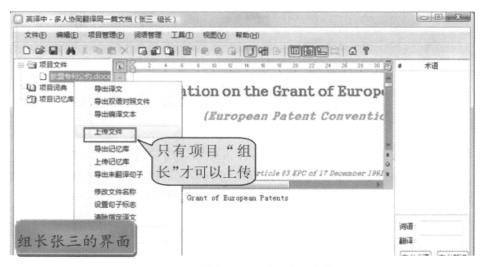

图 7.51　雪人 CAT 上传待翻译文件

文件上传到服务器后，屏幕左侧的图标会由原来的"□ 欧盟专利公约.docx"变成"◎ 欧盟专利公约.docx"，表示该文件是多人协同翻译的文件。

步骤3：点击工具栏的 🛅【远程文件管理】，在弹出的窗口中会显示该项目组所有上传到服务器的文件。选中文件后点击【任务分配】来分派任务，如图7.52所示。

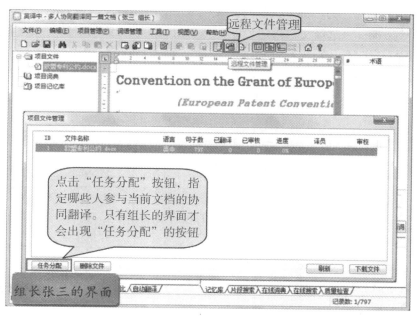

图 7.52　雪人 CAT 远程文件管理及任务分配

步骤4：在"任务分配"窗口中，点击【添加】，指定该"欧盟专利公约.docx"的参与人员及担任的角色，如图7.53所示。

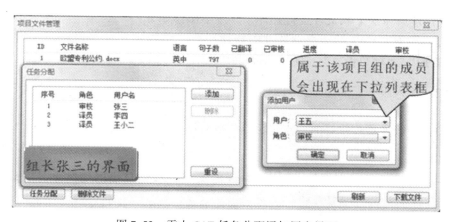

图 7.53　雪人 CAT 任务分配添加用户界面

项目组长默认有审校的权限，而其他人员则必须一一指定，没有添加进来的人员不能下载这个协同翻译文档。注意，之前的步骤中曾提到过，在服务器的网页界面定义的是整个专利翻译项目组的参与人员，在那里定义的审校只能审核记忆库及术语库。而在这里是针对某一篇文档明确参与的人员及角色分配，没有加入该项目组的人员不会出现在图 7.53 所示的下拉列表框中。

一个项目组长可能同时管理着多个需要翻译的文档，在这里可以指定一部分人参与"文档 a"的协同翻译，另一部分人参与"文档 b"的协同翻译。例如图 7.53 中，张三为"欧盟专利公约 . docx"这篇文档指定了译员（李四和王小二）和审校（张三和王五）。

组长分配好任务后，在图 7.54 中的"译员"列、"审校"列中会显示参与人员的姓名，只有在此被指派的人，才可以看到并下载这个文档。其中"进度"列中显示的百分比数值是指这篇文档的已审核的百分比。

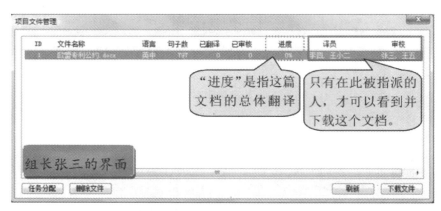

图 7.54　任务分配后的雪人 CAT 项目文件管理界面

2. 译员下载文件进行翻译

项目组长将待翻译文档上传到服务器中，并给这篇文档指定了译员（李四和王小二）。此时，译员需要下载文件进行翻译，其基本操作如下：

步骤 1：在雪人 CAT 的客户端软件中新建一个"英译中"的翻译项目，然后依次点击"项目管理"、"项目设置"、"服务器设置"。

步骤 2：输入服务器的地址，再点击工具栏的 【链接服务器】连接上服务器。

步骤 3：与服务器连接好后，点击工具栏的 【远程文件管理】，弹出"项目文件管理"窗口。

步骤 4：点击【下载文件】，将协同翻译的文档下载到自己的电脑上。下载完成后，该文件（ 欧盟专利公约.docx ）就会出现在屏幕左侧的"项目文件"下面，如图 7.55 所示。

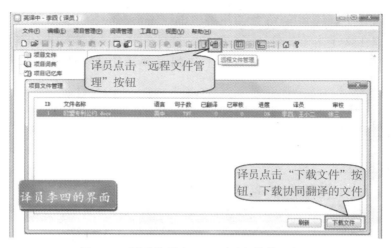

图 7.55 译员的雪人 CAT 项目文件管理窗口

译员下载文件后，就可以开始翻译工作了。我们指定李四负责翻译这篇文档的前半部分（从文档开始处至 Article51），王小二负责翻译这篇文档的后半部分。李四翻译到"（a）the European Patent Office；"这一句时，将"the European Patent Office 欧洲专利局"定义为术语，软件会自动将术语上传到服务器，其他成员可以即时使用该术语，如图7.56 所示。

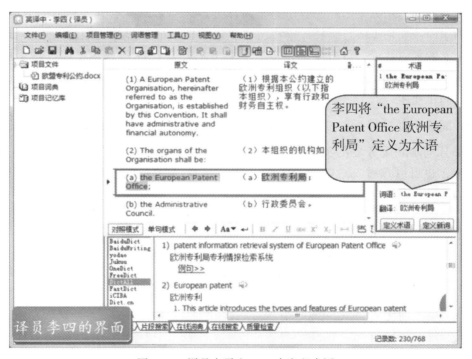

图 7.56 译员在雪人 CAT 中定义术语

若李四接着往下翻译到第 4a 条，并将"the Contracting States 缔约国"也定义为术语，他一共定义了 2 个术语，翻译了 229 句。这 2 个术语已经自动上传到服务器的"未审核术语"库，已翻译的 229 句也自动上传到服务器的"未审核记忆库"中，如图7.57 所示。

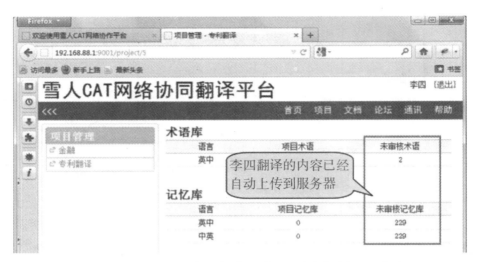

图 7.57　雪人 CAT 网络协同翻译平台项目未审核术语及记忆库

需要注意的是，如果用户的身份是普通译员，则"未审核术语"显示的数量是自己新定义的术语；如果是项目组长或审校，则"未审核术语"显示的数量是本项目组所有成员新定义的术语数量，点击数字可以查看具体的内容，"未审核记忆库"数量也类同。"项目术语"和"项目记忆库"用于存放审核过的术语和句子；经过审核的术语，客户端软件可以同步使用。

翻译完成一部分以后，李四可以点击图 7.57 工具栏的 【文件同步】，将先前翻译的部分同步到服务器的项目文件中；审校可以在协同平台的网页界面中审核术语和记忆库，也可以在雪人 CAT 的客户端中直接进行项目文件的审核。相比之下，后者效率更高。

3. 审校同步审核

李四将他翻译的内容同步到服务器后，我们回到组长张三的界面①，此时，张三界面的译文还是空白的，点击工具栏的 【文件同步】后，李四翻译的内容会马上出现在张三的客户端界面中，如图 7.58 所示。

———————————

① 实际上，我们此时也可以转到审校王五的界面，其操作与张三的界面一样。此处为了便于演示，我们直接引用项目组长（兼审校）张三的界面。

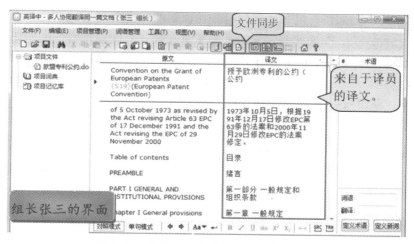

图 7.58 雪人 CAT 文件同步后的审校界面

对于"李四"翻译无误的句子,"张三"按"F9"键审核通过。协同翻译文档中的句子经审核通过后,会标注为"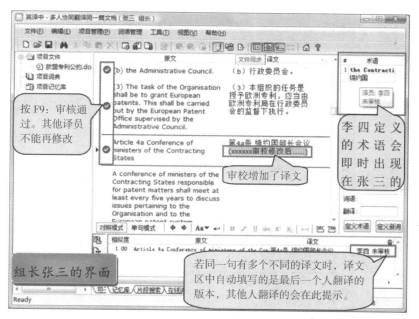"①。对标注为""的句子,所有译员都不能再对该句进行修改。

在图 7.59 中,审校"张三"在审核"Article 4a Conference of ministers of the Contracting

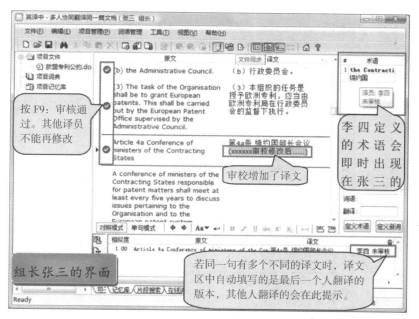

图 7.59 雪人 CAT 审校修改界面

---

① 非协同翻译的文档,按【F9】键则标注为"✔"。

States. 第 4a 条缔约国部长会议"这一句时，在该句的译文后面添加了几个字"××××××审校修改后……"。李四此前定义的术语显示在张三界面屏幕右侧的术语区中，屏幕下方的"记忆库"页签也同时显示了这一句的来源。若同一句有多个不同的翻译版本，在译文区中自动填写的是最后一个人翻译的版本，其他人翻译的版本会在屏幕下方的记忆库中提示出来，双击可以选用。

需要注意的是，对于存在问题的译文，审校修改后同样需要按"F9"键将该句标注为已审核""，这样其他译员就不能再对该句进行修改了（再按"F9"可以撤销审核标记，撤销标记后译文可修改）。否则在文件同步时，审校修改的译文可能会被译员的再次修改覆盖。

审校"张三"的审核工作暂时结束后，需要再次点击工具栏的　【文件同步】，将自己审核的内容同步到服务器中。

张三审核并同步到服务器后，我们再次回到李四的工作界面。刚才张三在审核句子时添加的文字在李四没有同步前还是显示为原来的译文，其他已经翻译的句子也没有出现审核的标记。但点击工具栏的　【文件同步】后，文件内容将会发生变化。

如图 7.60 所示，审校此时已经将审核通过的句子全部标注为""，李四已经不能再对这些句子进行修改了。"Article4a…"这一句译文也被审校的译文所取代。

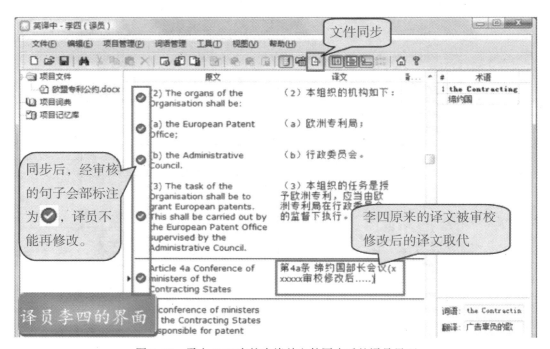

图 7.60　雪人 CAT 审核完毕并文件同步后的译员界面

4. 滞后翻译的译员下载文件并进行翻译

假如另一名译员王小二直至审校将李四的译文审核完毕后才投入该文档的翻译工作，他同样需要新建一个"英译中"的翻译项目，并依次点击"项目管理"、"项目设置"、"服务器设置"来输入服务器的地址，再点击工具栏的 ▤ 【链接服务器】连接上服务器。与服务器连接后，点击工具栏的 ▦ 【远程文件管理】，在"项目文件管理"窗口中点击【下载文件】，将协同翻译的文档下载到自己的电脑上，如图 7.61 所示。

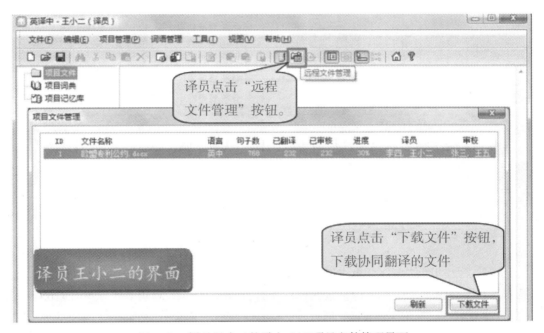

图 7.61 译员王小二的雪人 CAT 项目文件管理界面

文档下载后，在王小二的界面中会出现经过审核的李四翻译的句子，这部分内容王小二只有只读的权限；李四的翻译中未经审校审核的句子将不会出现在王小二的界面中。如图 7.62 所示。

此外，在图 7.62 中，屏幕下方的"记忆库备注"列中显示"李四 未审核"字样。这是因为审核分为项目文件的审核和记忆库的审核。之前张三进行的是项目文件的审核，而这里自动提示的匹配句子是来源于记忆库，所以显示的还是"未审核"。在审校张三将已经审核的内容直接上传到服务器中的"已经审核的记忆库"后，会同步更新相关的记忆库，关于这一部分操作，我们将在接下来的内容中予以介绍。

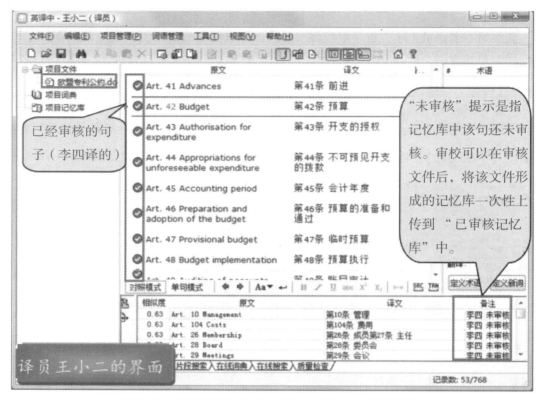

图 7.62 项目进行中期译员王小二的雪人 CAT 翻译界面

协同翻译文档的前半部分由李四负责，这部分的内容，李四翻译后一经审核就会出现在王小二的界面中，王小二可以直接翻译后半部分（从 Article 52 开始），如图 7.63 所示。

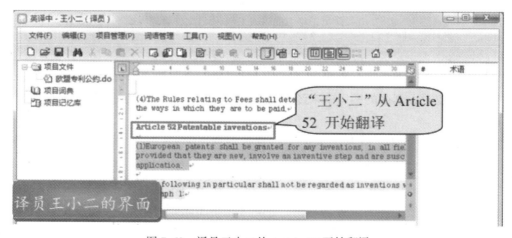

图 7.63 译员王小二从 Article 52 开始翻译

由于"the Contracting States 缔约国"这个短语已经被李四定义为术语，王小二在翻译"Article 53（a）"遇到此短语时，术语区中会自动提示，王小二可以直接使用此术语，如图 7.64 所示。

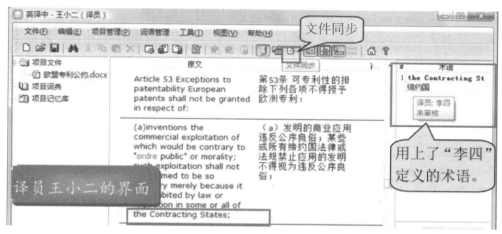

图 7.64　译员王小二直接使用译员李四定义的术语

在翻译持续了一段时间后，王小二可以点击工具栏的　【文件同步】，将已翻译的内容同步到服务器。此时，我们再次回到审校张三的界面，其审核方式与审核李四的翻译部分相同，此处不再详述。

对于已经审核的句子，审校可以点击鼠标右键，在菜单中点击"上传记忆库"，直接将其上传到已审核的记忆库中，如图 7.65 所示。

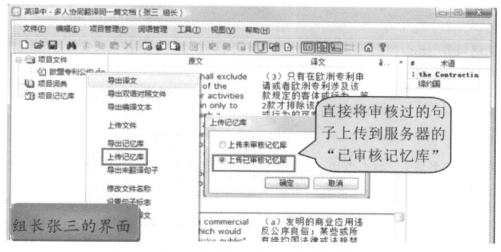

图 7.65　雪人 CAT 将已审核句子上传至已审核记忆库

上传完成后，这些句子会保存在服务器的项目记忆库（即已审核的记忆库中）中。如果所上传的句子与服务器"未审核记忆库"中的句子相同，"未审核记忆库"中的句子将会被删除；如果二者存在差异，则"未审核记忆库"中的句子仍旧保留。例如，图 7.66 中"未审核记忆库"记录数显示为"1"，是因为张三在审核"Article 4a Conference of ministers of the Contracting States. 第 4a 条 缔约国部长会议"这一句时，在该句的译文后面添加了几个字"××××××审校修改后……"。"未审核记忆库"中保留的这一句是李四之前翻译的版本。如果需要对"未审核记忆库"中的句子进行集中处理，可以将此库导出。

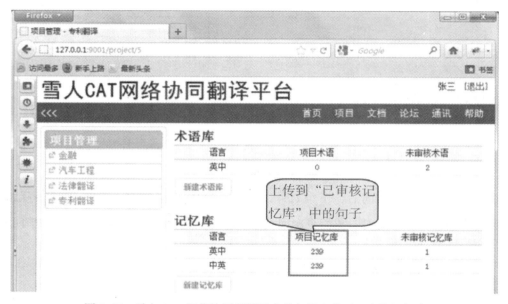

图 7.66　雪人 CAT 网络协同翻译平台将句子上传至已审核记忆库

当遇到多个相似句子时，审核过的句子会优先排在前面。在使用预翻译功能时，软件只选择审核通过的句子。

项目文件翻译和审校完毕后导出译文的方式与在雪人 CAT 中导出译文的方式一致。待译文导出后，项目文件协同就正式结束了。

利用"项目文件协同"的功能，译员可以随时点击 【文件同步】，将所翻译的内容同步到服务器中，再点击【下载文件】将文件下载到电脑上继续工作。翻译完成后，点击 【文件同步】将最新翻译的内容同步到服务器。审校也可以随时随地对译员们翻译的内容进行审核，这种并行工作模式大大节约了整体翻译工作时间。项目组长则可以根据翻译的进度随时更换或增派译员，人员的变换不会对整个项目造成影响，不必担心任务的交接会出现问题。这种方式不需要拷贝、携带文件，也不受时间或地域的限制，使翻译工作的模式变得相当灵活。

本章小结

本章我们首先介绍了雪人 CAT 的主要功能，然后结合实例详细讲解了如何使用雪人 CAT 标准版进行辅助翻译的过程，包括：如何新建翻译项目、引用词典及记忆库，如何在对照模式和单句模式下翻译常见文档，如何引用在线翻译、如何审校译稿，以及如何导出双语对照的翻译文档等。同时，我们还讲解了利用雪人 CAT 网络协同翻译平台进行项目文件协同的基本操作流程，展现其"一人问题、及时解决、全体受益"的优势，以供翻译团队参考。

实际上，雪人 CAT 除了我们详细讲述的中英版外，还研发有中日版、中法版、中西版、中俄版、中韩版和中德版等。此外，雪人 CAT 在双语对齐方面也具有国外计算机辅助翻译软件无法比拟的优势，这些内容，限于篇幅，我们在本章没有作过多讲解。总体而言，雪人 CAT 操作简便，功能实用，是国内较有特色的一款计算机辅助翻译软件。

思考与练习题

1. 雪人 CAT 具有哪些主要特色？其 EBMT 技术在哪些方面具有突破？

2. 分别在雪人 CAT 标准版的对照模式与单句模式下翻译同一篇文档，并比较在两种模式下翻译的异同与优劣势。

3. 利用雪人 CAT 翻译 WORD 文档时，如何处理文档中复杂的数学公式和化学式？

4. 尝试在翻译过程中使用雪人 CAT 软件的在线词典功能，并定义 2~3 个新术语；翻译完成后将全部术语导出到外部术语库。

5. 参照本章第三节中使用雪人 CAT 网络协同翻译平台进行项目文件协同的步骤，组建小型翻译团队，并分配角色进行协同翻译演练。

第八章　雅信机辅笔译教学系统入门

　　雅信机辅笔译教学系统是一个基于网络、基于大型关系数据库、支持多人协作的网络辅助翻译平台。该系统是为培养学生掌握计算机翻译辅助技能、提高翻译水平而搭建的实践环境，旨在帮助学生利用计算机辅助翻译平台有效进行双语互译，培养学生的翻译能力。该系统简单实用，突出机辅笔译教学的特点，探索机辅笔译教学的新模式。在本章，我们将对该系统主要模块的基本操作进行详细介绍。①

第一节　雅信机辅笔译教学系统简介

　　雅信机辅笔译教学系统主要由三大模块组成：雅信笔译教学子系统、雅信项目实训子系统、雅信机辅笔译教学系统管理。

一、雅信笔译教学子系统

　　学生笔译教学系统平台是学生依靠计算机辅助学习的平台。借助这个平台，学生可以进行选课学习，完成教师布置的作业和考试。此平台使学生具备双语互译的基本技巧和能力，能够运用一般的翻译策略和技巧进行双语互译，且译文通顺、用词准确，无明显语法错误、错译和漏译；帮助学生优质、高效、轻松地完成翻译工作。

　　教师笔译教学系统平台是一个专门用于教师教学管理的平台，它实现了现代化方式的教学，提高了教学质量；它将使教师授课变得十分方便、快捷，教师能通过此平台进行授课、布置作业、考试测试、实训练习等一系列教学工作。

二、雅信项目实训子系统

　　雅信项目实训子系统以国际上先进的项目管理方式为管理模式，实现团队型翻译的新型翻译管理系统。实训系统实现文件预翻译、文件拆分、术语提取、机辅翻译、进度监控、风险分析等多种功能。学生在实训平台中，不但可以有效地提高自身的翻译水平、了解实际的翻译流程，而且可以掌握翻译项目的管理知识。

三、雅信系统管理平台

　　教师和学生在获得一定的操作权限后，可以对系统的用户信息，用户权限进行有效管

---

　　①　本章内容基于北京东方雅信软件技术有限公司提供的《雅信机辅笔译教学系统 5.0 版说明书》（标准版）修订而成，特致谢忱。

理，从而保证本系统数据资源库资源的有效性和安全性。

四、系统特色

雅信机辅笔译教学系统具有以下主要特色：

- 系统基于网络。系统充分发挥现代网络技术优势，依据教学需求，可实现多站点同时在线翻译，使翻译资源信息及时共享。翻译时所有学生客户端，均连接到公共服务器上，实现资源共享，同时所有学生的翻译成果都将存储到公共服务器上，以便被其他学生使用和参考。

- 基于语料库的翻译教学。系统对语料库进行集中管理，教师指导学生建立专题语料库，激发学生学习积极性，亦可在翻译实践中得到应用。

- 系统提供多领域专业化词库。系统支持英汉双语互译，英汉双语词库，基本能满足日常翻译学习需要，同时系统提供了强大的语料库扩充机制，允许学校轻松建立特色资源库（包括词库、记忆库等）。

- 自带系统资源库。系统自带了资源库，英中、中英词库含近 1200 万条（包含 78 个专业）的海量资源，基本能够满足日常工作需要，同时系统提供了强大的词库扩充机制，允许用户很方便地建立自己的资源库，并对资源库进行扩充和管理。

- 系统基于大型数据库，响应快速。采用 Oracle 或 SQL Server 大型关系数据库平台，对术语库和语料库进行集中管理，方便使用时进行快速检索、查询和调用，同时利用大型数据库的海量数据存储特点，满足翻译中日益增长的数据存储要求；还可以充分利用数据库的备份管理功能以及分布式数据库的优势。

- 翻译术语的高度统一。系统提供术语管理工具，对项目术语进行集中管理和译前处理，从而保证翻译过程中项目术语的翻译一致性，提高项目的整体翻译质量，减轻校对人员负担。

- 采用先进的翻译记忆技术。系统采用成熟、实用的翻译记忆技术，自动将翻译结果保存到翻译服务器，下次遇到相同或相似的句子时可以参考使用或直接使用，避免重复翻译，提高翻译效率。

- 显著提高学生的翻译效率。采用先进的翻译记忆技术和多人协作、共享机制，使得学生的翻译效率得到显著提高。

- 完善灵活的多媒体教学互动管理。系统采用了全新的图形引擎和多媒体网络引擎，以简单的操作和强大丰富的功能，来满足多媒体网络笔译教学课堂的需要。

- 多角色协作机制。系统模拟大型翻译项目规范化管理流程，提供多角色协作机制，从而培养学生在翻译项目实践中多角色转换和协作能力。

- 数据安全性保障。为保证翻译数据的安全性，数据存储和翻译过程中，数据的传输均采用加密方式，保障了系统管理平台中语料库和信息传递的安全。

第二节　学生笔译教学系统平台的操作

学生通过笔译教学系统平台，可以实现选课、课件学习、作业练习、考试测评，以及查看教师对学生作业的批改反馈等操作。下面，我们就来了解一下学生笔译教学系统平台的一些基本操作。

一、登录

系统启动时，将显示如图 8.1 所示的登录界面，选择【学生】类别，输入用户名和密码，即可进入操作界面。

图 8.1　学生登录

启动雅信机辅笔译教学系统学生练习平台，学生登录系统后，在首页可以很清晰地查看是否有考试、实训、作业任务和公告上的消息，如图 8.2 所示。

图 8.2　学生辅助笔译教学系统首页

二、课程管理

学生通过机辅笔译教学系统，可以实现自我学习。

步骤 1：点击【课程管理】按钮，弹出课程管理页面。

步骤 2：点击课程管理下的【查看课程】按钮，学生可以查看到所有需要学习的课程，包括【课程名称】、【课程状态】、【开课时间】、【结课时间】，如图 8.3 所示。

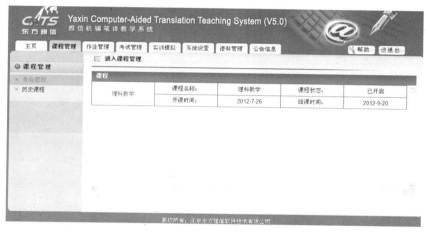

图 8.3　课程信息

若想要了解某一课程的详细信息，点击【课程名称】，进入新的页面。可以看到课程的详细介绍，课程所使用的教科书和课件；点击课件的名称可以进行下载，方便学习。

如图 8.4 所示，学生可以点击页面右侧上方的【课时】按钮来查看每一课时的简介和参考资料；点击【课程公告】按钮，可以查询教师发布的消息。

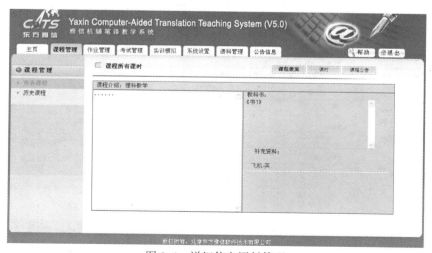

图 8.4　详细信息语料管理

如图 8.5 所示，学生可以点击【历史课程】按钮来查看已经结束了的课程。如果课程都在进行中，没有结束了的课程，则显示暂无数据无记录。

图 8.5　历史课程

三、作业管理

1. 翻译作业

学生如果要查看教师发布的作业任务，可以点击作业管理中的【翻译作业】按钮，在新页面中选择【课程选择】下拉框，查看某一课程下的作业。页面显示该课程下的所有的作业列表（作业名称、源语言、目标语言、作业状态、截止时间、翻译和校对次数），如图 8.6 所示。

图 8.6　作业列表

学生对于需要完成的作业，可以点击该作业后面对应的【翻译】按钮，进入作业翻译页面。在翻译前，点击【设置】按钮，进行作业设置。

在翻译过程中，学生可以将译文直接输入到原文后对应的译文框中，也可以点击原文，在页面下方会显示记忆库里与该句相同或相似句子的提示信息，并且会显示相应的匹配率（如图 8.7 所示）。如果学生未完成作业，可以点击【保存翻译】按钮，进行保存，可以下次继续翻译。如果学生完成全篇翻译后，可以点击【完成作业】按钮，进行提交。

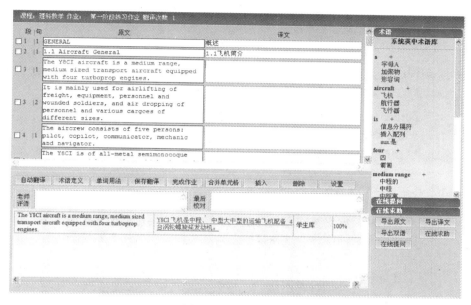

图 8.7 查看匹配率

如果学生遇到读不懂的句子，可以把光标停放在译文框的位置，此时原文呈选中状态，点击【自动翻译】按钮，在译文区会显示该句子的译文，这样就可以为其提供参考，帮助学生更好地理解原文。

学生在翻译的过程中，遇到认为需要保存的术语（学生将术语保存后，教师可以对术语进行管理，学生以后做作业时，可以查看已经保存的术语），可以点击【术语定义】按钮，将术语和译词填入弹出的术语定义框中，再点击【提交】按钮，将术语存入到学生的临时术语库中，如图 8.8 所示。

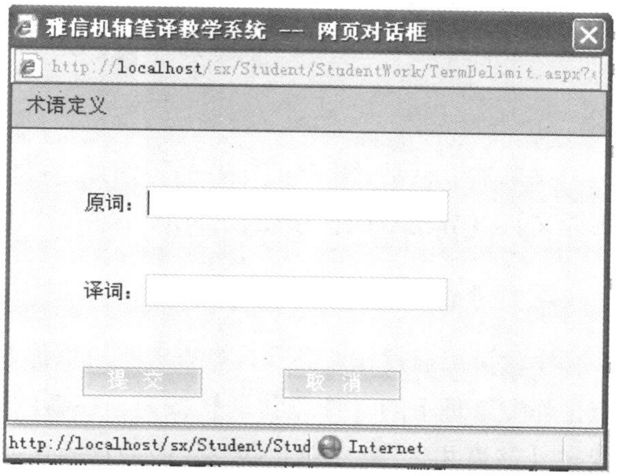

图 8.8 术语定义

　　学生在翻译的过程中，遇到不认识的单词，可以点击【单词用法】，查看此单词的用法。选择【单词】、【解释】、【双语】，在单词后的文本框中填入要查的【单词】、【解释】、【双语】。须注意，所填入要查询的单词长度应为三个字母及以上，如图8.9所示。如要查询"date"，可点击【查询】按钮，显示所有包含"date"的单词和解释。

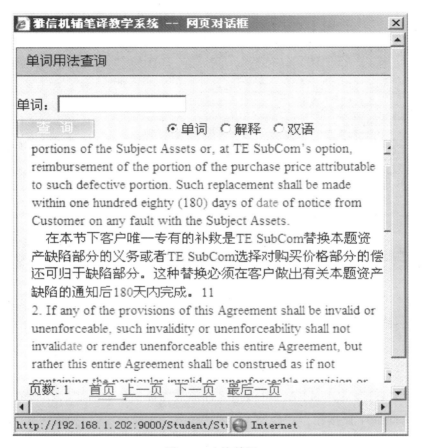

图8.9　查询单词

　　如果学生想要对自己的作业另行保存，可以点击页面右侧上面的【导出原文】、【导出译文】、【导出双语】按钮，将作业保存，以便日后使用。

　　2. 作业共享信息

　　学生可以通过作业共享信息查看某一篇作业中翻译得比较好的例句。如图8.10所示，点击作业管理下的【作业共享】按钮，在新的页面中选择课程和作业；还可以通过共享状态【整篇共享】／【单句共享】查看这篇作业下所有的例句或单句共享的例句。

图 8.10　作业共享信息

3. 提问与求助解答

学生遇到问题，可以通过【提问与求助解答】模块进行提问。学生提出的问题，会自动地反馈到教师的辅助教学平台中，这样教师就可以对学生的问题给予相应的解答。解答后，学生可以看到教师回答的内容。当然，学生也可以在线求助，这样其他的学生和教师都能看到该学生的提问，都可以作出相应的解答。

（1）在线提问解答

点击提问与求助解答中的【在线提问解答】按钮，可以查看到以往对作业提交的问题，以及是否得到教师的解答，如图 8.11 所示。

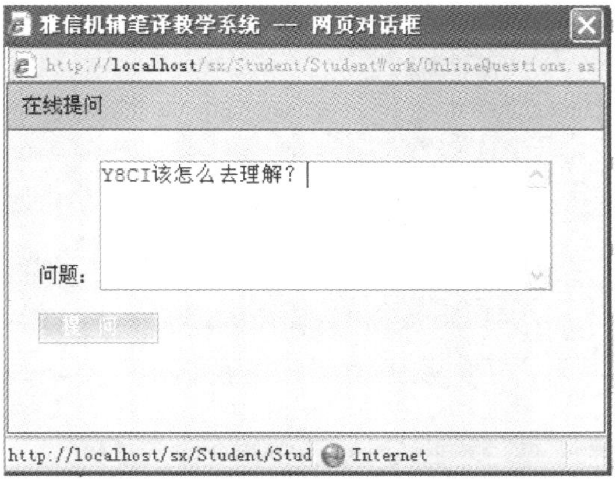

图 8.11　在线提问

269

（2）在线求助解答

点击【在线求助解答】按钮，可以查看其他学生提问的问题，可以在【我的答案】栏中，填写答案；点击【提交答案】按钮后，完成回答，如图 8.12 所示。

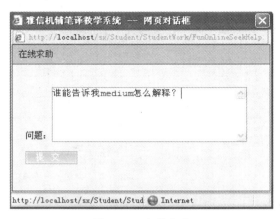

图 8.12　在线求助

4. 自我练习

学生在自我练习里点击【自留作业】，可以为自己增加一次作业练习的机会，如图 8.13 所示。

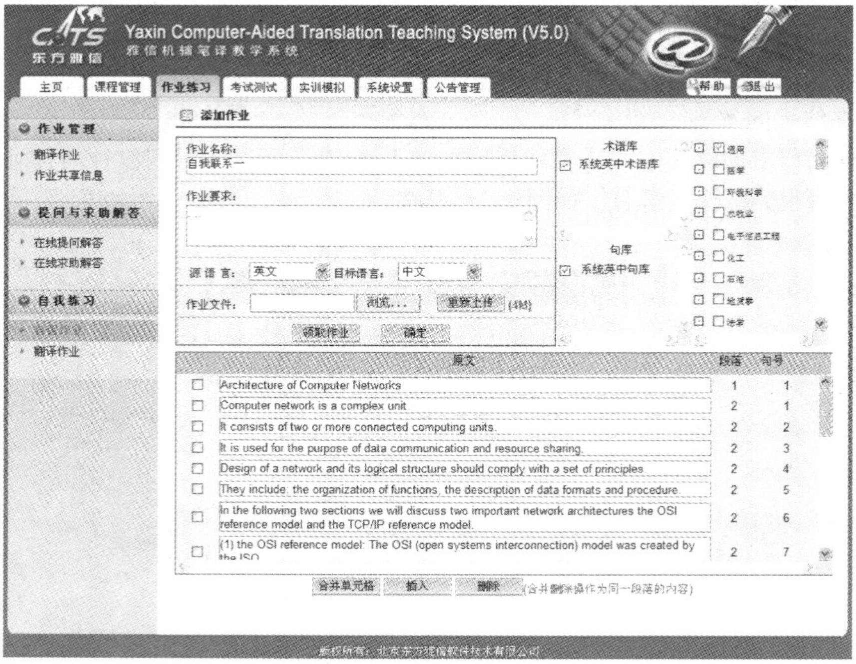

图 8.13　自留作业

进入自留作业界面后，点击自我练习里的【翻译作业】按钮，进入翻译界面进行翻译，其操作与作业练习相同。

四、考试管理

学生完成课程后，可以进行考试测试。下面我们介绍一下笔译教学系统平台的考试管理功能。

1. 查看待考

学生如果想要查看是否有需要参加的考试，可以点击考试管理中的【查看待考】按钮。如果没有，页面显示"暂无需要准备的考试科目"；如果有，页面显示待考试卷的【名称】、【所属课程】、【考试时长】、【开始时间】、【结束时间】等信息，如图 8.14 所示。

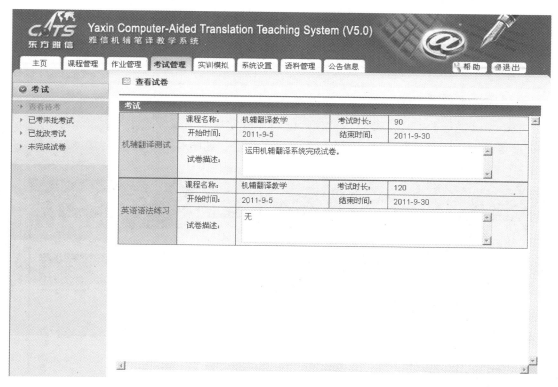

图 8.14 查看待考试卷

学生如果想要开始考试，应点击试卷的名称，进入开始考试页面。翻译完成后根据需要选择是否确定交卷，如果确认需要提交，则点击【交卷】按钮，提交试卷，如图 8.15 所示。

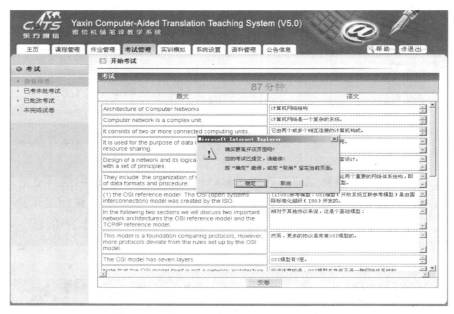

图 8.15　开始考试

2. 已考未批考试

完成考试是指学生已经参加并且教师已经评改完成的考试。点击考试管理中的【已考未批考试】按钮，页面会显示所有已考未批的试卷，如图 8.16 所示。

图 8.16　已考未批试卷

学生查看完【已考未批考试】以后，可以在【已批改考试】模块中查看教师评语及相关分数，如图 8.17 所示。

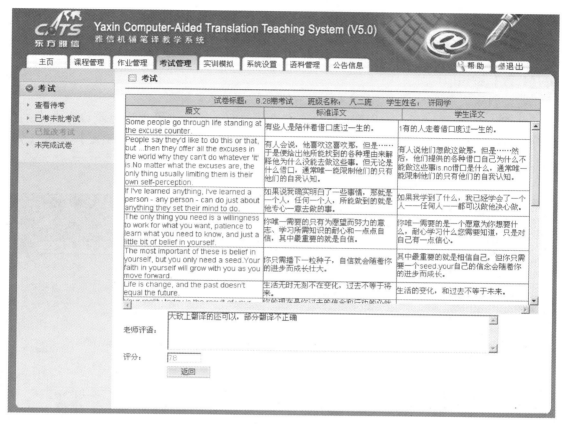

图 8.17　已批改考试

3. 未完成试卷

未完成试卷是指在考试时间结束之后所收到的试卷，学生可以查看有哪些考试没有参加。点击考试管理中的【未完成考试】按钮，如果有未参加的考试，页面同样会显示试卷的【名称】、【课程名称】、【班级名称】、【开始时间】、【结束时间】。

五、语料管理

学生可以通过系统设置来查看术语库和句库；并且可以对库里面的内容进行添加、修改、删除和设置操作。

1. 术语库管理

如图 8.18 所示，若要查找某条术语，应选择源语言和目标语言，在【查找】的文本框内填入该条术语或者该术语的某个单词字母，点击【查找】按钮，即可显示出包含该单词字母的所有术语。

若要在该系统库里添加术语，应选择源语言和目标语言，在页面显示的【术语】的文本框中填入术语，在【翻译】的文本框中填入对应的术语翻译，确认无误后点击【添加】即可。

若要修改某条术语，应点击该术语对应的【修改】按钮，该条术语和翻译就会显示在页面的【术语】和【翻译】的文本框里了，此时在文本框内修改完成后点击文本框下的【修改】按钮即可。

若要删除某条术语，则点击该术语对应的【删除】按钮即可。

此外，点击【设置】按钮可以查看该术语的专业类别，也可以进行重设专业类别。在弹出专业类别的页面，点击正确的类别进行设置，确认无误后点击【确定】即可（如图 8.18 所示）。

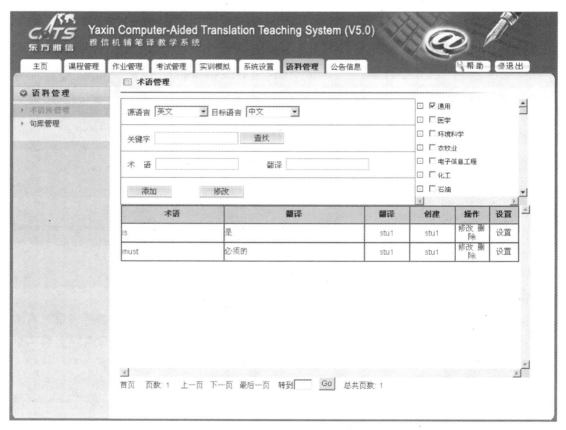

图 8.18　术语库管理设置

2. 句库管理

句库管理中的添加、修改、删除和设置操作与术语库管理操作类似，在此不再赘述。

第三节　教师笔译教学系统平台的操作

教师笔译教学系统为教师提供了一个教学管理的平台。通过本平台，教师可以完成日常的教学工作，如添加课程、上传课件、布置作业、作业评改、考试测评和实训模拟等功能；系统还提供了一些可供参考的指标，教师可以根据这些指标对作业和试卷进行评改。

一、课程管理

教师通过课程管理页面查看所有的课程信息。点击【课程管理】按钮，弹出课程管理的页面。

1. 进行中课程

如图 8.19 所示，教师如果要查看所有已经安排的课程，可以点击课程学习窗口中的【进行中课程】按钮，页面中显示所有已经安排的课程信息，包括课程名称、状态（课程是否已经开启）、开课时间、结束时间、所属班级。

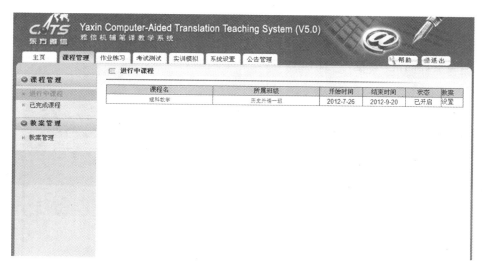

图 8.19　进行中课程设置

未开启的课程是指该课程已经制定好但还没有开课。如果需要开启该课程，可以点击未开启的课程名称，此时会弹出提示开启该课程的窗口，如图 8.20 所示，后续操作如下：

步骤 1：点击【确定】按钮，进入【课程管理】的页面。

步骤 2：点击【进行中课程】按钮，弹出页面后点击【选择教案】的下拉框，可以为该课程配置教案，将课程状态选为开课。

步骤 3：点击【确认修改】按钮，完成开启操作。

步骤 4：点击【返回】按钮，返回上一页面。

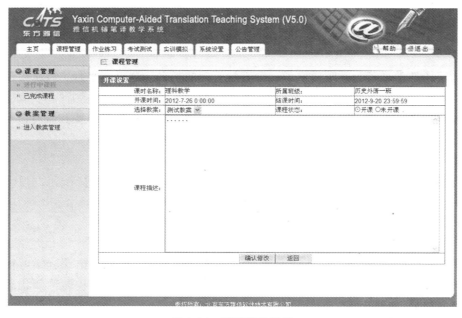

图 8.20　课程信息设置

教师如果需要查看详细的课程介绍、课程所用教科书以及课程所用课件，只需点击已开启的课程名称即可，如图 8.21 所示。

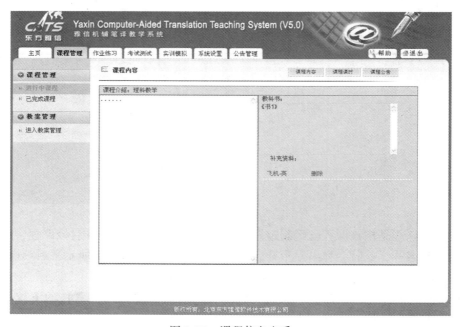

图 8.21　课程信息查看

2. 已完成课程

教师如果要查看已经授完的课程，点击课程学习窗口中的【已完成课程】按钮，页面会显示所有已经完成的课程信息。

二、教案管理

教案是教师授课最重要的工具之一。接下来我们来了解一下笔译教学系统平台的教案管理操作。

步骤 1：如图 8.22 所示，点击【进入教案管理】按钮。

步骤 2：根据需要添加教案，在页面中填入教案名称、教案简介。

步骤 3：点击【添加】按钮，完成添加操作。

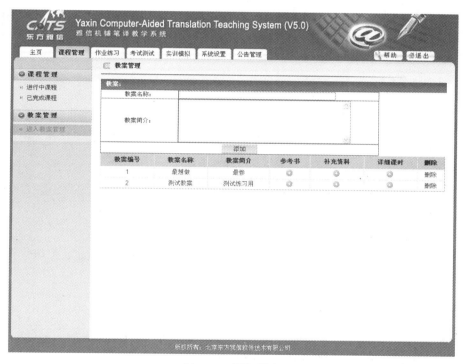

图 8.22　添加教案

教师若要为教案添加参考书，可以点击参考书下的⊕图标，进入添加参考书页面。填入书籍名、出版社和描述，点击【确定】按钮，完成添加操作。如果想要修改已填加的参考书，可以点击详细信息下的⊕图标，在修改页面中修改完成后，点击【修改】按钮，完成修改操作。如果想为教案添加补充资料和详细课时，则点击对应的⊕图标，进入页面添加即可，如图 8.23 所示。

图 8.23 添加书籍

三、作业管理

在笔译教学系统平台中，教师可以通过作业练习页面完成布置作业、批改作业、查看历史作业等操作。

1. 添加作业

如图 8.24 所示，教师如果需要布置新的作业，可以执行以下操作：

步骤 1：点击作业管理中的【添加作业】按钮，填入作业名称等信息。

步骤 2：点击【浏览】按钮，选择作业文件后，点击【上传】。

步骤 3：点击【确定】按钮，完成操作。

步骤 4：选择班级、课程、发布状态（选择发布，学生就可以做该篇作业；选择不发布，学生就暂时看不到该篇作业信息），在下面对作业进行挂库（库设置分为术语库和句库，另外对于术语库和句库，分别设置了不同的专业类型），这样学生在做作业时，可以查看库里相关的信息；同时教师可以对作业进行权限设置（如图 8.25 所示）。

步骤 5：点击【确定】按钮，完成作业添加操作。

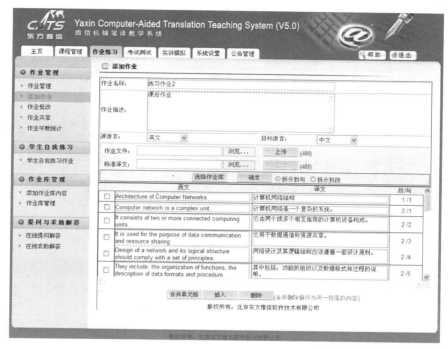

图 8.24 添加作业

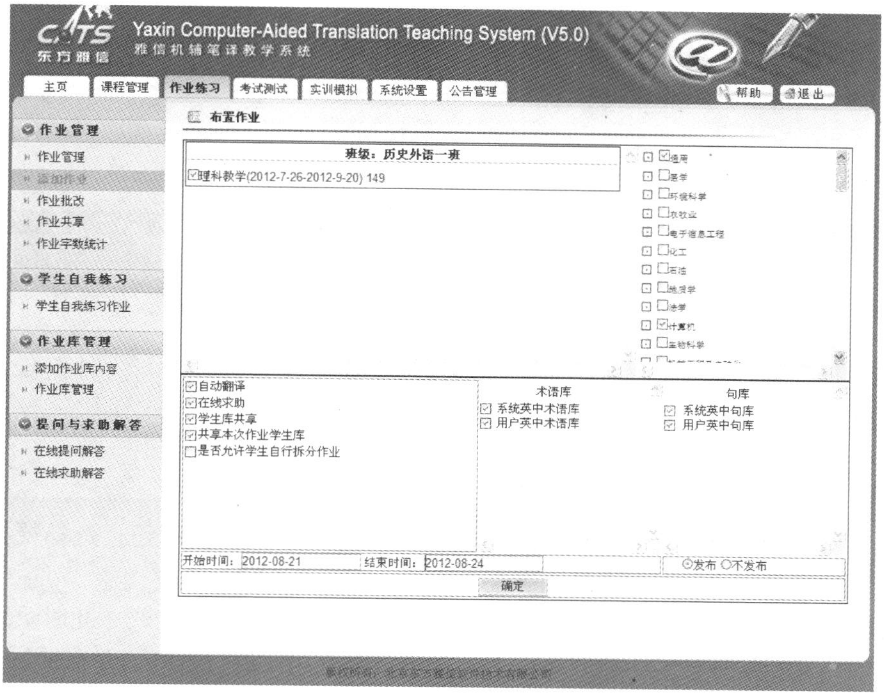

图 8.25 作业设置

2. 作业管理

如图 8.26 所示，教师如果要查看已经布置过的作业，可以点击作业管理中的【作业管理】按钮，选择所要查询的班级和课程下的作业。通过发布状态，查看已发布和未发布的作业（已发布是指学生可以做的作业，未发布是指作业已经布置好，但是学生还不能看到作业信息）。

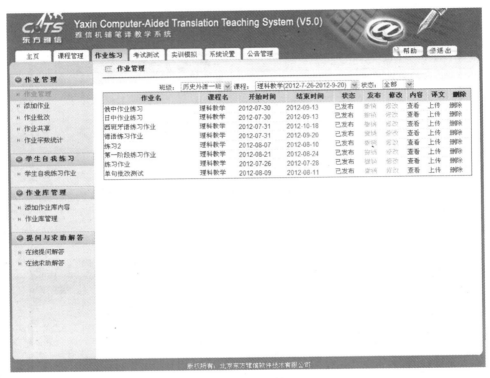

图 8.26　作业管理

如果作业没有上传译文，教师可以点击译文下面的【上传】进行文件上传；同时也可以对作业进行【发布】、【查看】、【修改】以及【删除】操作。

3. 作业批改

教师如果要批改作业，可以点击作业管理中的【作业批改】按钮，选择要批改的班级和课程下的作业名称，通过选择状态查看作业，如图 8.27 所示。

如图 8.28 所示，点击【批改】按钮，教师可对学生作业进行批改。此时页面会显示原文、标准译文和学生译文，教师可以参考标译对学生作业进行批改，并在批注列表中填写对学生作业的批注和分数；还可以对学生的作业给出整体的评语，并且可以用【计算平均值】进行分数的计算。

图 8.27 批改作业

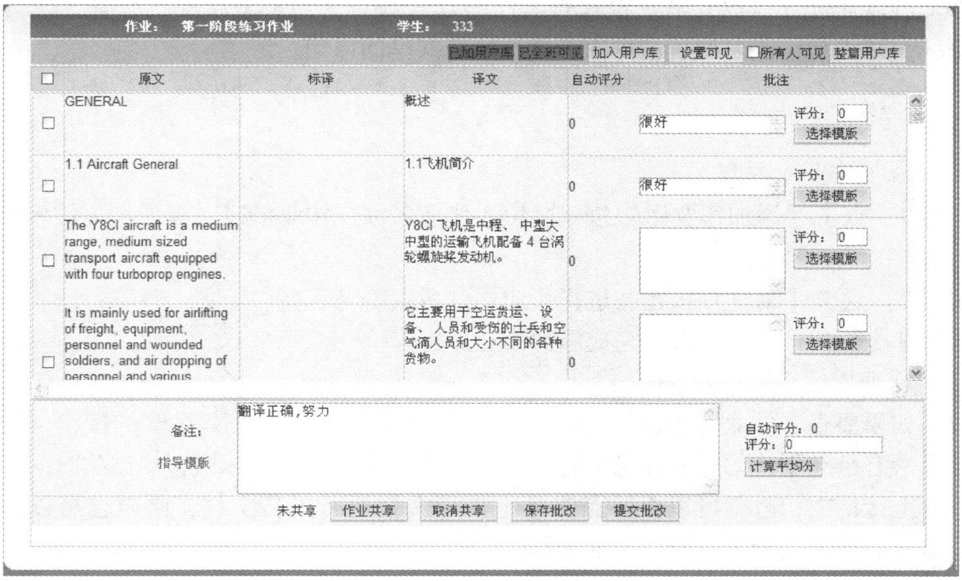

图 8.28 批改作业

　　此外，教师还可以在学生自我练习里查看到学生自己给自己留的练习作业，如图 8.29 所示。

图 8.29　学生自我练习作业

4. 作业共享

教师可以通过【作业共享】模块查看所有已经设置为所有人可见的作业。选择要查看的班级、课程和作业名称后，页面会显示所有共享的语句。

5. 作业库管理

（1）添加作业库内容

步骤 1：点击【添加作业库】按钮，填入作业名称、作业描述、源语言、目标语言等信息。

步骤 2：点击【浏览】按钮，选择作业文件后点击【上传】。

步骤 3：点击【确定】按钮完成添加作业库操作。

（2）作业库管理

教师如果要查看作业库中创建的所有作业，可以点击【作业库管理】按钮，此时页面会显示所有已经创建的作业信息，包括作业名称、源语言、目标语言、创建时间；如果作业没有上传译文，教师可以直接点击【上传译文】进行上传文件，同时也可以直接布置作业以及对作业进行查、删、改的操作。

四、提问与求助解答

1. 在线提问解答

点击提问与求助解答中的【在线提问解答】按钮，可以查看到学生对作业提交的问题，教师可以进行解答。

2. 在线求助解答

点击提问与求助解答中的【在线求助解答】按钮，可以查看学生提问的问题；在【我的答案】栏中，填写答案；点击【提交答案】按钮，完成回答。

五、考试测试

教师可以通过考试测试页面安排考试和评改试卷，完成对学生阶段性学习情况的检测。

1. 添加试卷

如图8.30所示，教师如果要添加试卷，可以执行如下操作：
步骤1：点击考试管理中的【添加试卷】按钮，在页面中填写试卷名称、介绍、时长、分数。
步骤2：点击【浏览】按钮，在弹出的窗口中选择要上传的试卷文件。
步骤3：选择好文件类型后，点击【确定】按钮，完成试卷添加的操作。

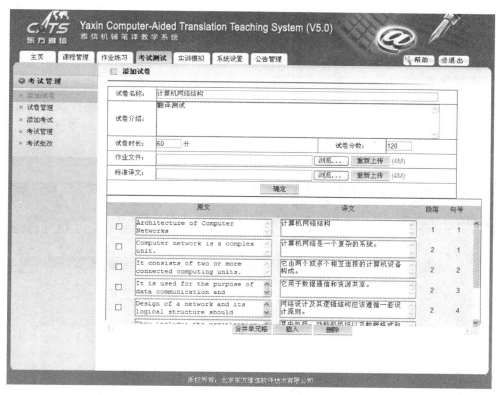

图8.30　添加试卷

2. 试卷管理

教师可以通过试卷管理模块，查看所有的试卷信息，并可以对试卷的信息进行修改等操作。点击考试管理中的【试卷管理】按钮，在页面中显示所有的试卷名称、介绍、试卷时长和分数等信息；同时教师可以对试卷进行【修改】、【查看】、【删除】等操作，如图 8.31 所示。

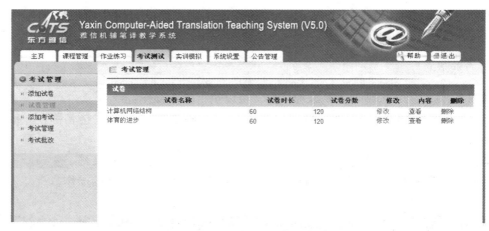

图 8.31 试卷管理

3. 添加考试

教师可以通过考试管理模块中的【添加考试】对学生进行考试检测。点击【添加考试】，在页面中选择好要检测的班级和课程；选择试卷和发布状态，填写考试时长、分数等信息后，点击【确定】完成添加，如图 8.32 所示。

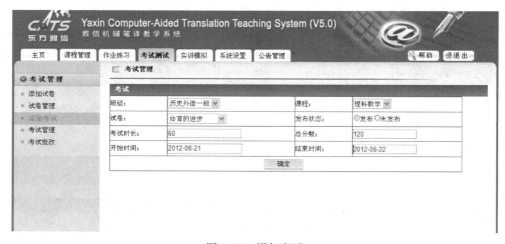

图 8.32 添加考试

4. 考试管理

教师可以通过考试管理查看和修改所有的考试。点击【考试管理】，页面将显示所有的考试信息（试卷名称、班级、课程、时长状态等）。教师也可以点击【撤销发布】来暂停考试，点击【修改】按钮，对考试进行【修改】，同时还可以点击【删除】按钮对文章进行删除操作，如图8.33所示。

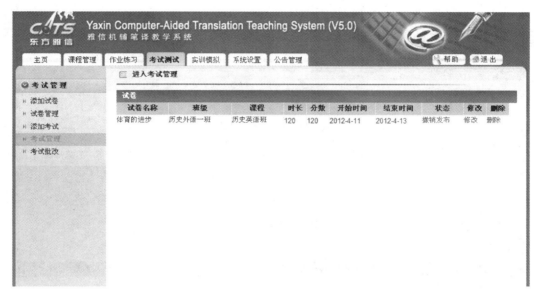

图8.33　考试管理

5. 考试批改

教师如果要对试卷进行批改，可以点击考试管理中的【考试批改】按钮，页面中包含进行中试卷和已考完试卷。点击页面中的【进行中试卷】按钮，查看正在进行考试的试卷。如果想要查看某一试卷的完成情况，可以将鼠标放在相应试卷行中点击，弹出显示正在做该试卷的学生列表，列表中显示是否做完的状态。如果有学生完成，则点击学生姓名进入试卷进行评改。

教师可以将试卷评语写在【教师评语】栏中，在【评分】栏中填写试卷分数（点击【评分】栏后【指导模板】，提示分数的填写要求）；点击【提交】按钮，完成评改操作。如图8.34所示。

点击查看考卷页面中的【已考完试卷】按钮，页面显示所有已经考完的试卷信息。

如果要查看某一试卷的完成情况，将鼠标放在相应试卷行中点击，弹出显示该试卷下的学生列表，列表中显示学生姓名、班级、状态。

如果状态中显示"未交"或"正在做"，则点击学生姓名行时，页面会弹出提示窗口。

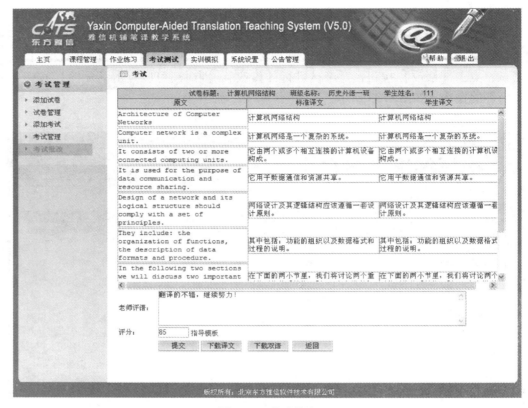

图 8.34 考试批改

如果状态中显示"已评改",教师可以点击学生姓名行进行查看;如果状态中显示"未评改",老师可以点击学生姓名行进行评改。

六、语料管理

语料管理可分为:术语库管理、句库管理、学生术语库备份、学生句库备份、术语库导出和句库导出等功能模块。

1. 术语库管理

系统将术语库分为三大类,分别是系统术语库、用户术语库和错误术语库。用户术语库和错误库是教师添加的,教师可以对这两个库进行查看,也可以进行添加、修改、删除和专业设置等操作。而系统术语库教师只能查看,不能进行添加修改等操作。

2. 句库管理

系统将句库分为三大类,分别是系统句库、用户句库和错误句库。用户句库和错误句库是教师添加的,教师可以对这两个库进行查看,也可以进行添加、修改、删除和专业设置等操作。而在系统句库中教师只能查看，不能进行添加修改等操作。

教师笔译教学系统平台中，句库管理的查找、添加、修改、删除和设置操作与学生笔译教学系统平台管理操作类似，在此不再赘述。

3. 学生术语管理

教师可以根据要求选择源语言、目标语言和关键字查询临时术语库中学生添加的术语，如果术语正确，教师可以将其转到用户术语库中，也可以对术语进行批量删除，如图8.35 所示。

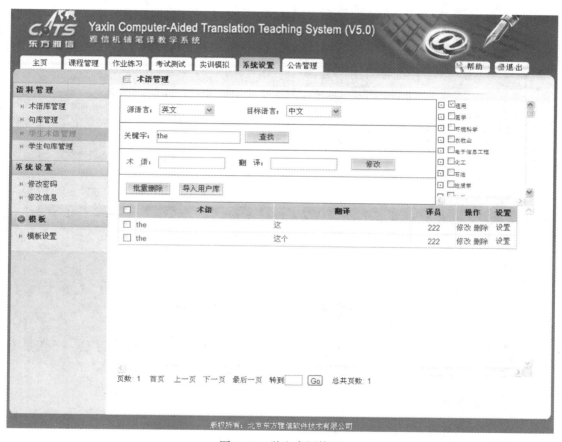

图 8.35　学生术语管理

4. 学生句库管理

教师可以查询临时句库中学生添加的句子。如果句子正确，教师可以将其转到用户句库中，如图 8.36 所示。

此外，教师还可以在笔译教学系统平台中执行系统设置、模板设置、添加班级公告等操作，在此不再赘述。

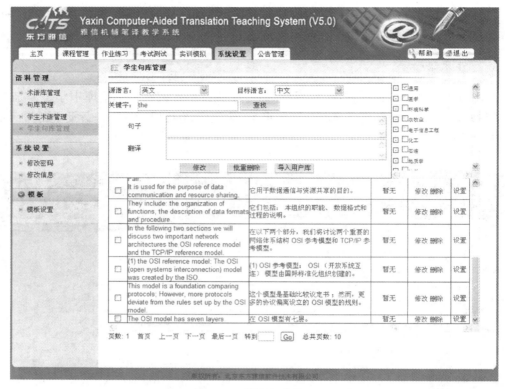

图 8.36　学生句库管理

第四节　雅信项目实训子系统的操作

雅信项目实训子系统能够用于项目管理、翻译和审校，下面我们就来了解一下该系统的主要操作和工作流程。

一、项目管理

1. 创建项目

教师如果要创建新的实训项目，其操作步骤如下：

步骤 1：点击【创建项目】按钮，此时会弹出添加项目页面。

步骤 2：填入项目名称、源语言、目标语言、开始时间、结束时间、项目描述。

步骤 3：选择行业类别。

步骤 4：选择项目经理及成员。请注意：教师可以指定学生为项目经理（如图 8.37 所示），设定小组成员；也可以指定自己为项目经理（如图 8.38 所示），对实训进行操作。我们以教师自己为项目经理为例，点击【确定】按钮。

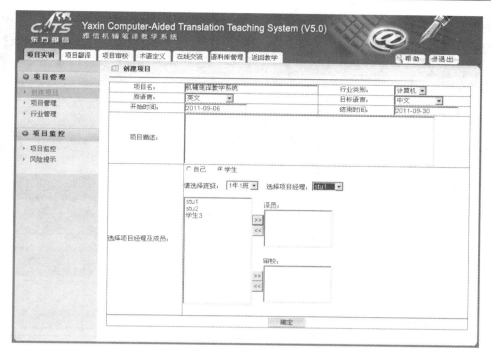

图 8.37 创建项目（设定学生为项目经理）

图 8.38 创建项目（设定自己为项目经理）

步骤 5：点击【确定】之后会跳转到项目文件添加的界面，如图 8.39 所示，点击下拉框选择要上传的文件类型，然后点击【浏览】选择要添加的文件，完成之后点击【上传】，在下面就会显示出上传文件的内容，并且逐句罗列出来，我们可以对这些句子进行【合并单元格】操作，把同段里的句子进行合并，也可以根据需要点击【插入】，执行插入一个空的单元格；还可以点击【删除】进行删除单元格。

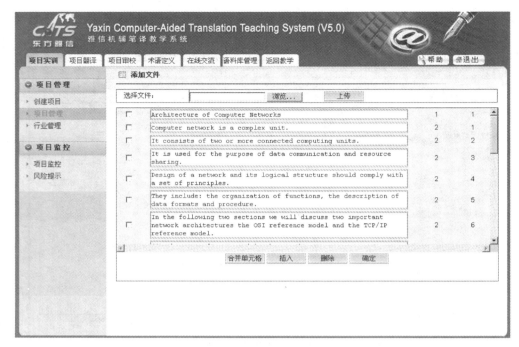

图 8.39 上传文件

步骤6：上传文件操作完成后，点击【确定】按钮，这样一个项目就创建完成了。此时，通过点击【项目管理】，可以查看到创建的项目（如图8.40所示）；通过点击【项目选择】，可在下拉框中选择项目状态【未启动项目】、【进行中项目】、【已完成项目】以及【强制执行的项目】，同时项目经理在项目管理中【启动】实训项目。新建项目启动成功后，状态中显示为"进行中"，此时教师也可以对项目进行【项目管理】、【取消启动】操作；如果教师要结束这个项目，可以点击【强制结束】按钮。

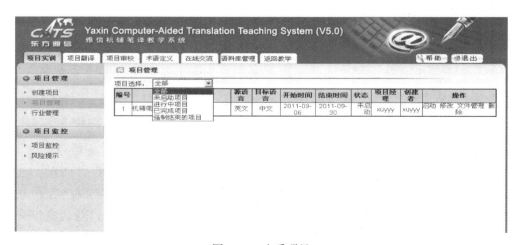

图 8.40 查看项目

步骤 7：点击右侧选项中的【项目管理】按钮，跳转界面。此时项目经理就可以对项目进行【预翻译】、【术语定义】、【项目拆分】、【团队建设】、【项目分配】等操作，如图8.41 所示。

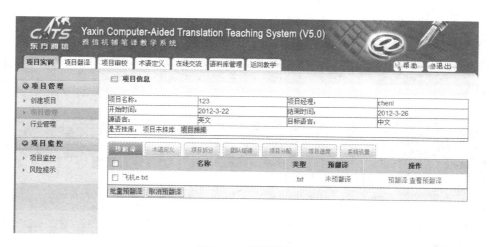

图 8.41　项目管理

需要注意的是，在完成上述操作前，还须进行挂库设置，如图 8.42 所示。点击【项

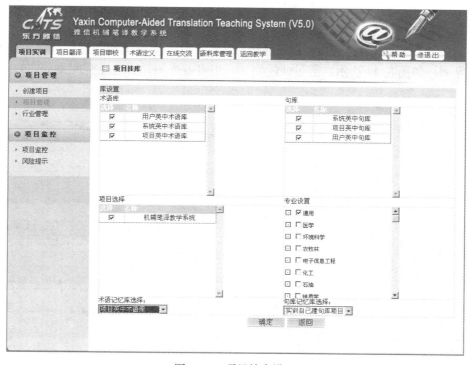

图 8.42　项目挂库设置

目挂库】，根据需要勾选预翻译所需要的记忆库、句库、专业，然后点击【确定】按钮，完成挂库。如果点击【返回按钮】，则会返回到预翻译界面。同时，项目经理还可以点击【查看挂库】按钮，查看所挂载库的设置情况。

2. 系统设置

项目库设置完成后，可以对系统的 CAT 功能进行设置，如图 8.43 所示。

步骤 1：点击【系统设置】按钮，对【匹配率】、【CAT 提示条数】、【术语最大长度】进行设置。

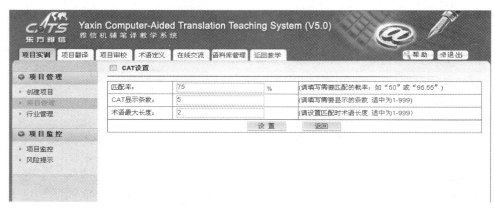

图 8.43　CAT 设置

步骤 2：设置完成后，选择要翻译的项目文件名称，点击【预翻译】按钮，进行文件预翻译界面，如图 8.44 所示。通过匹配率，可以查看库中是否已经有此类文件的译文。

图 8.44　项目预翻译

步骤 3：选择句库、项目库和专业后，输入匹配率，点击【开始】按钮，进行预翻译。

步骤 4：预翻译完成后，点击【创建入库】按钮，将项目文件写入选择的句库。

3. 术语定义

在项目翻译开始前，项目经理还需要对术语进行定义。如图 8.45 所示，通过点击【术语定义】按钮，可以选择要定义术语的项目文件；通过点击【术语提取】按钮，可以在弹出的窗口中进行术语分配设置，设定术语提取人员（只能选择团队审校人员）；还可选择需要的术语库名称、实训项目名称、专业设置。

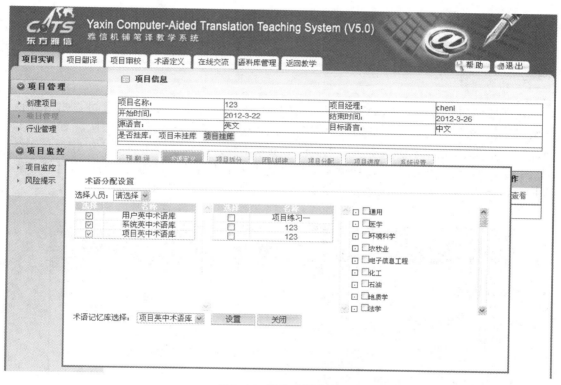

图 8.45　设定术语分配

4. 项目拆分

术语提取完成后，项目经理需要对文件进行拆分，即：将文件拆分为相应的份数，分发给学生练习。如图 8.46 所示，选中相应文件后，选择【项目拆分】，进入拆分页面；可根据统计的总字数，设置每份的字数，从而进行拆分。

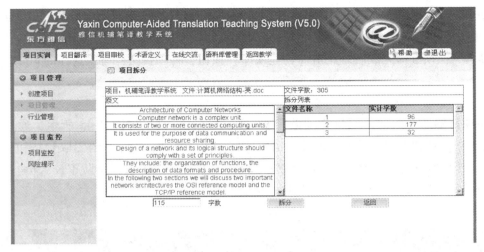

图 8.46　拆分文件

5. 团队组建

在【团队组建】中，教师可以进行【译员管理】和【审校管理】。通过点击【团队成员组建】，可以进行团队人员的组建工作。如果教师指定自己组建项目团队（如图 8.47 所示），可以直接指定教师或本班学生担任议员或审校；如果教师指定学生组建项目团队（如图 8.48 所示），可以点击【译员邀请】邀请本班学生担任项目译员，再点击【审校邀请】邀请本班学生担任项目审校。等被邀请人接受之后，即可完成团队组建工作。

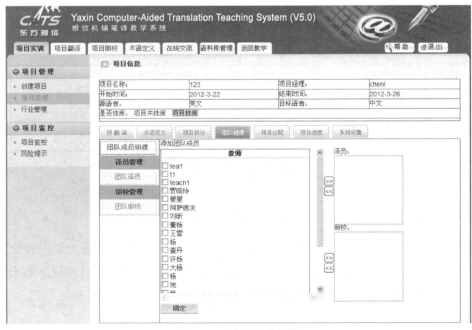

图 8.47　教师组建团队

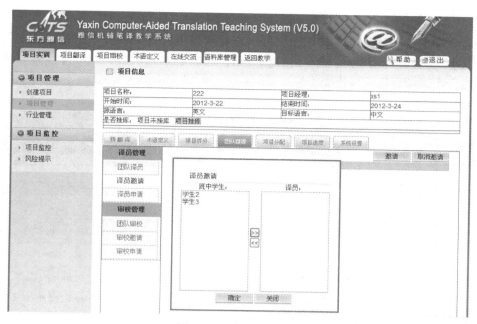

图 8.48　学生组建团队

6. 项目分配

如图 8.49 所示，点击【项目分配】按钮，选择对应文件后的【分配】操作，进入分配页面。设定译员和翻译截止时间后，再设定校对人员和校对截止时间；完成设置后，点击【确定】按钮。

图 8.49　项目分配

7. 项目进展

项目经理点击【项目进度】按钮，可以查看项目进展（如图 8.50 所示）。此时会出现【原文】、【翻译内容】、【校对内容】等信息。在确认无误后，点击【项目完成】按钮。此时，实训项目已完成提交。

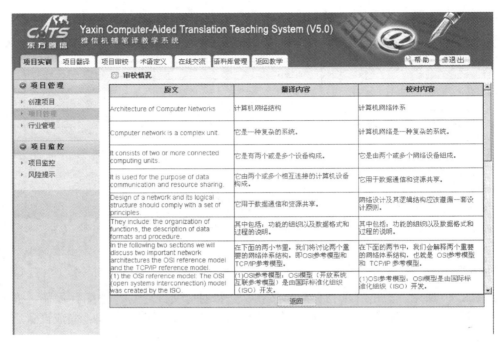

图 8.50　项目进展查看

8. 行业管理

项目经理在行业管理中可以对系统中的行业进行添加、修改和删除等操作。

9. 项目监控

通过点击【项目监控】选项，项目经理可以对项目的【预翻译】、【术语定义】、【项目拆分】等功能进行查看。

10. 风险提示

通过点击【风险提示】选项，项目经理可以对选择项目的各项信息进行查询。

二、项目翻译

1. 项目翻译

项目分配完成之后，由项目经理指定的译员在【项目翻译】模块中进行翻译，此时可根据检索条件查找需要操作的项目，选择对应的文件后点击【进入】按钮，进入待翻译项目界面，如图 8.51 所示。

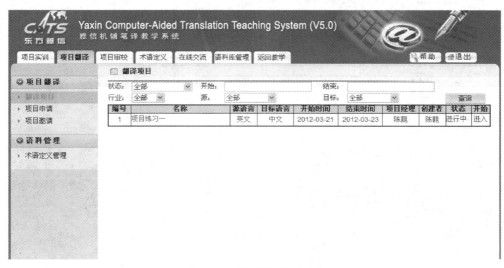

图 8.51 待翻译项目界面

此时译员可以看到该项目所有需要翻译的文件，每个文件后面都有【翻译】、【查看】以及【下载】等功能按钮（如图 8.52 所示）。选择要翻译的文件，点击该文件后的【翻译】按钮，进入到翻译界面。

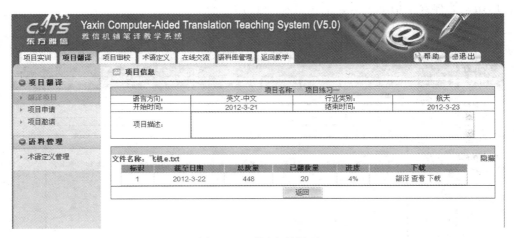

图 8.52 项目文件界面

在此界面下（如图 8.53 所示），译员可以在文件中执行【全选】、【撤销】、【术语定义】、【自动翻译】、【保存】、【提交翻译】等功能的操作；同时数据库中翻译过的文件在界面下方也会出现原文、译文和匹配率等信息，界面右侧有当前翻译句段的术语提示以供参考。翻译完成之后，对文件进行勾选，点击【提交翻译】按钮。

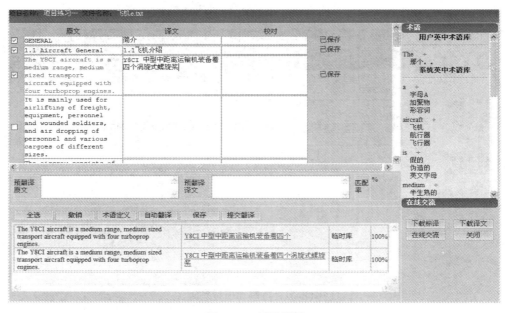

图 8.53 项目翻译

2. 项目申请

对于翻译项目，译员也可以申请参与该项目的翻译。如图 8.54 所示，点击【项目申请】按钮，选择要申请的项目，点击【申请】按钮即可。

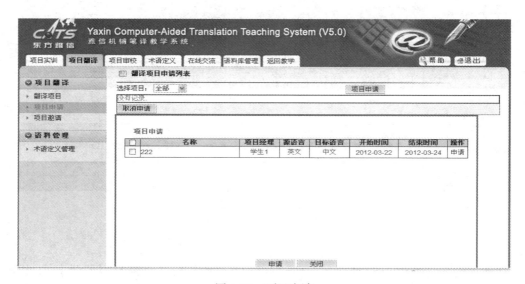

图 8.54 项目申请

3. 项目邀请

翻译项目中，译员有时也会收到项目经理的邀请。如图 8.55 所示，此时译员在项目邀请界面会看到邀请信息，点击该项目后的【接受】按钮，即可加入该项目进行翻译工作。

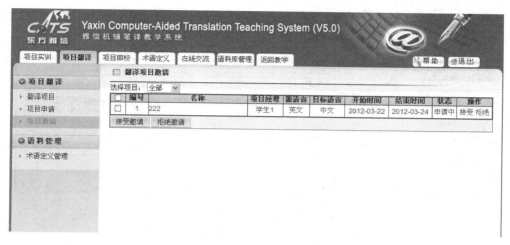

图 8.55 项目邀请

三、项目审校

在完成翻译之后，项目经理会指定审校人员进行审校，在【项目审校】模块中，选择要审校的项目后的【进入】按钮，如图 8.56 所示。

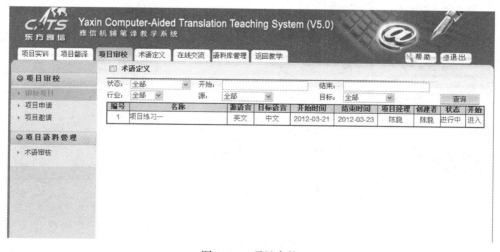

图 8.56 项目审校

进入该项目之后，会显示该项目需要审校的文件。此时作为项目组中的审校人员，应选择对应文件后的【校对】按钮，进入校对界面，如图 8.57 所示。

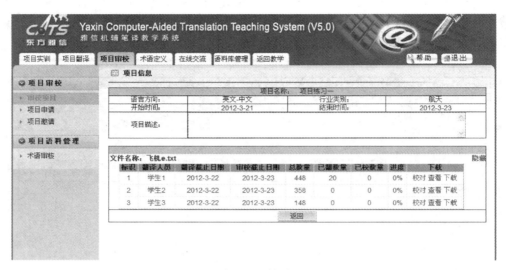

图 8.57　校对

进入审校界面后，审校人员就可以对文件进行【全选】、【撤销】、【驳回】、【术语定义】、【保存】、【提交】、【在线交流】、【关闭】等操作了（如图 8.58 所示）。审校完成之后，对文件进行勾选，点击【提交】按钮，结束审校工作。

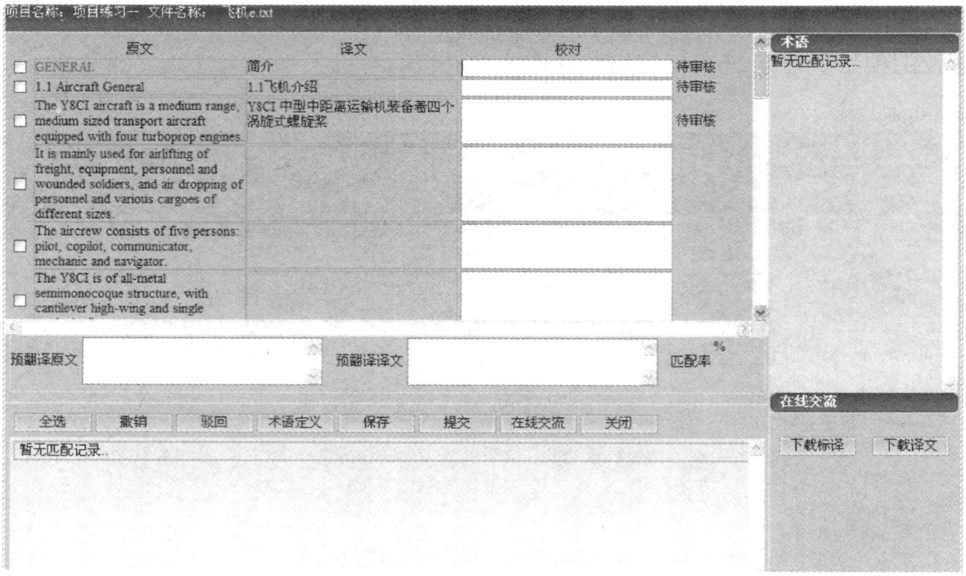

图 8.58　项目审校

以上我们介绍了雅信项目实训子系统的项目管理、翻译和审校功能和操作步骤。除此之外，雅信项目实训子系统还具有术语定义、在线交流和语料库管理功能，限于篇幅，我们不再一一介绍。

最后需要说明的是，上述我们主要是对教师实训系统的基本操作进行了演示；实际上，雅信项目实训子系统还包括学生实训系统。学生实训系统的操作步骤与教师实训系统基本相同，但要注意的是：在教师实训系统中，教师可以指定某学生、教师以及自己对文档进行翻译和审校；而学生只能通过邀请来确定翻译人员和审校人员。

本章小结

在本章中，我们主要从学生笔译教学系统、教师笔译教学系统和雅信项目实训子系统三个专题对雅信机辅笔译教学系统的主要功能和基本操作作了介绍。雅信机辅笔译教学系统是一套适合于辅助翻译（尤其是笔译）教学的系统，具有较强的针对性和实战性，无论是教师还是学生，都能从模拟实战中获益。

思考与练习题

1. 简述雅信机辅笔译教学系统的主要特色。

2. 在学生笔译教学系统平台中，学生在翻译过程中遇到术语如何对其进行术语定义？

3. 在教师笔译教学系统平台中，什么是未开启的课程？如果需要开启该课程，需要进行哪些操作？

4. 在教师笔译教学系统平台中，教师如何完成添加作业、批改作业和查看历史作业的操作？

5. 教师如果要在雅信项目实训子系统中创建新的实训项目，其操作步骤如何？

第九章　火云术语入门

术语管理对翻译项目的质量保证具有举足轻重的作用。美国词汇/术语资源分享联盟（Lexical/Terminological Access Consortium，LTAC）负责人、美国翻译协会干事、国际译联技术委员会主席 Alan Melby 教授在其《机器翻译·翻译之鼎》（*Machine Translation：The Translation Tripod*）一文中指出，从事一项翻译工程就像坐在一个三足之鼎上工作一样，这三足分别代表源语文本（source text）、翻译要求（specification）和术语系统（terminology），三者缺一不可，否则整个翻译工程就会坍塌。术语的重要性由此可见一斑。（王华树，2013）

在本章，我们将对一款集术语管理、查词、术语共享、术语标注等翻译辅助类功能于一体的免费翻译辅助软件——火云术语的主要功能与基本操作进行介绍。①

第一节　火云术语简介

一、概述

火云术语不仅仅是一本专业词典，它是一个由各个终端用户一起打造的、全新的翻译术语云分享数据库。它面向语联网②和互联网上的翻译行业用户，多方用户在火云术语上收集和管理术语，建立属于个人的术语库，并通过分享术语库大大提高云翻译的效率，最终辅助用户提高翻译工作效率。

目前火云术语云端术语库支持 56 个语种的术语管理，当前管理术语超过 2000 万条，覆盖行业 200 多个，数量和覆盖范围还在持续增加中，是国内最大、最全的专业云端术语库之一。

二、火云术语主要功能板块

火云术语的主要功能如图 9.1 所示，在后面的章节我们会对其主要功能进行详细介绍。

---

① 本章内容基于传神（中国）网络科技有限公司研发中心产品部提供的《火云术语操作手册》修订而成，特致谢忱。

② 语联网（简称：IOL，全称：The Internet of Language）是实现快速无障碍沟通的多语智慧网络，是开放的新一代第四方服务平台，通过对资源、技术和服务能力的有机整合来满足市场需求。语联网是语言技术、翻译技术以及云计算技术和社会化网络（SNS）模式的集成和扩展，通过嵌入式和传感等模式实现即时的按需服务。

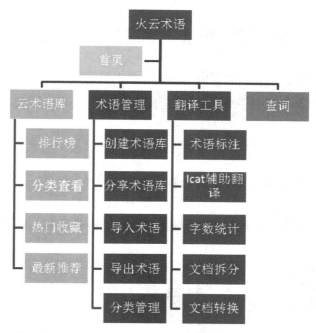

图 9.1 火云术语主要功能板块

三、客户端界面首页

火云术语客户端的首页主要起功能导航和提示最近更新的作用，如图 9.2 所示。

图 9.2 火云术语界面总览

第二节　登录、注册与找回密码

译员如果在使用火云术语的过程中不注册登录，只能使用最基本的查词和本地术语管理功能；如果需要收藏和使用他人分享的术语库，并享有火云术语的全部功能，则需要登录后才能使用。

一、注册

注册的方法主要分为以下几个步骤，如图 9.3 所示。

步骤 1：鼠标悬停在"登录"上，在下拉框中选择【注册】。

步骤 2：填写注册邮箱，输入密码，即可拥有语联网通行证，可以完整地使用火云术语 Pitaya 的全部功能。

图 9.3　注册

这里有几点需要指出：邀请码为非必填项；如果不注册也可使用火云术语 Pitaya，但只能使用本地术语，并且无法收藏和使用其他用户的术语。此外，使用第三方账号（如 QQ 和新浪微博账号）可直接登录使用，如图 9.4 所示。

二、登录

译员在使用的过程中只要输入正确的用户名和密码即可登录。目前支持用户包括注册邮箱和昵称。语联网账号可以直接登录，如图 9.5 所示。

图 9.4　第三方登录（QQ）

图 9.5　登录

三、找回密码

如果译员的火云术语账户密码遗失，可以通过邮箱找回密码，步骤如下：

步骤1：译员在图9.5所示登录框中点击【忘记密码】，即可进入找回密码页面，如图9.6所示。

步骤2：按照找回密码页面的说明，填入注册时使用的邮箱地址，系统会将密码重置链接发送到指定邮箱内。

步骤3：译员进入邮箱，打开火云术语发来的密码重置邮件。点击链接进入密码重置页即可重新设置密码。密码设置完成后，新密码即刻生效。译员可凭新密码登录火云术语。

图9.6　找回密码页面

第三节　查　词

火云术语查词功能集成多本词典一次查询，同时语联网也为译员提供了专业词汇，可以随时使用。

在未登录火云术语软件的情况下，译员可在软件首页使用查词功能，默认语言方向为中英互译，可随时点击修改语言方向，输入要查询的单词即可进行查词，如图9.7所示。

图 9.7 查词框与语言选择

当译员登录火云术语软件时，火云术语会激活更为强大的查词功能。在查词显示页面，火云术语优先显示译员上传或收藏过的术语库中的释义。若译员的术语库中没有该词的释义，系统将为其推荐其他用户分享的术语释义，译员可点击推荐术语库进行收藏。图 9.8、图 9.9、图 9.10 均为查词结果页面截图。

图 9.8 查词结果 （1）

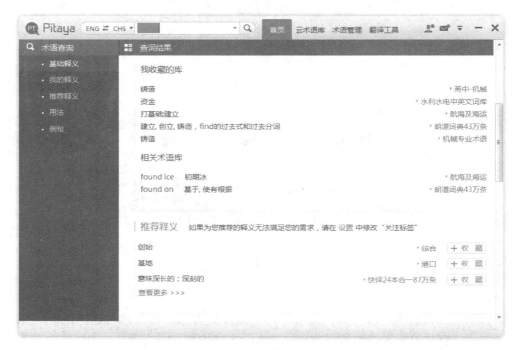

图 9.9　查词结果（2）

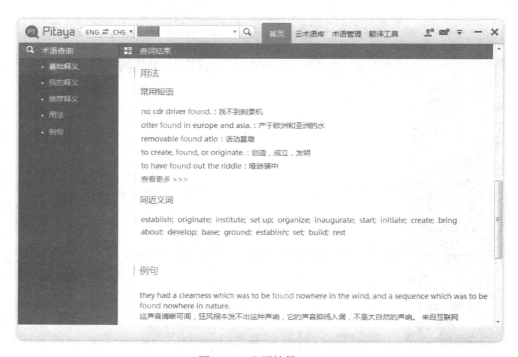

图 9.10　查词结果（3）

第四节　个人中心

一、用户信息

译员点击 图标下的用户昵称，可以进入"个人中心"。在这个目录下，译员可以随时修改昵称、性别、签名等信息，还可以进行第三方账号的绑定/解绑，如图 9.11 所示。

图 9.11　用户信息修改

二、密码修改

有时出于网络安全考虑，译员会对密码进行修改，点击图 9.11 所示页面左侧菜单栏的"密码修改"，即可进入图 9.12 所示界面，此时输入旧密码，并设置新密码，确认密码后，点击【保存】，即可完成对密码的修改。

图 9.12　密码修改

三、个性设置

为了更好地使用 Pitaya 火云术语，建议译员第一次使用时在图 9.13 所示界面下设置如下内容：

图 9.13　个性设置

步骤 1：点击 ![icon] 图标，在下拉菜单中选择"个性设置"，进入个性设置页面。

步骤 2：设置"母语"和"擅长语言"。"母语"只能选择一种，默认为简体中文；"擅长语言"为非母语的其他语种，最多选择三个语种。完成选择后，语种自动添加到下框中显示，可以随时点击"×"进行删除。

步骤 3：设置"关注标签"。译员可以直接从"推荐标签"中选择添加，也可以在标签输入框中自定义输入，以"，"、"；"、"回车"结束输入，最多可以添加 15 个标签。标签一般为感兴趣的行业方向，例如：金融、外贸、计算机通信技术等。

四、小组分享

译员可以自由定义分享"小组"，即指定小组成员和需要分享的术语库，小组成员在分享有效期内可获得该术语库的使用权（查询和标注等功能），其他用户是看不到的，如图 9.14 所示界面。小组分享的具体步骤如下：

图 9.14　小组分享界面

步骤 1：在"选择用户"搜索框中输入要分享用户的昵称或用户名（注册邮箱），在下方搜索结果用户列表中选中指定用户，即可将用户添加到"已选择用户"中，允许同时添加多个用户。

步骤 2：在"选择术语库"搜索框中输入要分享的术语库名称，或直接在下方术语库列表中点选，即可将术语库添加到"已选择术语库"中，允许同时添加多个术语库。

其他分享选项还包括：

允许对方再次分享给其他人（可选）：勾选后，对方可以在分享的有效期内，将分享给指定用户的术语库分享给其他人。

分享的有效期时间：默认为一周，也可以根据需要在下拉框中选择合适的时长。超过有效期，分享将自动取消，指定的小组成员将不再能够查看和使用该术语库。

　　点击【确定】，即可将已选择的术语库分享给刚刚已选择的用户，其他用户是看不到的；可以随时到"小组分享记录"中查看分享记录和取消分享。

五、小组分享记录

　　小组分享记录默认按照倒序显示，译员也可以根据用户名或术语库名进行搜索，快速筛选需要的记录。只需将鼠标悬停在记录上，自动激活【删除】操作按钮，删除该条记录后，分享关系也随之解除，该小组用户将不再能查看和使用之前分享给指定用户的术语库，如图 9.15 所示。

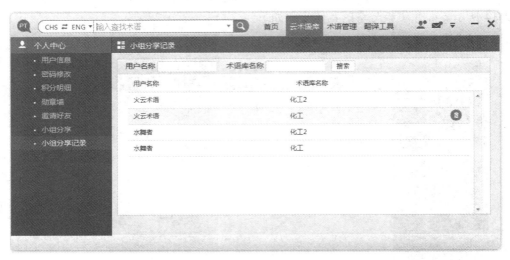

图 9.15　小组分享记录

第五节　术 语 管 理

　　前文提到，术语管理在翻译项目运作过程中发挥着重要作用。利用火云术语，译员在不登录的情况下也可以使用术语管理，但是所有数据只能保存在本机。登录后会自动同步云端的数据，也就不用担心数据丢失的问题。

　　术语将以术语库的形式进行保存，术语库可以设置语言方向、标签、备注等信息，方便查找和使用。译员还可以给自己的术语库分类，使个人的术语管理得井井有条。

一、创建分类

　　术语管理中默认状态有一个分类——"未分类"，译员可以根据个人需要增加分类。

　　步骤 1：点击首页"术语管理"或从右上方导航菜单"术语管理"，进入术语管理页面，如图 9.16 所示。

图 9.16 首页——术语管理入口

步骤 2：点击左侧栏目上方"+"，在输入框中输入新分类的名称，鼠标点击其他区域或敲"Enter"键可直接生成新的分类，如图 9.17 所示。

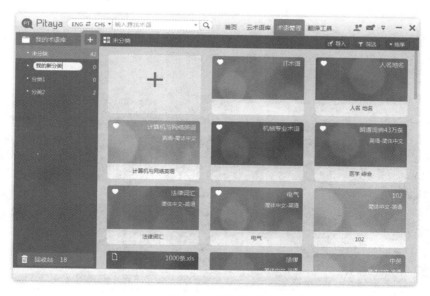

图 9.17 术语管理

二、修改分类

在选中分类后，通过右键菜单选择"编辑"，激活分类编辑框，即可对分类进行修改，如图 9.18 所示。

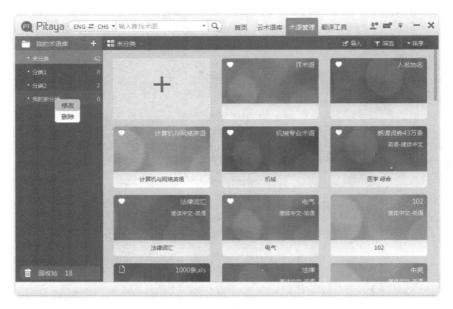

图 9.18　修改分类

三、修改术语库信息

点击术语库上的【编辑】按钮，即可打开术语库信息编辑界面进行修改。术语库信息修改入口和修改界面分别如图 9.19 和图 9.20 所示。

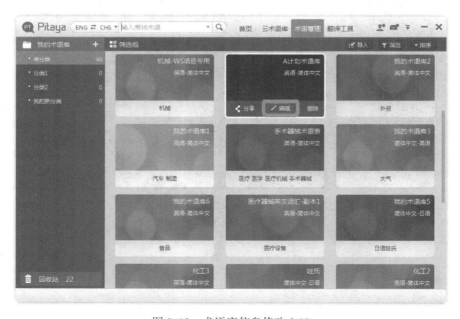

图 9.19　术语库信息修改入口

图 9.20　术语库信息修改页面

四、创建术语库

步骤 1：在首页点击"术语管理"，或在任意位置点击右上导航菜单"术语管理"，进入"术语管理"界面，如图 9.21 所示。

图 9.21　术语管理入口

步骤2：点击"+"框，如图9.22所示。

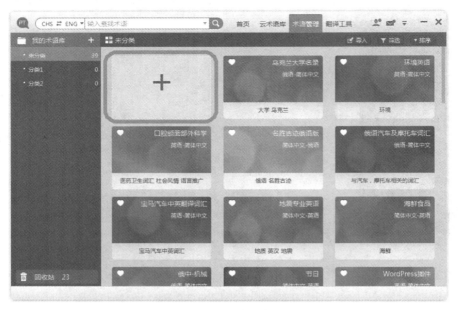

图9.22 添加术语库分类

步骤3：在图9.23所示界面中，按要求依次填写术语库名称、分类、语言方向、标签、分享属性（备注可选填）。

图9.23 填写术语库信息

译员需要注意：如果设置分享属性为"是"，那么术语库将分享到"云术语库"中，供其他用户收藏使用；而设置的分享积分就是其他用户收藏该库时需要支付的积分。

五、导入术语

1. 在术语库列表页导入

步骤 1：在"术语管理"页面中，在工具栏上选择【导入】，选择需要导入的文件（支持 Excel、Word、*.txt 以及 *.term 格式的文件），点击【打开】，如图 9.24 所示。

图 9.24 选择导入文件

步骤 2：选择导入术语库，选定后点击【选择】按钮，如图 9.25 所示。

步骤 3：导入文件。这里我们以 Excel 类文件（*.xls、*.xlsx、*.csv）导入为例①，译员从四列拆分结果中选出"原文/译文列"，点击【确认导入】按钮开始导入，如图 9.26 所示。

---

① *.txt 文件的导入稍有不同，我们会在下文具体介绍该格式的术语库导入步骤。

图 9.25　选择导入术语库

术语导入 [库名: "我的术语库1", 语言方向: "英语 <-> 简体中文"]				— ×
不选择此列 ▼	导入为原文 ▼		导入为译文 ▼	不选择此列 ▼
1	Cauliflower	白花菜	导入为原文	小贝厨房
2	Daikon	白萝卜	导入为译文	小贝厨房
3	Best thick seam	白牛肚		小贝厨房
4	Mussels	蚌类、黑色、椭圆形、没壳的是…		小贝厨房
5	Haddock	北大西洋鳕鱼		小贝厨房
6	flounder	比目鱼		小贝厨房
7	Spinach	菠菜		小贝厨房
8	Spring onions(scallion或gree…	葱		小贝厨房
9	shallot	葱		小贝厨房
10	Scallion(green onion)	葱		小贝厨房
11	long napa(suey choy)	大白菜		小贝厨房
12	Halibut	大比目鱼		小贝厨房
13	Rump Steak	大块牛排		小贝厨房
14	Garlic	大蒜		小贝厨房
15	King Prawns	大虾		小贝厨房
16	Taro	大芋头		小贝厨房

确认导入　　❓导入帮助

图 9.26　导入 Excel 类文件预览

步骤 4：导入完成后，点击【完成】，如图 9.27 所示。如有未导入成功的术语，译员可以点击【查看未导入记录】按钮来查看未导入文件（如图 9.28 所示），并可以重新编辑这些术语以成功导入。

图 9.27　导入完成

图 9.28　导入完成提示

2. 在术语库内导入

步骤 1：进入某术语库内，点击【导入】按钮开始导入。

步骤 2：点击【打开】按钮，以加载需要导入的术语文件。这里我们以 txt 和 Word 类文件（＊.txt、＊.doc、＊.docx）作演示，如图 9.29 所示。

系统会自动将 txt 类文件拆分为原文/译文两列。如智能分隔结果有误，译员可以尝试手动填写或选择分隔符来进行调整。

图 9.29　打开导入文件

如图 9.30 所示，智能分隔结果只有一列，不符合导入条件。这时译员可以根据原文档的分隔符来进行调整，如当前文档选择"制表符 TAB"后选项，拆分为正确的原文/译文两列，这时就可以进行导入了。如图 9.31 所示。

图 9.30　导入 txt 类文件预览页（智能分隔显示结果）

图 9.31 导入 txt 类文件预览页（采用制表符分隔后显示结果）

步骤 3：点击【确认导入】按钮，完成 txt 类文件导入。

六、分享术语库

译员可以通过筛选条件，将术语库类型选为"未分享"进行搜索，并将自己创建却没有分享的术语库筛选出来，如图 9.32 所示。

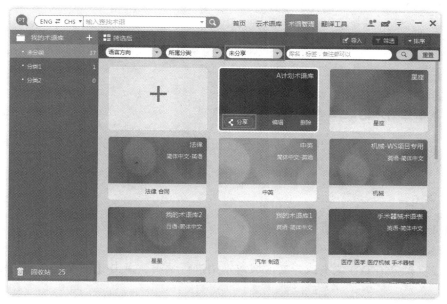

图 9.32 术语库分享

步骤 1：将鼠标悬停在需要分享的术语库上，点击【分享】按钮。

步骤 2：设置分享积分，如图 9.33 所示。

分享积分是其他用户收藏该库需要支付的积分。设为"0"即代表免费，其他用户收藏该术语库无需花费积分，但该库每被收藏一次，系统将奖励 1 积分。为了让更多用户都来收藏，我们建议分享积分的分值不要设置得过大。

图 9.33　设置分享积分

七、术语库内术语操作

译员只能对个人创建术语库中的术语进行管理操作，收藏的库和所属团队库均无权限进行操作管理。

1. 编辑术语

步骤 1：进入术语管理页面中的某个术语库，如图 9.34 所示。双击需要编辑的词条，激活编辑术语窗口，如图 9.35 所示。

步骤 2：根据需要在原文或译文区域对术语进行编辑，点击【保存】按钮生效修改。

图 9.34　术语管理页面

图 9.35　编辑术语

2. 添加单条术语

步骤 1：在顶部导航菜单点击"术语管理"，进入"术语管理"界面，如图 9.36 所示。

步骤 2：进入某术语库，点击右上角工具栏"+"。

步骤 3：在弹出的输入框中输入原文和译文，点击【保存】按钮完成单条术语添加。

图 9.36　添加单条术语

3. 删除术语

进入某术语库，每个词条都有对应的选择框，如图 9.34 所示。在需要删除的词条前打勾，点 🗑 即可删除选中词条，可多选。译员应特别注意的是，删除操作不可逆，须谨慎操作。

4. 搜索术语

进入某术语库，会显示当前术语库术语的搜索框，如图 9.34 所示。译员如需查找所有术语库中相关术语的解释，可以通过客户端顶部的查词搜索框来进行搜索。

5. 导出术语

译员可以自由导出个人创建术语库中的术语，目前火云术语暂时只支持导出为 CVS 文件，并可以直接用 Excel 打开和编辑，但暂不支持收藏库在内的术语导出。导出术语的基本步骤如图 9.37 所示。

图 9.37　导出术语

步骤 1：进入需要导出的术语库，点击右上方的【导出】按钮。

步骤 2：在另存框中选择导出文件要导出的位置，并设定导出文件名，点击【保存】即可开始导出。

第六节　云术语库

云术语库是所有用户分享的术语库集合，目前有四个主要栏目：排行榜、分类查看、热门收藏、最新推荐。

一、查找术语库

译员分享的大量优质术语库会展现在"云术语库"中，下面我们来讲述如何从海量资源中快速找到所需要的术语库。

1. 使用条件进行筛选

译员在筛选框中可以根据个人需要进行组合条件搜索，这样效率会更高，如图 9.38 所示。

图 9.38　云术语库（条件筛选框）

2. 通过"分类查看"

译员点击"热门收藏"标签将显示包含该标签的所有共享术语库，点击"更多"可查看更多标签，如图 9.39 和图 9.40 所示。

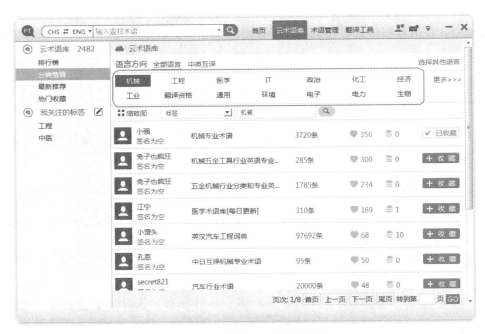

图 9.39　云术语库（热门标签）

图 9.40　云术语库搜索结果显示

3. 自定义设置"我关注的标签"

如果译员已经在"个性设置"中设置过标签，便可打开直接使用。如果没有进行设置，点击"我关注的标签"旁边的 ![图标] 图标也可进行设置，如图 9.41 所示。设置后的标签可以随时进行修改（设置和修改步骤详见本章第四节"个性设置"）。

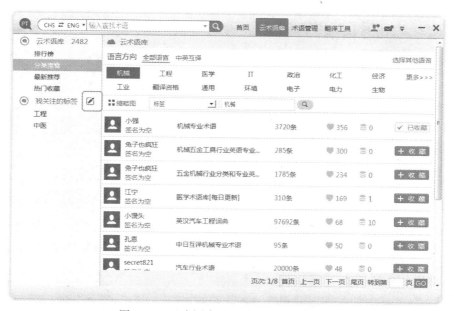

图 9.41　云术语库（我关注的标签入口）

4. 快速添加"我关注的标签"

● 添加大分类标签：将鼠标悬停到需要添加的大分类标签上，会自动出现添加按钮，点击"+"可以直接将大分类标签添加到"我关注的标签"。

● 添加子分类标签：将鼠标悬停到大分类标签上，将展开显示该大分类下的所有子标签，鼠标悬停到需要添加的子分类标签上，会自动出现添加按钮，点击"+"可以直接将子分类标签添加到"我关注的标签"。

5. 查看"我关注的标签"

● 查看标签：点击"我关注的标签"下添加的标签，将自动显示该标签下的所有术语库，如图 9.42 所示。

图 9.42　云术语库（我关注的标签添加）

译员应注意，大分类标签与子分类标签的区别在于：大分类标签的显示结果包含大分类下所有子标签的术语库，而子分类标签的显示结果仅显示该子分类对应的术语库。

二、收藏术语库

译员可以对云术语库进行收藏，如图 9.43 所示。其操作步骤如下：

步骤 1：点击顶部导航菜单"云术语库"，打开云术语库。

步骤 2：找到需要收藏的术语库，点击【收藏】按钮。

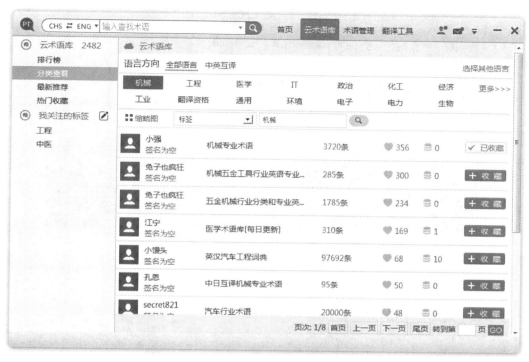

图 9.43 云术语库（收藏）

收藏术语库的主要作用在于帮助译员查找相关术语，并且在"翻译工具"中的"辅助翻译工具"栏也可调用这些术语库，将术语库中的术语标注到文档中。

第七节 翻 译 工 具

除了上述在术语管理方面的基本功能，火云术语在翻译过程中还是一款有效的翻译辅助工具：能够对术语进行标注，能与 iCAT 兼容完成辅助翻译，还能对文档进行字数统计、转换、拆分与合并等操作。在本章的最后一节，我们将对火云术语的这些功能及其操作步骤进行介绍。

一、术语标注

术语标注是将原文件生成一个副本，并将术语以批注的形式标注在副本上，在不改变原文的情况下，大幅提升翻译效率和准确度。下面我们来看一下术语标注的基本操作过程。

步骤 1：在首页或在顶部导航菜单中选中"翻译工具"，如图 9.44 所示。

图 9.44　首页（翻译工具）

步骤 2：选择"术语标注"，如图 9.45 所示。

图 9.45　翻译工具展示页

步骤 3：在弹出的工具界面中，从左侧的术语库列表中选择需要用来标注的术语库。如图 9.46 所示。

译员需要注意，灰色名称为不可用来标注的术语文件库，若使用此类术语库，务必先转换为标准术语库后再重新选择。

图 9.46 术语标注

步骤 4：添加需要标注的文件，在右侧点击"+"添加需要批注的文档到右侧列表（支持 word 格式），如图 9.47 所示。

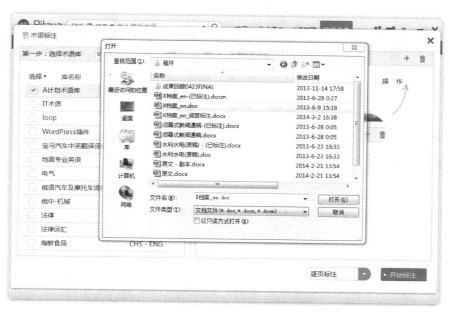

图 9.47 术语标注（打开标注文件）

步骤5：选择适合的标注样式，点击【开始标注】按钮，如图9.48所示。

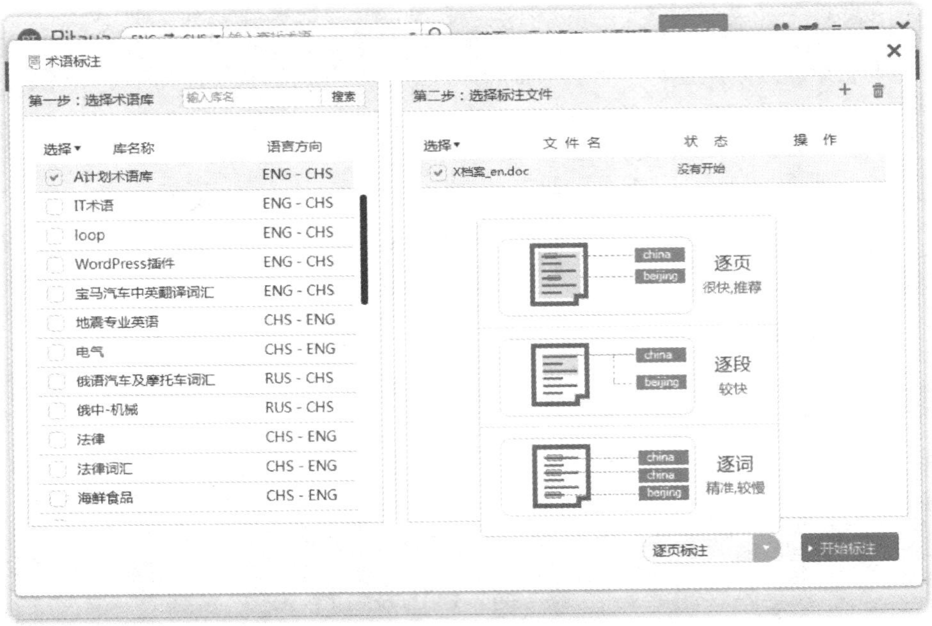

图 9.48　术语标注（标注样式）

步骤6：系统自动开始标注。

步骤7：标注完成后，点击"查看标注"可打开标注文件。

译员应注意，标注文件是在源文件的副本上进行标注的，生成标注文件与源文件在同一路径，标注不影响源文档，但须保证在标注过程中，不要打开源文件和对源文件进行其他操作。

此外，三种标注方式之间存在一些差别：如选择"逐页"标注，则在每一页中，重复术语只会标注一次；若选择"逐段"标注，则在每一段中，重复术语只会标注一次；若选择"逐词"标注，则文档中所有术语都将被标注出来，无论重复几次。

二、iCAT 辅助翻译

iCAT 辅助翻译工具采用最新的云翻译技术，可实现低级错误辅助检查，以最大限度降低错误率。同时，iCAT 可完成术语、句对匹配、收集等功能。有关该工具的更多功能和操作步骤介绍，我们已在本书的第六章进行过专题讲解，这里不再赘述。

三、字数统计

火云术语能对文档进行字数统计、转换、拆分与合并等操作，但目前这些操作暂不支持 Office 2013 版，译员在开始转换前最好关闭正在使用的 Office 文档，以免操作过程中报错。我们首先了解一下字数统计的操作步骤，如图9.49所示。

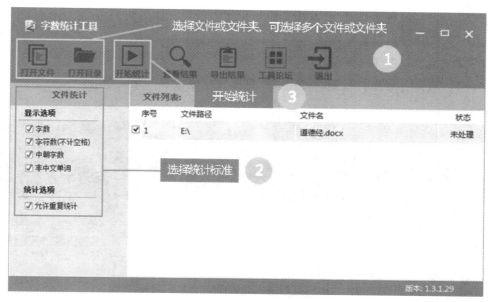

图 9.49　字数统计

步骤 1：点击"打开文件"或"打开目录"，选择文件或文件夹（可选单个或多个文件）。

步骤 2：选择统计标准。

步骤 3：点击"开始统计"；待统计完成后，点击"查看结果"，显示字数统计结果，如图 9.50 所示。

文件名	统计内容	页数	字数	字符数(不计空格)	非中文单词	中文字符和朝鲜单词
道德经.docx	主文档	16	6909	6910	18	6891
	文本框	*	0	0	0	0
	页眉页脚	*	0	0	0	0
	合计	16	6909	6910	18	6891
		16	6909	6910	18	6891

图 9.50　字数统计结果显示

步骤 4：点击"查看结果"，弹出导出结果报表设置，如图 9.51 所示。

步骤 5：选择导出模板样式。

步骤 6：设置报表导出路径，填写报表名称。

步骤 7：点击【导出】按钮，即可在指定路径生成报表，完成导出。

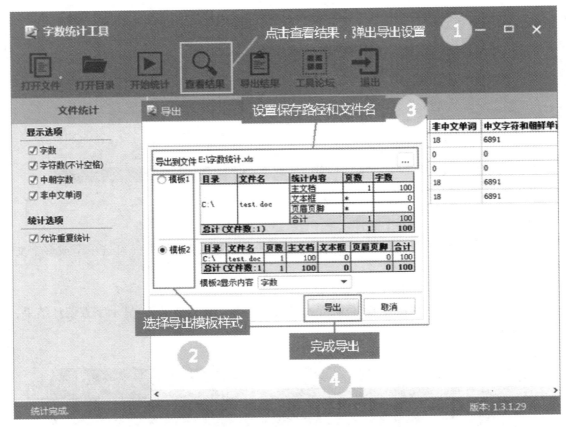

图 9.51　字数统计结果导出

四、文档转换

下面我们再来了解一下如何利用火云术语进行文档转换。如图 9.52 所示。

步骤 1：点击"打开文件"或"打开目录"，选择待转换的目标文件及文件目录。注意同时只能选择一类文件进行转换，例如译员可以同时添加多个不同版本的 Word 文件（∗.doc 和 ∗.docx）；

步骤 2：选择转换格式。火云术语可以自动根据添加文件显示出可供转换的格式，但一次转换只能选择一项。

步骤 3：确认需要转换的文件已被勾选，点击【转换】按钮即可开始转换。如果译员需要将文件转换为多种格式，可在勾选文件后，重新选择转换格式，进行多次转换。

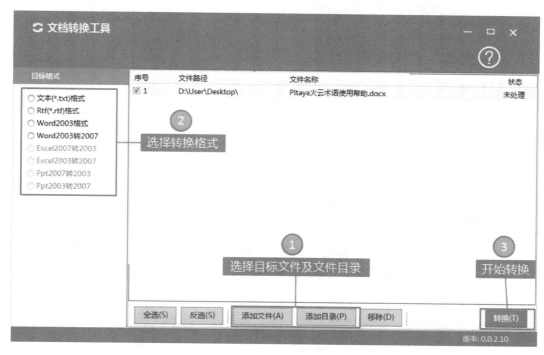

图 9.52　文档转换

五、文档拆分/合并

利用火云术语还能对文档进行拆分与合并处理，具体操作步骤如下：

1. 文档的拆分

步骤 1：如图 9.53 所示，选择选项卡"文件拆分"后，点击"添加文件"或"添加目录"，以添加单个或多个待拆分的同类文档。

步骤 2：选择文档类型及拆分规则（目前支持拆分的文档类型包括 Word、Excel 和 PowerPoint 类文件；拆分规则包括：按页拆分、按段拆分和按标记拆分①）。

步骤 3：如图 9.54 所示，设置拆分后的文件保存的路径（默认存放路径与源文件在同一目录中）。

步骤 4：点击【拆分】按钮开始拆分。

---

① 如果希望按照自定义标记来进行文档拆分，须安装"拆分标记插件"。

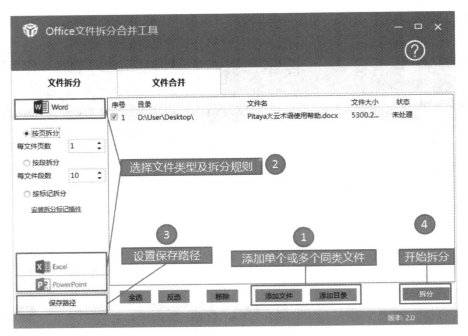

图 9.53 文档拆分

图 9.54 拆分文档保存路径

2. 文档的合并

步骤 1：如图 9.55 所示，选择选项卡"文件合并"后，点击"添加文件"，以添加待合并的一组文档。这些文档在添加完成后，将显示如图 9.55 所示界面的文件列表中。

步骤 2：对待合并的文档进行参数设置，选择合并规则（合并规则包括：按命名规则合并和任意文件合并)。

步骤3：如图9.55所示，设置拆分后的文件保存的路径（默认存放路径与源文件在同一目录中）。

步骤4：点击【合并】按钮开始多个文档的合并。

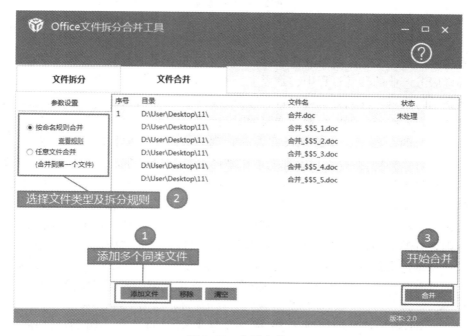

图9.55 文档合并

本章小结

本章我们对火云术语的主要功能和基本操作进行了讲解，主要包括火云术语的查词、术语管理、云术语库以及翻译工具等一系列特色功能。译员如果能充分利用火云术语的多项功能，尤其是其术语管理功能，就能如鱼得水，更为有效地保证术语翻译质量，提高翻译效率。

思考与练习题

1. 如何利用火云术语进行术语管理？

2. 在执行导入术语操作过程中，可支持导入的文件类型有哪几种？其操作步骤有何区别？

3. 在导入术语操作过程中，如果智能分隔结果有误，译员如何执行手动调整？

4. 火云术语包括哪些翻译工具？其中，术语标注工具有哪几种标注方式？简述其主要区别。

5. 如何利用火云术语进行文档转换、拆分与合并？

第十章　翻译项目管理入门

随着全球经济、文化、技术加快融合，翻译产业也在迅速发展。在传统翻译服务产业向现代翻译服务产业的转变过程中，翻译项目管理作用显得越来越重要。

什么是项目管理？什么是翻译项目管理？这是我们绕不过去的两个问题。项目管理是指管理者在特定的组织机构内，遵循有限的时间和资源条件，科学地运用系统的理论和方法，对项目涉及的全部工作实施积极有效的管理，从而实现项目的最终目标（王传英、闫栗丽等，2011：55）。翻译项目管理是指在翻译项目过程中综合地运用知识、技能、工具和技术，经过策划、组织、指导和控制翻译所需要的各种资源，灵活和有效地进行项目管理来达到翻译质量最优、交稿速度最快、客户满意度最高的过程。

一般而言，在翻译公司与客户签订翻译项目合同之后，翻译项目即正式启动，翻译项目管理也随之开始。而计算机辅助翻译技术在翻译项目管理过程中也发挥着重要运用，主要会涉及：待翻译文件的字数统计、文件内容重复率分析、译员的选择、项目包的分发、术语表的创建与分发、项目组的沟通、进度管理、虚拟化解决方案、收稿、审校、紧急情况的处理等。

近年来，国内学者对翻译项目管理予以越来越多的关注。例如：吕乐、闫栗丽（2014）从基本概念、翻译服务质量标准、翻译技术和相关管理技术的关系等方面详细介绍了翻译项目管理；崔启亮、胡一鸣（2011）和杨颖波、王华伟等（2011）从本地化工程与翻译的维度讲述了翻译项目管理的基础理论和技术实务；王华伟（2013）和王华树（2014a，2014b）分别从翻译项目管理实务、翻译项目中的术语管理研究和 MTI "翻译项目管理" 课程构建的角度对翻译项目管理进行了探讨。

与前面的章节有所不同，本章我们将从一个普通的翻译公司项目经理的视角，逐一讲述翻译公司日常翻译项目管理流程中的各个主要环节与需要考虑的重要因素，探讨计算机辅助翻译技术在翻译项目管理中的实际运用。

第一节　待翻译文件的字数统计

对于客户委托的翻译项目，有时候客户只说明了大致的工作量，准确的字数还需翻译公司进行专门统计。因此，字数统计可以说是了解翻译项目工作量的第一步。客户提供的待翻译文件格式可能是：Word、PowerPoint、Excel、PDF、CAD、JPG 等。下面，我们对上述文件格式的字数统计方法一一进行说明：

一、Word 文件的字数统计

Word 文件的字数统计比较简单。业内的通行做法是直接在 Word 程序中统计，图 10.1 显示的是在 Word 2007 里的统计结果：

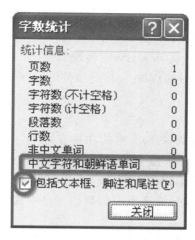

图 10.1 Word 文件字数统计图

从图 10.1 我们可以看到页数、字数、字符数、段落数、行数、非中文单词、中文字符和朝鲜语单词的统计数据。我们所需要关注的是"非中文单词"和"中文字符和朝鲜语单词"这两个数据。

如果原文是英文，那么，"非中文单词"就是原文的英文单词数量。空格被自动忽略，不会被计入"非中文单词"。我们了解的英文单词数量只是用来预估我们的工作量。

如果知道了英文单词数，该如何预估工作量呢？业内通行的做法是：对预期翻译出来的中文结果字数进行估算。有一个系数可以用来便捷地估算中文结果字数，而多数公司采用的系数是 1.5。中文结果的估算方法见下面的公式：

$$N_2 = N_1 \times 1.5$$

在上面的公式中：

N_2 是中文结果字数；N_1 是英文原文字数；1.5 是系数。

通过这个公式预估出来的中文结果字数准确率比较高，所以这个估算公式在业内得到了广泛使用。

但是，预估的中文结果字数并不能够用来计算译费。业内通行的做法是：如果原文是英文，则以翻译出来的中文结果字数来计酬。也就是说，我们只须关注译文的"中文字符和朝鲜语单词"这个数据即可。

如果原文是中文，翻译结果是英文，那么，原文字数统计的"中文字符和朝鲜语单词"这个数据就是我们的工作量。这个数据也被用来计算译费，也就是说，不管翻译出来的英文字数为多少，都只采用原文的中文字数来计酬。

需要注意的是，在统计原文字数的时候要勾选"包括文本框、脚注和尾注"。

二、PowerPoint 和 Excel 文件的字数统计

对于 PowerPoint 文件，统计字数略微烦琐，主要原因是应用程序本身不能直接提供字数统计结果。对此，解决方案主要有以下两种：

方法 1：手动将 PowerPoint 的内容逐页复制到空白 Word 文件里面，再在 Word 里面进行统计。

方法 2：借助第三方程序，将 PowerPoint 转换为 Word 文件再统计。

Excel 文件的字数统计和 PowerPoint 文件的字数统计方式类似，在此不再赘述。

三、PDF 文件的字数统计

PDF 文件因其美观的显示效果和丰富的功能在商业领域得到了广泛的应用，所以，PDF 文件格式也经常出现在翻译项目中。

PDF 文件是一种不可直接编辑的文件，也无法直接统计字数。为了预估工作量（如果原文是英文），或者为了准确计算译费（如果原文是中文），我们就必须了解 PDF 文件的字数。

较为可行的解决方案通常有以下两种：

方法 1：借助非 Adobe 公司发行的第三方程序，将 PDF 文件转换为 Word 文件再统计字数。

方法 2：直接使用 Adobe Acrobat 10 或更高版本的 Acrobat 程序将 PDF 文件转换为 Word 文件。如果 PDF 中的文字内容已经文本化，也就是说已经可以用鼠标选择和复制文本（俗称"活"PDF），那么，可以直接将 PDF 文件另存为 Word 文件；如果 PDF 中的文字是图片形式，不可选择和复制（俗称"死"PDF），那么，就需要将 PDF 文件先用 OCR 技术加以处理，处理之后的 PDF 正文内容就可以选择和复制了。这时候就可以另存为 Word 文件，在 Word 文件里统计字数。

四、CAD 文件的字数统计

CAD 工程图的字数统计也是较为烦琐的，统计字数的方法主要有以下两种：

方法 1：人工将 CAD 工程图的文字复制到 Word 里面去统计。这种方法虽然简单，但是极为耗时。

方法 2：将 CAD 工程图另存为 PDF 文件。这个被"另存为"的 PDF 文件内的内容是可以用鼠标选择复制的，所以，它可以直接另存为 Word 文件并进行字数统计。

五、JPG 文件的字数统计

如果原文是 JPG、PNG、TIFF 等图片文件，该如何统计字数呢？解决方案其实很简单：将 JPG 图片转换为 PDF 文件 → 对 PDF 文件 OCR 处理 → 另存为 Word 文件，并统计字数。所以，JPG 文件的字数统计可以参考上面 PDF 文件的字数统计方法。

综上所述，所有文件格式的字数统计都是有方案、且有巧方案可以实现的。

第二节 文件内容重复率分析

对于大的翻译项目，多个文件之间或者一个文件内的前后内容可能存在重复的，分析重复率，有两个好处：一是可以更加准确地估算工作量，二是可以节省整个项目的时间。

如何统计重复率呢？尤其是在没有专业计算机辅助翻译软件的情况下，最快捷、最可靠的解决方案其实就是 Microsoft Office Word 的"文档比较"功能。下面我们来做个示例。

步骤 1：在 Word 2007 里面录入以下内容：

论　　语

四书五经之一，为儒家经典名著之一。记载春秋末期大思想家孔子及其弟子言行的书。全书共二十篇，内容涉及政治、教育、文学、哲学以及立身处世的道理等多方面，为语录体。《论语》是有关儒家思想的经典著作，与《大学》、《中庸》、《孟子》，合称"四书"。西汉末安昌侯张禹根据《鲁论》并参考《齐论》编出定本，号为《张侯论》。东汉末，郑玄以该本为依据，参考《齐论》、《古论》作《论语注》，是为今本《论语》，东汉末列为七经之一。南宋淳熙年间（1174—1189）朱熹将它和《大学》、《中庸》、《孟子》合为"四书"。关于人生理想和价值的内容主要是在《大学》、《中庸》、《孟子》，而《论语》中不涉及。

步骤 2：将录入的内容保存为"论语 1. docx"。

步骤 3：以同样的方法录入以下内容：

论　　语

四书五经之一，为儒家经典名著之一。记载春秋末期大思想家孔子及其弟子言行的书。全书共二十篇，内容涉及政治、教育、文学、哲学以及立身处世的道理等多方面，为语录体。《论语》是有关儒家思想的经典著作，与《大学》、《中庸》、《孟子》，合称"四书"。西汉末安昌侯张禹根据《鲁论》并参考《齐论》编出定本，号为《张侯论》。东汉末，郑玄以该本为依据，参考《齐论》、《古论》作《论语注》，是为今本《论语》，东汉末将它列为七经之一。南宋淳熙年间（1174—1189）朱熹将它和《大学》、《中庸》、《孟子》合为"四书"。关于人生理想和价值的内容主要是在《大学》、《中庸》、《孟子》，而《论语》中不涉及。

步骤 4：再将录入的内容保存为"论语 2. docx"。

步骤 5：关闭 Word 2007。

步骤 6：重新打开 Word 2007，打开"论语 1. docx"和"论语 2. docx"两个文件。

步骤 7：按照图 10.2 所示，依次点击【审阅】→【比较】→【比较】。

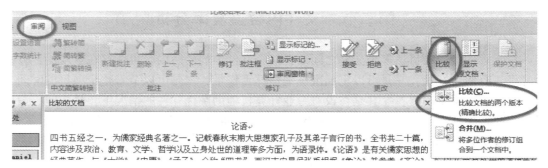

图 10.2　文档比较操作菜单

请注意上面截图中最右侧的椭圆区域，给出的提示是"比较文档的两个版本（精确比较）"。下面我们就来看看是否如其所说能够实现"精确比较"。

步骤 8：按照图 10.3 所示，"原文档"选择"论语 1"，"修订的文档"选择"论语2"。然后点击【确定】。

图 10.3　比较文档操作菜单

步骤 9：分析比较的结果，如图 10.4 所示。

从图 10.4 中我们可以看到，左上角方框区域内写着：

摘要：共 1 处修订。

插入：1 处，删除：0 处，移动：0 处，格式：0 处，批注：0 处。

这样的比较结果报告，可以说是非常详尽的。它甚至将修订的性质做了分类，例如："插入"、"删除"、"移动"、"格式"和"批注"。

在第 2 个红色框内，我们可以看到具体信息："插入的内容：将它"。

在中间"比较的文档"里面，我们可以看到"将它"被插在"列为"之前。

右上角是和右下角显示的分别是"原文档"和"修订的文档"。

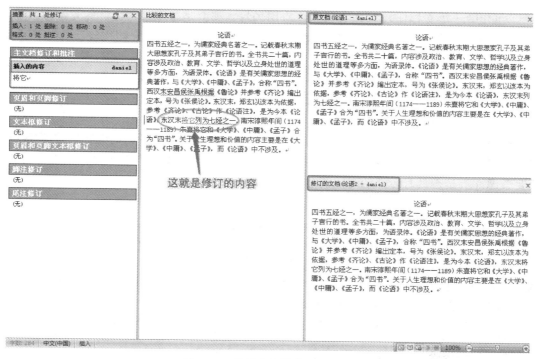

图 10.4 比较文档操作界面截图

步骤 10：关闭 Word 程序，系统会提示"是否将更改保存到比较结果中"，如图 10.5 所示。

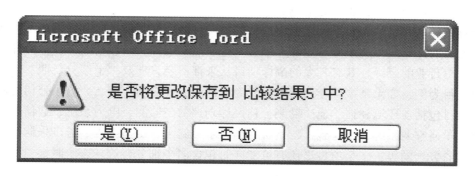

图 10.5 文档比较保存选项截图

显然，我们最好保存比较结果。因为保存之后，这个比较报告可以随时调用，可以为我们的翻译工作提供参考依据，其方便性不言而喻。

通过以上示例，我们简要讲解了文档比较的基本步骤。可以看出，"文档比较"确实能够将 2 个文档的不同（或者相同）内容精确地展现出来，由此，我们就可以大体知道文档重复率了。

除此以外，"文档比较"还有另一个应用场景，那就是跟踪某个文件的完整性。如果我们担心某个文件被篡改，或者不慎改动，那我们就可以通过"文档比较"来查明一切细节。

第三节　译员的选择

选择合适的译员，对于翻译项目的顺利进行有着重要作用。译员的选择通常需要考虑以下因素：双语基本功、翻译经验、翻译效率、团队协作态度等。如果是采用兼职译员，还要考虑译员是否具有较强的时间观念，例如能否按时交稿。

一、双语基本功

要了解译员的本族语和外语的双语基本功，一个较为可行的方法是现场测试。测试题型由一段"汉译外"和一段"外译汉"构成，测试内容不超过一页纸，以此考查译员的基本语言能力和双语转换能力，同时也能够考查其译稿速度（译员须写明完成测试的时间）。某种程度上，译员的执行能力与效率是翻译公司最为看重的译员基本素质之一。此外，译员的学历、所获得的外语等级证书等，也可作为其语言能力的参考依据。

二、翻译经验

译员的翻译经验可以从其简历的工作经验里大致了解。具体来说，翻译经验除了包括译员的翻译年资之外，还包括译员过去具体从事过哪些行业的翻译项目，这些行业包括：机械、工程、电力、电子、通信、石油、化工、制造业、食品、旅游、外贸、财经、法律、新闻、IT、医学、艺术等。

对于上述细分行业，要考虑两方面的问题。其一，对于具体的翻译项目，虽然具有相关细分行业翻译背景的人上手可能更快，做的质量可能更好，但是，翻译公司不可能期望每个译员都有深厚的相关细分行业翻译经验，这显然不现实；一般情况下，多数译员也不会只做一个行业的翻译。其二，大的翻译项目从来都不会只涉及一个细分行业。以一个轻轨建设项目为例，如果某家翻译公司中标成为翻译服务提供商，那么，这家公司可能获得的翻译项目包括：环境评估、地质勘测、移民计划评估与监测、电力系统、通信系统、排水系统、暖通空调系统、土建施工、钢材结构、水泥施工、桩基工程、进口采购协议的法律合同和商务合同等；一个项目里还有可能同时包含多个细分行业。这个时候，所谓的在某个细分行业内的"资深"翻译，就未见得能全部应对自如，这也就是翻译公司强调译员要"一专多能"的原因。

如果确实需要译员对某个细分行业有相关的翻译经验，那么，也可以通过一个简单的测试来评估：选取这个细分行业的某段（或几段）文字内容来测试备选译员，同样可以采取汉外互译的形式。测试形式虽然简单，但其结果足以评估译员所具备的细分行业的翻译能力。

三、翻译效率

翻译效率也是译员的一个重要素质。如果效率低下，那么，项目进度就会受到影响。"又好又快"的译员永远是最受欢迎的。

上面提到，招聘译员的测试其实就能直接地反映出译员的效率潜力。其实还有一个评估译员效率的因素，那就是译员的翻译年资。一般从事翻译年数多的译员，其综合效率会好一些。但是，人不是机器，翻译稿件难度还有可能增加，所以，翻译年资带来的效率红利是有上限的，也就是说满负荷、最佳状态的效率，是不可能无限突破的。

一般来说，刚刚大学毕业的译员，或者刚刚从事翻译行业的译员，其第一年的翻译效率大致在每天 2 000 到 2 500 字中文原文（或中文结果）；第二年和第三年的效率可以达到每天 3 000 到 3 500 字中文原文（或中文结果）；在第四到第六年，可以达到 4 000 到 6 000 字的中文原文（或中文结果）。这里说的效率是一年内的平均效率，不是某一天的效率，因为即使第一年做翻译的译员也可能在某一天内做 6 000 字以上甚至更多。

有一个制约翻译效率的因素，那就是翻译稿件本身的难度，如果是一个难度很大的稿件，那么，即使是从事了 5 年以上翻译工作的译员，单日的效率也可能不甚理想。

综上所述，译员的效率只能做一个大致的评估。选用译员时，只须把握这样的原则：不用效率太低的译员，适当增加效率高的译员的任务量。

四、团队合作态度

团队合作态度是非常重要的译员基本素质之一。

即使某个项目只需要一个译员完成，团队合作态度也是非常重要的，因为这个译员仍然不可避免地需要与项目经理进行沟通、合作。如果这个译员不尊重、不执行项目经理的安排和翻译要求，那么其完成的稿件质量就可能存在问题，或是其交稿进度得不到保证。

对于大的项目，更是需要每个参与项目的译员都具备好的团队合作精神，而团队合作精神具体内容包括以下几个方面：

一是与项目团队的其他参与者积极配合。某个译员的任务范围可能与其他译员的任务范围存在关联性，他们之间积极沟通，具有两个优势：a. 术语的统一；b. 有些句子的相互借鉴。这样就能节省时间，提高工作效率。反之，如果这些译员之间缺乏沟通，其效果则完全是相反的：术语不统一，整个项目耗费的时间更多，给统稿者带来更多额外的工作量。

二是必要的谦虚态度。翻译活动是一个"再创造"的活动，所以译员的翻译活动也存在很大的个性特征。实际上，在整个翻译行业，几乎每一个译员都有其个性。不少刚进入翻译行业的译员很难有很好的谦虚态度：他们相信自己的做法、译法，却不愿意接受他人或者整个团队的做法、译法。这样的新手状态是很常见的，其影响也不容忽视。不谦虚的人，自在自为，其做出的稿件，最后的质量很可能存在问题，给审校和统稿的人带来极大的麻烦，并可能影响整个项目进度。

三是奉献精神。人类之所以为万物之灵，不在乎人善于奔跑，善于游泳，善于飞翔，而在于人类有天然的社会性，善于与他人合作，有奉献精神。如果没有奉献精神、牺牲精神，而只有动物界的弱肉强食、丛林法则，那么，人类就可能在自然灾害等挑战面前陷入混乱、无助的境地。

翻译项目是一个群策群力的活动，参与项目的人除了要扮演好自己的角色之外，还需要有发挥自己积极作用的精神。比如说，在讨论组里，译员应该积极提交词条，不能够只埋头做自己的。讨论组的术语交流是一个"我为人人、人人为我"的活动，如果只有一两个人热心贡献，其他人都冷血动物般地坐享他人的智力成果，那么，这样的术语讨论是难以达到最好的效果的，因为参与贡献的人越多，提交的术语越多，整个项目的术语统一性才会做得更好，整个项目的质量也会越好。有些企业在招聘新人的时候，会考查求职者的人品，而奉献精神则是人品好坏的一个重要方面。

在翻译活动中，奉献精神还包括积极回答其他译员在讨论组里提出的问题。任何人在翻译过程中，都可能遇到问题，这样的问题可能是囿于知识的局限，也可能是自己的任务缺乏相应的上下文背景信息。这个时候，翻译基础好一点的人，或者刚好知道某条信息的人，如果能够积极回答问题，将会给提问者很大的帮助，也会对整体项目的进度有积极的贡献。

五、时间观念

对于译员来说，时间观念也是非常重要的，因为客户的项目是有时间安排的，如果延迟交稿，会给翻译公司带来违约责任，还可能给客户造成损失。

如果某个项目需要选用兼职译员，那么，备选兼职译员的时间观念就尤为重要。因为兼职译员的翻译时间是自由安排的，对兼职译员的现场监督也不现实。

现实中，准确评估兼职译员的时间观念操作难度相当大，但可以考虑从以下方面进行评价：一是兼职译员的责任感。有责任感的兼职译员会把翻译项目放在自己日程安排的最重要位置，制订完稿时间计划并执行这个计划。有的译员责任感不强，让自己的私事、娱乐活动占据自己的全部时间，最后很可能无法按时交稿。这样的译员也会因此失去继续合作的机会。二是译员的翻译效率。通常来说，翻译效率高的译员，其时间观念也很好，因为"翻译效率"这个概念本身就包含了"时间观念"这个要素——如果没有珍惜时间、重视进度的观念，又怎么会有好的"翻译效率"呢？三是兼职译员以往的合作记录。虽然过往的记录不代表会在下一次合作中得到保持，但至少可以作为一个有力的参考。合作记录是"时间观念"的最直接证据，但对于没有合作记录的兼职译员，就存在一定的风险。所以很多翻译公司都会优先采用从自己公司离职的老员工，或者曾经合作过的译员，又或者通过其他人间接地（例如他人的推荐信息）了解兼职译员的时间观念。

第四节　项目包的分发

项目包的分发可以细分为"分"和"发"两个过程。

一、分项目包

我们在第一节和第二节分别讲述了"待翻译文件字数的统计"与"文件内容重复率分析"，基于此，我们能够比较准确地掌握整个项目包的工作量。在第三节中，我们又考虑了"译员的选择"方面的因素，也就是说把人员配备问题也解决了，那么现在就是"点将派兵"的时候了。

项目经理的"点将派兵"，与体育比赛中一个球队的教练排兵布阵有几分相似：须根据球队的战术指导思想，结合不同球员的个人能力与技术特点，分配不同角色，优化人员配置，通过排列组合把团队的作战水平发挥到极致。一般来说，对于翻译项目中的待翻译文档，需要先标记任务范围，再分配给相关译员完成。

如何标记任务范围呢？各个翻译经理可能有自己所习惯的方法。以下我们列出几种常见的方法。

方法一：给任务范围加底色

东北亚区总裁***先生在***（上海）已工作 14 年多时间，年龄已逾 60，按照***的规定，*总即将退休。***近两年的发展离不开**的支持与帮助，为了表达对他的谢意，公司特地邀请他来到年会现场，向他赠送了临别礼物——萨克斯风。

上台主持了这一温情环节，并与大家分享了是如何支持****事业发展的故事。**对**的盛情表示了感谢，也讲述了他如何与****结缘的故事。

"现在我们面临着第二次成长的机会，只要我们做到勇者无惧，对费用进行精准的投入，我们一定能在*****这个蓝海里赢得胜利！"**充满信心地说。

也代表**全体员工祝福**在未来的时光里享受快乐。

为优秀喝彩

每年的年会都有一批本年度表现优秀的员工和团队走上领奖台。今年，公司设置了优秀团队奖、特别项目奖、年度突出贡献奖和年度杰出员工奖四个奖项，虽然今年的获奖名额较往年少了一些，但奖项含金量十足，更显珍贵。会上，共 70 余名获奖人员在现场同事们的见证下度过了这一年中最荣耀的时刻。

当大屏幕上一句句充满赞誉的颁奖词宣读完毕后，获奖人员伴随着激昂的音乐纷纷走上领奖台，接受公司赋予的那份荣誉。在热烈的掌声中，**和**分别为获得特别项目奖、优秀团队奖的团队颁发了奖牌，**为获得年度杰出员工奖和突出贡献奖的职员颁发了奖牌，并与获奖人员一一合影留念。

　　如上，我们已经给文字段落标了文本高亮色（text highlight color）。注意，"高亮色"不等于"字体颜色"（font color）。前者会给文字加载底色（shading），而后者则只给文字加上颜色。

　　如图 10.6 所示，当把光标定在"现在我们面临着第二次成长的机会……在未来的时光里享受快乐。"这一段任何位置的时候，用鼠标点击红色方框内的高亮色按钮，就会发现青绿色的色标按钮被点亮了，点亮的表现就是这个色标被加上了橙色边框，如红色椭圆圈内的标注所示。除了色标被点亮，"青绿"二字也会显示在色标的下方。须注意：光标定在哪里，哪个色标就会被点亮。如果光标定的位置附近没有任何高亮色的设置，则不会有色标被点亮。

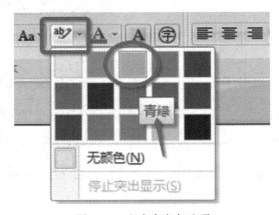

图 10.6　文本高亮色选项

　　Word 2007 提供的高亮色（text highlight color）只有 15 种。它们的中英文名称是：黄色（yellow）、鲜绿（bright green）、青绿（turquoise）、粉红（pink）、蓝色（blue）、红色（red）、深蓝（dark blue）、青色（teal）、绿色（green）、紫罗兰（violet）、深红（dark red）、深黄（dark yellow）、灰色-50%（grey 50%）、灰色- 25%（grey 25%）和黑色（black）。以上对色标名称的列举是按照从上到下、从左到右的顺序依次列举的。

　　基于"色标被点亮"这一规律以及上面的色标名称信息，项目经理就可以明确告知译员其任务范围的高亮色信息。

除了高亮色信息之外，我们还可以辅以文字说明。以下是这种混合信息的说明：

译员＊＊＊负责青绿色（turquoise）的内容，即从"现在我们面临着第二次成长的机会……"开始到"……在未来的时光里享受快乐"结束。

方法二：插入批注

如图 10.7 和图 10.8 所示，加入"译员＊＊＊从这里开始"和"译员＊＊＊到这里结束"等批注，译员就能够明确其翻译任务范围。

批注 [d1]:译员***从这里开始。

图 10.7　插入开始批注

批注 [d2R1]:译员***到这里结束。

图 10.8　插入结束批注

对于译员而言，在拿到任务之后，应该将上面两条批注都删除。但是要提醒译员：不能在原稿上操作，应该将原稿拷贝一个副本，以避免一些不必要的麻烦。

方法三：加书签（bookmark）

这个方法对于 Word 2007 来说，意义不大。虽然在 Word 2007 里面插入书签很简单，但是，插入的书签默认是隐藏不可见的，除非故意让它可见。由于书签被隐藏，一般人不知道如何使用书签去定位自己的任务范围。

但是，如果原文件是 PDF 文件，这个方法就有其用武之地了。PDF 文件是一种交互性很强的文件，可以在 Adobe Acrobat Pro 里面添加书签，设置文件的属性，例如希望阅读者以多大的视图比例来打开 PDF 文件，或是希望阅读者以单页、单页连续、双页或者双页连续来浏览页面等，这些都可以设置为默认属性。需要说明的是，只有 Acrobat Pro 能够设置强制打开 bookmark 侧边栏，其他的 PDF 程序，例如 Foxit Reader 等，并不具备这样的处理功能。

如图 10.9 所示，在"文档属性"窗口里，我们选择"初始视图"（Initial View），注意"布局和放大率"这一区域，可以看到，"导览标签"选择的是"书签面板和页面"；"页面布局"选择的是"双联连续（对开）"，但是实际上我们一般应该选择"单页连续"；"放大率"我们设置的是"150"。在"用户界面选项"这一块，我们可以勾选"隐藏菜单栏"、"隐藏工具栏"和"隐藏窗口控件"，以根据需要分别强制隐藏阅读者 PDF 程序的菜单栏、工具栏或者窗口控件。

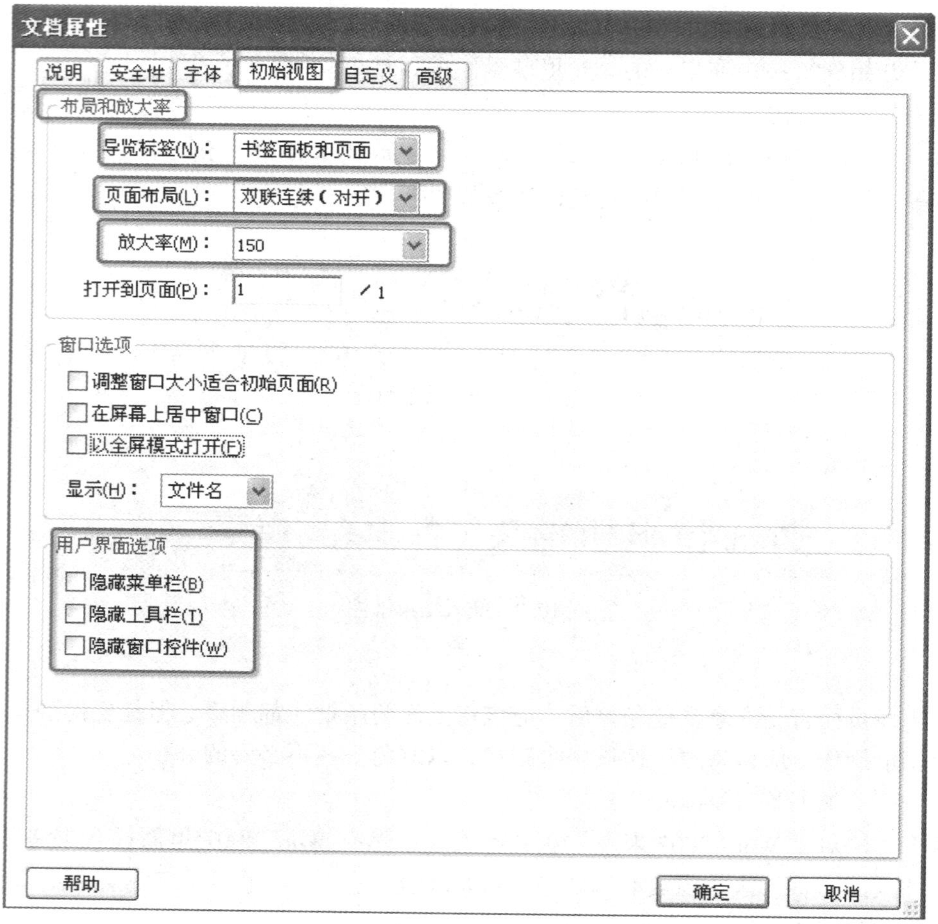

图 10.9 文档属性窗口

关于在 Adobe Acrobat Pro 里如何为 PDF 文件添加书签，囿于篇幅，在此不再详述。

二、发项目包

发项目包的方案主要有下列几种：

方案一：使用 QQ 等即时通信工具传文件

在翻译行业内，对于非机要文件，多数公司选择使用 QQ 的文件传输功能发项目包。QQ 文件传输功能可以发单个文件，也可以发整个未打包的文件夹，或是将若干个文件（文件夹）打包成 RAR 或 ZIP 压缩文件包之后再分发。QQ 文件传输对于局域网用户来说最为便捷，有利于项目组内各译员之间的协作。

需要注意的是，QQ 文件传输虽然方便，但切忌使用其离线传输功能，因为离线传输的项目包会被临时存放在腾讯的服务器上，而项目包内的文档多数涉及客户信息或行业机密，因此这种发项目包的方式存在一定的安全隐患。

方案二：使用电子邮箱

任务包还可以使用邮箱发送。如果文件不是很大，使用 QQ 邮箱可以直接以邮件附件的形式发送 QQ 任务包。但是，如果要发送的文件很大，QQ 邮箱会提示使用"超大附件"的形式发送添加的附件，相比于"普通附件"，"超大附件"的优势是邮件接收者可以以很快的下行速度下载邮件附件；但是超大附件只能在 QQ 邮箱里保存 30 天，而且也会出现方案一中涉及的问题，存在安全隐患。

相比于方案一，使用电子邮箱发送任务文件是具有一定优势的，因为邮件的收件人可以一次填写多人，意即给多人发送任务的时候更为省时省力。另外，邮箱的"已发送"文件夹能够提供已发送邮件的记录，让项目经理对派稿记录一目了然，这为项目管理提供了一定的便利。此外，项目经理可以将翻译要求写在邮件正文，或者将翻译要求保存为 Word 文件，作为邮件附件。

方案三：使用服务器平台

一些大型翻译公司，例如传神，其采用的解决方案是：公司给专职或兼职译员分配 ID 号，译员通过相应的 ID 号在本地客户端登录自己的账户，登录成功以后，就可以看到所分配的任务。这些任务文件正是项目经理通过公司内部的服务器平台所分配的。译员完成翻译任务后，可以在客户端上提交任务；译员还可以使用 ID 号在网页上登录个人账户后取稿和交稿。

这种解决方案的特点是：项目经理在服务器端派稿，译员从服务器端取稿，然后向服务器交稿。由于这些服务器都是企业私有云服务平台，一切翻译项目都在企业的掌控之下，翻译项目管理透明，可追溯性强，查询方便，保密性强。

当然这种方案也有一定的局限性：要组建这样的云翻译服务和管理平台，对于服务器、高速宽带网络、技术支持团队的要求都比较高，在中小型翻译公司具有一定的实施难度。

除了传神的服务器平台外，SDL Trados Studio 2014 等计算机辅助翻译软件也自带有项目包的分发功能，这些功能已超出入门级操作阶段，感兴趣的读者可以自行摸索其操作。

第五节　术语表的创建与分发

项目团队不论规模大小，术语表都是一种最为行之有效的术语统一性控制方案，其主要涉及创建与分发两个阶段。

一、创建术语表

术语表可能是客户提供的，但多数情况下，客户提供的术语表比较简单，词条不齐全；或者客户自己没有对提供的术语表进行审核，词条的准确性无法保证。总之，客户提供的术语表不可忽视，但也不可迷信。因此更多时候，我们需要自己创建术语表。

对于大众化的项目专业，例如焊接工程，网上可以轻易找到比较详尽的术语表，我们可以先将其下载下来，而后花时间去审核这些词条。如果网上下载的术语表是 Word 格式的，最好将内容复制到 Excel 表格里，保存为 *.xls 或 *.xlsx 格式。

如果是从零开始建术语表，这个任务一般交给项目负责人。项目负责人可以建立 QQ 讨论组，而不是 QQ 群，因为每天都会有不同项目，需要不同的人加入，QQ 讨论组显然更为灵活，它方便不同数量的译员随时聚合为一个技术讨论圈子。建立 QQ 讨论组之后，参与项目的每一个译员都可以在讨论组里提交词条。

但是，项目负责人可能需要在项目启动之前，独立从项目文件中提取足够多的词条（但不必穷尽），并汇编成 Excel 术语表。在 QQ 讨论组建立且项目启动之后，参与的译员可以提交词条，项目负责人会把他们提交的词条添加到 Excel 术语表中。

参与项目的译员在 QQ 讨论组提交的术语词条需要有专人审核。如果有的词条存在争议，则需要大家充分讨论，形成最为合理的意见。遇到意见难以达成一致的情况，也没必要争执不下，只需要暂时由项目负责人定夺，确定一个译法，留待后面有更多信息或更为合理意见的时候修订即可。

图 10.10 是一个 Excel 术语表截图。

	A	B
602	高速焊剂	high speed welding flux
603	无氧焊剂	oxygen-free flux
604	低毒焊剂	low poison flux
605	磁性焊剂	magnetic flux
606	电弧焊	arc welding
607	直流电弧焊	direct current arc welding
608	交流电弧焊	alternating current arc welding
609	三相电弧焊	three phase arc welding
610	熔化电弧焊	arc welding with consumable
611	金属极电弧焊	metal arc welding
612	不熔化极电弧焊	arc welding with nonconsumable

图 10.10　Excel 术语表截图

图 10.10 是焊接技术若干词条的截图。可以看出，词条之间采用了隔行着色①，偶数行为淡灰色，奇数行为白色。另外，设置合适的字体、字号，对于术语表的可阅读性也是很重要的。上面的截图是比较美观、易于阅读的。另外，它还加载了"冻结首行"、"筛选"等高级功能，是一个比较智能的表格，在此不详细叙述。

二、分发术语表

分发术语表操作相对简单，直接通过 QQ 发送 Excel 术语表给参与项目的译员即可。同样，也可以采用 QQ 邮箱或者其他邮箱发送术语表。

---

①　这种隔行着色可以通过"条件格式"实现，需要使用 ROW 函数来设置条件，具体细节在此不加赘述。

对于讨论组里面的术语和术语表里面的术语，哪一个优先级高呢？显然是术语表里面的术语。也就是说，录入术语表里面的词条是要优先采用的译法。

术语表文件的命名最好区分版本，例如"＊＊＊第 1 版.xls"就是可取的版次命名法。区分不同版次很重要，因为最大的版本号意味着最新的术语表，它可以提示接收术语表的译员把低版本的术语表删除。

有一个比较好的做法是：将最新版本术语表相对于上一版本的新增词条复制粘贴到讨论组里面，这样可以提示项目组成员新增词条清单，起到综述和提示的作用。

第六节　项目组的沟通

项目组沟通的形式包括：短会、培训、即时通信、邮件、电话等。

一、短会

对于翻译公司的内部团队，短会是比较方便的沟通方式。尤其是重大项目开工之前，开短会是很必要的。短会的意义在于动员译员。因为是动员会，这就需要参与项目的译员在思想上有热身准备，所以，口头形式的短会是最好的形式，而 QQ 等即时通信工具则不能达到相同的效果。

短会一般由项目经理主持，会议内容包括：对项目的简单介绍，包括项目的行业分类、项目的难度、项目的工作量、项目的时间安排等；说明项目的要求，包括客户的要求以及公司针对客户要求提出的内部要求；听取参与译员的意见（如果有）；讨论与项目相关的问题，等等。

二、培训

培训也是项目组沟通的重要形式。有些技术细节通过 QQ 等即时通信工具平台无法交代清楚，相比之下，组织培训是一种更为有效的方式。

不少新项目，可能涉及新软件的使用，或者涉及客户提出的格式要求，抑或是针对新项目的翻译技巧，因此，有必要组织培训。如果不愿花时间集中培训，就仓促上马新项目，是对自己公司不负责任，因为这样会留下一些问题和隐患，后面可能会花更多时间去处理这些问题；同时，这也是对客户不负责任，因为毫无质量意识和责任意识的项目实施只会令客户的利益蒙受损失。

在培训之前，培训讲师最好做一个提纲，因为这样能够节省时间，也能够保证培训活动不会遗漏任何内容。有计划永远是高效率的保证。

什么样的培训讲解才能达到较好的效果呢？一是把听讲的人当做"傻子"。这当然不是不尊重听讲的人，而是对听讲的人负责。高手从来不会觉得浪费时间讲看似简单的东西是无意义的。二是适当的啰嗦。不要一笔带过重要信息，啰嗦是很好的强化记忆和提高受训者意识的方法。正如拿破仑所说：重复是最强大的修辞法（La répétition est la plus forte des figures de rhétorique.）。三是多一些互动。因为培训的目的是为了让听讲的人听懂，让他们形成预期的技术或意识，所以，讲师不能一个人在那里唱独角戏，而应该适当地调动听讲者，可以问问他们某个知识点听懂没有，也可以让他们现场上手操作（hand-on）。四是将培训过程中遇到的新问题及可行的解决方案简略地记下来，整理后分发给大家。

这样的培训讲解实施细致、互动性强、信息全面，常常会收到良好的效果。如果养成这样的培训习惯，建立这样的按需培训的灵活培训机制，那么翻译团队就会不断进步，逐渐成长为业内领先的专业团队。相反，碰到问题绕道走，或者敷衍一下，抱着一种"过得去就行"的态度，那么，这样的翻译团队迟早会慢慢涣散，因为任何译员都是既希望通过翻译工作谋生，又能通过有专业意识的翻译得到成长。

如何对兼职译员培训呢？录制培训视频是个不错的想法，但是，限于国内的网络速度，发送高清晰度的培训视频并非总是切实可行。相比之下，最现实和最稳定的方案就是说明书。与产品说明书一样，讲师可以将每个步骤的操作界面截屏，配以文字说明，然后保存为 Word 文件，或者导出为 PDF 文件，再发送给兼职译员。当然，这样的说明书可能需要花费不少时间，因为看似简单的操作，需要一步步截屏，并辅以文字说明和讲解。不过这个方案的好处在于：说明书可以随时分发给受训者，而不必重新组织现场培训；同时，这样的说明书可以作为技术储备，具有一定的实用价值。

如果兼职译员看不懂说明书，也不方便到翻译公司来接受现场培训，这个时候，我们依然可以借助其他形式来组织培训，例如采用 QQ 的远程协助功能。

如图 10.11 所示，我们可以选择"请求控制对方电脑"，或者"邀请对方远程协助"来启动远程协助功能。远程协助成功启动后，培训者就可以远程操作受训者的电脑，让受训者边看边学。远程协助过程中还可以通过语音通信，让培训者和受训者实现语音沟通。

图 10.11　远程协助

不过这种远程协助的方式有一个局限，那就是它每次只能为一个人提供培训。如果要同时为多人提供培训，则要采用下一种模式。

如图 10.12 所示，我们可以采用 QQ 的群视频聊天功能，开启"教育模式"，然后选择"分享屏幕"，就可以让多人看到培训者的屏幕操作。不过这种培训的缺陷在于受限于网速，其稳定性有时不是很理想。

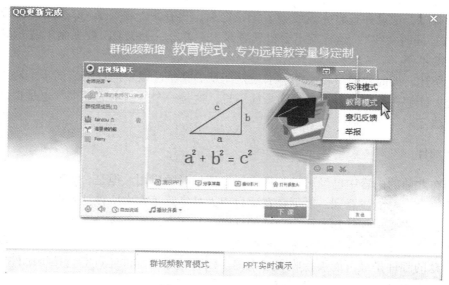

图 10.12 多人培训模式

另外，还可以通过"视频会议"的方式为兼职译员提供培训。但稳定的视频会议服务一般需要专业的视频服务提供商的支持，而这显然会带来一定成本的增加。

三、即时通信

即时通信（instant messaging）是一项比较成熟的技术。常见的即时通信工具有 QQ，Skype 等，后者更为侧重语音通话。

如果采用即时通信工具作为项目组沟通的解决方案，那么，即时通信工具必须具备以下的核心功能：文字聊天、贴图、文件（文件夹）传送、聊天记录搜索、联系人管理。

但是，有一项功能却被不少人忽视，那就是消息记录的云同步。对于兼职译员来说，他们不一定在同一时间在线，那么，保证他们在上线后能够接收到全部离线消息就十分必要。以 QQ 为例，PC 桌面端的 QQ 程序已经支持了消息记录漫游；然而，要查看漫游的消息记录只能到消息历史里面去查找，在正常的聊天对话框里就无法显示同步的消息。也就是说，所谓的漫游消息根本没有被拉取到本地，用户只有到消息历史里查看的时候，才能下载用户想需要的那一部分消息。在某种意义上，QQ 离线消息的云同步在 PC 桌面端是缺失的。另一款软件 Skype 很长时间以来一直不支持消息记录的云同步，但从 2014 年开始支持所有平台的消息同步。

虽然在 PC 桌面端的 QQ 程序不支持消息记录云同步，但是移动设备端（包括手机、平板电脑）的 QQ 程序是支持云同步的，而且是默认开启云同步的，如果要关闭云同步，则需要在设置里面关掉，但相信多数人不会这么做。移动设备端的 QQ 程序的云同步功能稳定性较高，它会同步最近几天的所有消息记录，拉取的速度也非常快，不管有多少信息，基本上一到两分钟内能够穷尽一切地拉取完毕。

对于兼职译员来说，我们建议每次先用手机或平板电脑登录 QQ，在手机或平板电脑上拉取所有聊天记录并查看完离线聊天记录之后，再在 PC 端登录 QQ。此外，最好设置"手机和 PC 同时在线"，这样就不会出现登录 PC 端之后手机 QQ 被强制下线，导致查阅离线消息的不便。

综上所述，即时通信最核心的诉求就是消息的完整性以及消息的云同步。对于项目组成员来说，能够在不同设备上看到同步的消息，这是一个最基本的要求，也是提高工作效率的一大法宝。

四、邮件

我们在此前的内容中已经讲过邮件在派发稿件时的应用。但是，提起邮件，仍然有些问题并非每个人都能注意到。以下是在项目组人员实际工作中应该注意的问题：

首先，一定要给邮件加上一个合适的标题。甚至有的国外大公司曾经将不给邮件加标题的员工直接开除。为什么邮件标题如此重要呢？因为我们每天可能面对大量的邮件，那些没有标题的邮件是最可能被接收者忽视的。没有标题的邮件还可能直接被邮件服务器当做垃圾邮件而被拦截处理。如果拟定的邮件标题被某个邮件服务提供商认为可疑，那么，这样的邮件也会被过滤，被过滤的邮件可能被移入"垃圾邮件"文件夹，或者干脆拦截拒收，这样会带来一些不必要的麻烦。

其次，不要将图片直接贴在邮件正文里面。因为各个邮件服务商处理邮件的服务各有不同，贴在邮件正文里面的图片在有的邮箱内能够正常显示，但有的邮箱却不支持自动显示，需要收件人手动选择"显示"或者"信任图片"之后才会正常显示。因此，最好的做法是将图片以附件的形式插入邮件。

再次，最好使用相同的邮件服务器。有些西文字符，例如法语字符，在有些邮件服务器上能够正常显示，而在有些邮件服务器上则显示为乱码。要解决乱码问题其实很简单：使用相同的邮件服务器。例如，我们要给某个译员发送 QQ 邮件，那么，我们最好使用基于网页的 QQ 邮箱给这个译员发送 QQ 邮件；不要使用本地客户端（例如 Thunderbird 和 Outlook 等），因为它们的字符编码方案可能与 QQ 邮箱的字符编码不一样。编码问题是一个老生常谈的问题，也是一个不容忽视的问题。

此外，在撰写邮件的时候，还有两个细节值得注意：一是选择适当的正文字体与字号。在基于网页的邮件撰写界面中，我们可以设置一些常见的字体与字号。不适当的字体与字号会给邮件阅读者带来阅读障碍，而适当的字体与字号则会令阅读者看得舒服。二是针对部分文字内容的特殊设置。这样的特殊设置主要包括：对部分文字设置"加粗"、"斜体"等，或者设置一个醒目的字体颜色。这些做法都能够有效地凸显邮件正文的重要信息。

五、电话

电话沟通是译员培训中最为快捷的方式之一。但它显然有以下缺点：一是会产生一些电话费，增加成本。二是电话沟通受时间和地点的限制。如果被呼叫方正在休息、开会或正在飞机上、正通过地下隧道或处于嘈杂的环境中，就不方便接听电话，这会影响沟通效果。三是如果被呼叫方的手机处于静音状态，呼叫可能不会被马上接听。

第七节　进度管理

和所有的项目工程一样，翻译项目也需要做好进度管理。下面我们以翻译项目的各种实际情况来介绍进度管理的常用方法。

一、内部译员进度跟踪

如果是内部翻译团队，项目经理通常可以在每天工作结束的时候，询问一下项目组成员的工作进度，而这个进度如何统计呢？最可信的数据是中文字数，可细分为以下三种情况：如果译文结果是中文，则直接以中文字数作为进度统计指标；如果译文结果是英文，则可以直接统计中文原文的字数；如果中文原文字数不能直接统计，则可以参照前文所述的 1.5 倍系数换算。

除了统计字数，项目经理也可以要求译员报告已完成的页数。根据上面的汇报，项目经理就可以计算一下当日的进度，包括当日的单日完成量、截至当日的总完成量，以及剩余工作量等。这三个量是必须总结出来的。针对单日完成量，项目经理可以敦促当日进度缓慢的译员；针对截至当日的总完成量，项目经理可以决定是否向客户提交部分项目包；针对剩余工作量，项目经理可以决定是否需要加入更多的译员、是否需要加快进度，以及是否可以抽调富余的人力支援其他翻译项目。

二、兼职译员进度跟踪

相比于专职译员，对兼职译员的进度跟踪相对有些复杂。

对于信誉好、责任心强的兼职译员，基本上可以参照专职译员的进度跟踪模式。而对于责任心不是很强的兼职译员，要跟踪其进度就存在一定的难度，不过我们仍然有一些方法可以化解这些问题。这些方法主要包括：a. 要求兼职译员每天提交当天完成的翻译结果，且要保证提交的翻译结果已经检查完毕。b. 实施分期派发、分期交付的策略。也就是说，每次只给兼职译员很少的翻译量，只有该译员在指定的时间内提交了质量合格的翻译结果，才继续给其派稿，如果该译员未在指定时间内交稿，则合作中止。如此一来，合作机会就完全掌握在项目经理手中，项目经理也不再陷入对某些兼职译员管控无门的尴尬境地。c. 如果条件允许，还可以自建基于企业服务器的派稿、翻译平台。兼职译员只要登录服务器做稿，翻译结果会自动保存在服务器上。这种模式最为简便，一些本地化翻译项目，例如将外文网站翻译为中文，就可以采用这种模式。

第八节　虚拟化解决方案

之所以要谈虚拟化（virtualization）解决方案，是因为商业环境应用需求的复杂性。

一、在 Mac 系统上的虚拟化方案

在 Mac OS X 平台上，我们可以实现对电脑上任何文件的全文搜索，搜索结果可以在

1 秒之内返回。每一部 Mac 电脑都是一部强大的工作机器，它们不停地为你的工作创造效率。相比之下，Windows 7 或者任何更新版本的 Windows 系统仍旧只能实现对文件名的搜索，而且只能搜索被放进库（library）里面的文件夹或者驱动盘。对于翻译项目经理而言，Mac 系统在管理资料、查阅资料方面的高效率对于项目管理来说，是非常宝贵的。

不过，有些小程序在 Mac OS X 平台上没有，但在 Windows 平台上却有。这时，我们可以运用虚拟化解决方案来运行相应的 Windows 程序。

图 10.13 中的 Parellels Desktop 就是一个虚拟平台。我们采用的虚拟方案并非以 Bootcamp 的形式安装 Windows 系统。Parellels Desktop 是一个 Mac OS X 程序，我们可以在 Parallels Desktop 上面安装 Windows 虚拟机（Virtual Machine），并在 Parallels Desktop 上启动 Windows 虚拟机，而不是直接开机就进入 Windows 系统。在 Parallels Desktop 上面，Windows 虚拟机会运行得和实体电脑系统一样流畅，而且 Mac 系统和 Windows 系统之间的过渡也是非常平滑。严格地说，我们根本感觉不到在 Mac 系统和 Windows 系统之间切换的任何过渡。图 10.14 是在 Parallels Desktop 上运行 Windows XP 虚拟机的截图。

图 10.13　Parellels Desktop 虚拟平台

图 10.14　Parallels Desktop 上运行 Windows XP 虚拟机截图

二、在 Windows PC 上的虚拟化

Windows PC 也有必要使用虚拟化吗？当然有必要。如果某款用户友好、操作简便的程序只能在 Windows XP 系统上运行，而不能在 Windows 7 或者 Windows 8 上运行，那么 Windows PC 虚拟化就有其必要性了。因为我们购置电脑，要耗费资金，然后再在电脑上部署运算环境，安装好一切程序，还要耗费时间，相比之下，最佳方案就是虚拟化。

Windows 平台的虚拟机软件包括 VMware、Virtual PC 和 VirtualBox 等。其虚拟化的实现途径与 Parellels Desktop 的类似，在此我们不赘述。

三、虚拟化的意义

1. 解决所有的应用挑战

不管我们要运行什么程序，都能够通过虚拟机实现。例如，我们要运行英文版的 Word 2007 给译员做 Word 2007 的培训，那么就无须在实体计算机上卸载中文版的 Word 2007，然后再安装英文版的 Word 2007 了。再比如，我们需要运行德文版的 Word 2007 以进行德文翻译、统稿或者审校。这个时候，虚拟机就能够轻松解决。还有，当我们运行"PPT 字数统计"这类小软件的时候，如果它只能在 Windows XP 上运行，那么安装一个 Windows XP 的虚拟机即可完美解决。

2. 对应用程序的完全控制

虚拟机实际上只是一个大文件，我们可以随意删除它，将它复制到移动硬盘上，或者制作一个副本等。可谓召之即来，挥之即去，虚拟机永远听命于用户的运算需求。

3. 真正实现无障碍的项目推进

在现代化的翻译工作中，大多数客户需要以电子文档的形式交付翻译结果。如果客户的 Word 文件中插入了一个 Visio 元素、Access 元素或者 Project 元素，那么，我们是不是就束手无策，声称"不可编辑"了呢？又比如，客户给了我们一个 CAD 文件，我们是不是一样因为自己觉得"不可编辑"而选择放弃呢？借助于虚拟机，我们可以迅速部署一切应用程序，真正实现无障碍的项目推进。

4. 真正的快速部署运算环境

由于虚拟机可以拷贝为多个副本，因此我们只需要在一台电脑上安装一个虚拟机，就可以把这个虚拟机文件放到其他电脑上运行。于是，任何电脑都可以马上就绪、马上处理相关的文件。

最后，需要注意的是，运行虚拟机对主机的配置有一定的硬件要求。例如，2013 年之后上市的多数主流配置电脑都能胜任，但是 RAM 至少要 8GB 才能保证最好的运行效果。

第九节　收　　稿

收稿平台可以采用上文所述的派稿平台，包括即时通信工具（例如 QQ）、邮箱、企业自有服务器等。关于收稿工作，以下做法有助于提升我们的工作效率。

一是建立清晰的文件夹。在收到很多的译稿之后，我们可以按照多种标准建立文件夹，例如按照译员姓名、按照收稿日期建立文件夹，也可以在同一日期下再建立以译员姓名命名的子文件夹。

二是选择合适的文件夹视图。如图 10.15 所示，我们通过依次选择"查看"和"详细信息"，就能够以详细信息的模式查看文件夹内的文件。"缩略图"、"平铺"、"图标"和"列表"的视图大同小异，基本上都是只显示文件的图标，不会显示文件的详细信息。

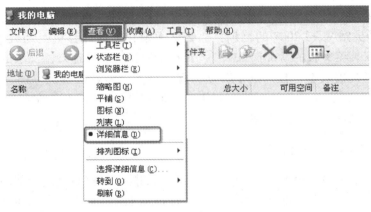

图 10.15　文件夹视图

三是对文件夹内的文件快速排序。如图 10.16 所示，椭圆圈内的向上三角形表示按照"升序"排列。此处我们选择的排序标准是"修改日期"。当然，还可以根据需要选择"名称"、"大小"和"类型"来进行排序；也可以加入其他排序规则，例如"作者"、"创建日期"，等等。这些排序规则默认不会显示，需要自己设置。

名称	大小	类型	修改日期
周…	59 KB	Microsoft Office Word 97 - 2003 Document	2014-2-10 8:40
周…	21 KB	Microsoft Office Word 97 - 2003 Document	2014-2-10 8:40
EN…	29 KB	Microsoft Office Word 97 - 2003 Document	2014-2-10 10:18
1	20 KB	Microsoft Office Word 97 - 2003 Document	2014-2-10 15:43
EN…	33 KB	Microsoft Office Word 97 - 2003 Document	2014-2-10 16:05
EN…	53 KB	Microsoft Office Word 97 - 2003 Document	2014-2-10 17:03

图 10.16　文件排序

文件排序最大的作用是帮助我们从大量的文件中快速找到符合某个筛选标准的文件。例如，我们希望查找在前一天下午收到的一个文件，那么我们就可以选择"修改日期"来排序，并且选择"降序"模式，因为前一天下午离今天很近，因此要查找的文件会显示在文件列表的最上方的几行。

四是使用搜索框。使用搜索功能，我们能够快速地找到所需要的文件，包括不在同一个文件夹的文件。如图 10.17 所示，我们可以点击"搜索"按钮来启动搜索，并将搜索范围设置为当前文件夹。对于 Windows 7 操作系统，搜索框是默认打开的，会显示在文件浏览器的右上角。

图 10.17 搜索框截图

有时我们还可以借助 Everything 等桌面搜索软件来实现更为强大易用的搜索功能，在此不加详述。

第十节 审校和拼写检查

对于自建翻译服务器平台的公司，审校可以直接在服务器上进行，通过使用个人审校角色的 ID 登录服务器，并开始审校。传神等大型翻译公司可以实现译审同步，也就是说审校人员可以几乎同步修改译员的翻译结果。但是现实中这样的译审同步并非都易于实现，一个最大的障碍就是大多数公司都无法配备足够多的审校人员去同步审核与校对译员的翻译结果，并以最快的速度更正可能的错误。

一般情况下，翻译公司常用的审校平台包括 SDL Trados Studio 和 Microsoft Word。但是，并非所有的翻译公司都安装有 SDL Trados Studio。相比之下，更为普遍的情况是利用 Microsoft Word 来完成审校，下面我们简要讲述如何利用 Microsoft Word 来进行审校。

开始审校之前，我们要打开"修订"模式。如图 10.18 所示。依次选择"审阅"和"修订"就可以打开修订模式。截图中的"修订"按钮已经被点亮，说明修订模式已经打开。

图 10.18 审阅界面下的修订模式

项目经理在看到审校人员的修订结果后，可以点击"接受对文档的所有修订"，那么文档中的所有修订标记都会消失；也可以点击"接受并移到下一条"来逐条批准审阅记录，如图 10.19 所示。

图 10.19　接受修订

审校过程中，最重要的一环就是拼写和语法检查，但是这一环节就连不少资深审校人员都不一定能做得对、做得好。下面，我们重点讲解拼写和语法检查中要注意的问题和技术细节。

一、完整安装 Microsoft Office 2007（或更新版本）

在 Microsoft Office 2003 时代，Office 的安装有最简安装的选项，但从 Office 2007 起，默认的安装模式就是完整安装。有些审校人员的电脑虽然安装了 Office 2007，但是无法启动拼写检查，这很有可能是由于其 Office 2007 并非是以完整模式安装的。遇到这种情况，审校人员就需要插入 Office 2007 的安装光盘或者运行 Office 2007 的安装镜像文件来重新安装。

二、设置正确的语言

在审校过程中，如果语言设置不对，那么任何的拼写检查都是无意义的。

设置语言的过程很简单。首先，我们用鼠标选中对象文字区域，或者按住"Ctrl+A"全选全文内容；然后，如图 10.20 所示，依次点击"审阅"→"设置语言"，这时"语言"设置对话框就会自动弹出来。在"将所选文字标为（国家/地区）"下面，我们选择一个语言种类。如果是中译英，我们就选择"英语（美国）"，如果是英译中，我们就选择"中文（中国）"。同时，要将"不检查拼写或语法"以及"自动检测语言"的勾选去掉。

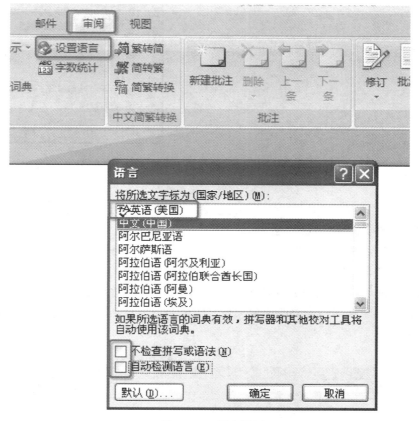

图 10.20 语言设置

倘若在一篇英文翻译结果中，出现了一句法语句子，那么，这句法语句子中有些单词就会被自动标上红色波浪线，这是因为我们使用的文档模板是"英文（美国）"或者"中文（中国）"，而这两种语言设置都无法识别法语，所以即便是正确的法语句子也会被 Microsoft Word "自作聪明"地当做错误的句子标注出来，如图 10.21 所示。

Le Président de la République française

图 10.21

解决方法很简单，如果我们将上面的那句法语句子选中后，将语言设置为"法语/法国"，就不会再出现红色波浪线了，如图 10.22 所示。

需要注意的是，被标为"法语/法国"的这句话之所以没有出现红色波浪线，并不一定是因为它的拼写和语法检查符合正确的法语拼写和语法规范，而是因为"法语/法国"的拼写和语法检查功能在 Microsoft Word 里属于有限支持。如图 10.23 所示，打开"Word

Le Président de la République française

图 10.22 修改语言设置

选项"之后，依次选择"常用"→"语言设置"→"编辑语言"，我们就可以看到"启用的编辑语言"中明确地写着"法语（法国）（有限支持）"，而"英语（美国）"和"中文（中国）"则获得了完整的支持。

要想获得对法语、德语等语言的支持，我们可以到微软的官网上去单独购买法语、德语等语言包。Mac OS X 版的 Microsoft Office 2011 for Mac 支持全球所有的语言，不管你使用什么语言，它都能够提供完整的语言支持。也就是说，任何语言的拼写和语法检查都能够得到完整的支持。

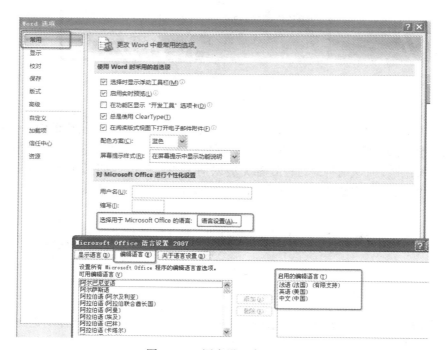

图 10.23 语言设置高级选项

三、熟悉"拼写和语法检查"窗口

在启动"拼写和语法检查"之前，我们一定要将光标悬停在文章开头，或者悬停在希望进行局部拼写和语法检查的区域。

如图 10.24 所示，依次选择"审阅"→"拼写和语法"就可以启动拼写和语法检查。我们可以看到，在"拼写和语法检查"下面有个提示气泡，气泡内写着"拼写和语法（F7）"，这就意味着我们可以通过按"F7"这个快捷键来启动"拼写和语法检查"。

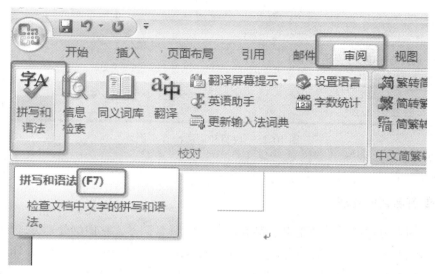

图 10.24　拼写和语法检查

下面我们举两个实际的拼写和语法检查的例子。

如图 10.25 所示，对话框的标题是"拼写和语法：英语（美国）"，表示当前的语法检查是基于"英语（美国）"进行的。我们在上图的第一个红色方框内可以看到"Comma Use"，意思是当前错误的性质是逗号的使用出了问题。实际上，拼写检查框内的文字是林肯总统的《葛底斯堡演说》（*Gettysburg Address*）的原文。"…nation，or any nation…"其实是正确的，因为这是演说词，"nation"一词后面的逗号是为了演讲的停顿，这样的口语化停顿十分正常，但在书面英语的拼写检查中，却被当做语法错误被提示出来（语法错误都是以绿色标示）。下面的红色框是"建议"，建议意见是"nation"，意思是将"nation，"替换为"nation"，意即去掉逗号。在右边的红色框内我们可以看到【忽略一次】、【全部忽略】、【下一句】、【更改】和【解释】按钮。此时我们应选择【忽略一次】。如果文章中多处出现相同的错误，我们就可以选择【全部忽略】。如果我们不做任何操作，可以选择【下一句】，这样就可以直接跳到下一处拼写或语法错误。

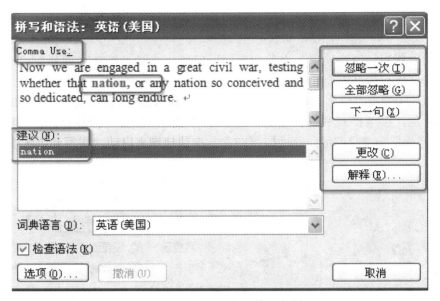

图 10.25　拼写和语法检查实例

四、专有名词的处理

专有名词主要包括人名、地名、品牌名称、学科名词等，它们的处理方式如下：

如图 10.26 所示，我们输入了"Bayi Road，Hongshan District，Wuhan，Hubei"这个地址之后，启动拼写和语法检查，可以看到"Bayi"被标红，说明这个词的拼写有误（拼写有误才会被标红）。而且我们可以看到图 10.26 中左上角红框内的提示是"不在词

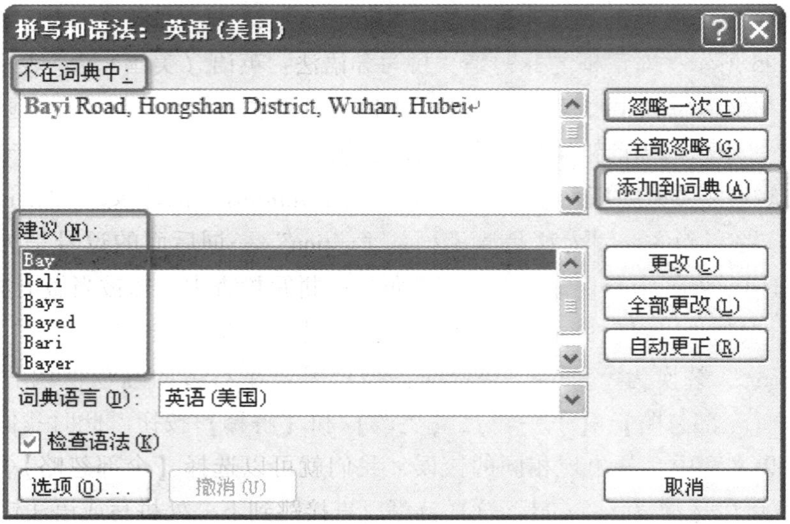

图 10.26　添加专有名词到词典

典中"，说明这个词在"英语（美国）"词典中默认是不存在的。虽然下面的"建议"框内给了一些符合英语拼写的修改意见，但显然这些建议都不是我们能够接受的。此时，我们应该做的是选择右边的按钮【添加到词典】。单击之后，"Bayi"的标红就消失了，因为"Bayi"这个词已经被我们定义为专有的英语单词。

【添加到词典】这个操作是对所有专有名词的标准做法。这个操作看似很普通，但是，它有时能够起到不小的作用。例如，有几个译员负责一篇生物学的中译英稿件，而生物学名词往往非常复杂，稍不留意就会拼错。我们的解决方案是：在某个生物学名词第一次出现的时候，将它添加到词典（前提是它被标红，且我们认定这个被标红的生物学名词的拼写是正确的），而后面其他译员对这个生物学名词的各种不同拼法就可以都判为错误拼写，并将其他拼写全部改为我们已经添加到词典的拼法，这样就确保了术语的一致性。

最后，在翻译项目管理中，还有一个因素不容忽视，那就是应对紧急情况（或突发事件）。

常见的紧急情况主要包括：a. 客户提出提前交稿的要求；b. 部分译员的翻译进度太慢而影响了整个项目的进度；c. 客户提出新的格式要求；d. 因为有译员请事假或病假而导致人手紧缺；e. 出现了断电、断网等无先兆状况。

对于上述第 a、b、d、e 种情况，项目经理所采取的较为可行的解决方式就是紧急增派人手，即增加兼职翻译，关于如何遴选和联系兼职翻译在上文已有详细的叙述，在此从略。对于第 c 种情况，则需要马上召集项目组短会，甚至要针对客户新的格式要求而召开培训会。关于召集短会和培训在上文也已经有了详细的叙述，在此亦从略。

本章小结

计算机辅助翻译技术的合理运用对翻译项目管理能否高质量完成起着非常重要的作用。虽然关于翻译项目管理的书籍和可供借鉴的翻译项目管理实践经验较为有限，但翻译项目管理是一个不断成长和发展的学科，也是一个方兴未艾的领域。本章仅仅站在一个普通的翻译公司项目经理的视角，从待翻译文件的字数统计、文件内容重复率分析、译员的选择、项目包的分发、术语表的创建与分发、项目组的沟通、进度管理、虚拟化解决方案、收稿、审校、紧急情况的处理等操作实例入手，讲述了翻译公司日常翻译项目管理流程中的主要环节及需要考虑的一些要素，其运作模式中的某些环节远远不及一些较为成熟的大型翻译公司的做法，更无法比肩国际上知名翻译公司的运作模式，因此本章所讲述的内容，充其量只能算是为读者打开了一扇窗，而翻译项目管理的全貌和细微之处，有待读者进一步去探索、去发现。

思考与练习题

1. 什么是翻译项目管理？翻译项目管理的意义有哪些？

2. 翻译项目管理过程中，计算机辅助翻译技术能够主要运用于哪些环节？如何进一步改进与完善？

3. 正确的字数统计方法对翻译项目管理有何作用？对于 PDF 格式的文档，应当如何统计其字数？

4. 翻译项目管理中，如果遇到兼职译员联系不上的突发事件，应当如何协调与解决？

5. 查阅资料，结合本章主要内容，拟出翻译项目管理流程图。

附录一　CAT 学习网络资源介绍

一、国内外 CAT 网站简介

1. 象群网　http：//www. xiangqun. net/

象群网是一个专注于翻译及其 IT 技术讨论的中文社交平台，原创了大量视频教程，集远程教育、论坛、问答和社交四大板块于一体，且有各种资源可供下载，包括记忆库、术语库、软件、共享其他最新资源下载。

2. 语帆术语宝　http：//term. onedict. com/

语帆术语宝（LingoSail TermBox）是一款在线术语管理工具，由在线术语管理系统和两个附件组件组成。通过在线管理术语系统可以管理和检索双语术语，及术语对应的翻译解释、来源网站和术语标签；通过附加组件"语帆术语助手"可以在 Word 中标注文章中出现术语的对应译文，并可在 Word 中检索在线术语资源；通过附加组件"语帆术语采集器"可以在浏览器中阅读双语新闻或其他双语资源时，将发现的新词添加到在线术语管理系统中进行管理。

3. 本地化世界网　http：//www. giltworld. com/index. asp

本地化世界网创建于 2004 年，是中国最早成立的全球化和本地化行业非营利性信息和技术服务平台。面向全球化、国际化、本地化与翻译（GILT）行业进行技术研究、传播行业信息、共享业界资源、提供专业培训与行业咨询服务。该网站通过联合中外全球化服务机构举办本地化行业交流会，促进行业信息和技术交流。

4. 本地化中文网　http：//www. l10n. cn/

本地化中文网是一个包括"中国本地化网"、"中国本地化论坛"、"中国本地化百科"、"Trados 中文网"等几个网站的中国本地化网站群。网站群内部实现一个账号通用各站的统一通行证，方便用户间的相互交流与学习。

5. 本地化人网　http：//www. locren. com/

该网站定期分享有关翻译工具与本地化方面的经验、技巧和实用资源，其特色资源为《翻译工具与本地化流程实践》一书，并自制译者工具箱程序和法律记忆库。

6. 中国翻译协会本地化服务委员会官网　http：//www. taclsc. org/index. asp

该网站为本地化服务业相关的组织、机构、企事业单位和个人提供交流平台，推进本地化行业规范、有序、健康发展。

7. ProZ. com　http：//chi. proz. com/

ProZ. com 拥有全球最大的译员网络。专业译员使用该网站就翻译术语、翻译词典、译员培训等方面开展合作，并享有译员工具（如 SDL Trados）的折扣。其中的 KudoZ 网络为译员及其他人提供一个互助机制，使他们可以就翻译、术语及短语解释彼此协助。到目前为止，所提问题数量已达到 3 124 048 个。该网站还举办翻译竞赛和各类译员活动。除此之外，在本地化、CAT 工具技术帮助、新手入门及字幕翻译等论坛可用来讨论笔译译员或口译译员相关话题。

8. Localization World　http：//www. localizationworld. com/

Localization World 在世界范围内举办国际行业会议，邀请来自全球本地化行业的专家学者讨论语言技术、软件国际化和本地化技术等议题。该会议以丰富的议题、超大的规模，吸引来自软件开发商和语言服务供应商的广泛参加，而该网站也是了解本地化最新动态的世界窗口。

9. Translators Training　http：//www. translatorstraining. com/

该网站含有 20 款 CAT 软件的入门演示教程，可帮助用户掌握各类软件的操作方法。

10. 主流 CAT 软件官方网站：

SDL Trados　　http：//www. sdl. com/cn/

Déjà Vu　　http：//www. atril. com/

MemoQ　　http：//kilgray. com/

Wordfast　　http：//www. wordfast. com/

Wordfast Anywhere　　http：//www. freetm. com/

Across　　http：//www. across. net/en/index. aspx

传神 iCAT　　http：//icat. iol8. com/index/

雪人 CAT　　http：//www. gcys. cn/

东方雅信　　http：//www. yxcat. com/Html/index. asp

二、国内外 CAT 论坛简介

1. 北京大学计算机辅助翻译论坛　　http：//www. pkucat. com/

该论坛是由北京大学语言信息工程系创办的公益性交流平台，旨在通过百家争鸣、兼容并包的方式，讨论自然语言处理和计算机辅助翻译技术，传达先进的理念，积极地促进语言信息技术和翻译服务的发展。论坛分为翻译技术和工具（包括翻译行业、计算机辅助翻译软件、翻译管理、语料库与翻译等）、翻译学习（包括翻译磨坊、资源共享、专业知识、考试认证等）、国际化和本地化六大板块。

2. 译术论坛　　http：//www. all-terms. com/bbs/forum. php

译术论坛立足于整合双语资源，为用户提供一个双语资源交流和分享的平台。其"双语资源"板块提供大量双语资料，包括文学作品、科技文献、产品手册、机械说明书等以及经过扫描、OCR、校对、排版的数字化双语资源。"术语资源"板块收集包括双语术语以及中外标准文献术语。"词典工具书"网罗众多网络在线词典资源、几千册 PDF 词典书籍以及当下流行的各类词典软件及词典数据包。"翻译"板块既包括 SDL Trados、

Déjà Vu、memoQ 等翻译软件，也包括 MTI、BTI、CATTI 等资格考试用书和各种与理论、实践相关的翻译书籍。"翻译工具资源"和"语料库"板块有各种专业的术语文件、翻译记忆库、语料库工具及数据可供分享使用。

3. 译无止境论坛　http：//bbs. e5zj. com/forum. php

译无止境论坛由翻译界、疑译解析、下载专区、译员进阶、翻译软件、软件培训等多个板块组成，为广大英语爱好者提供各种实用信息和交流空间。

4. 本地化世界网论坛　http：//bbs. giltworld. com/

本地化世界网论坛是本地化世界网特为全球化和本地化行业人士提供自由交流的专业论坛，提供项目、资源、招聘与求职等全方位的信息服务，是国内较为活跃及具有影响力的全球化和本地化专业论坛。

5. Trados 论坛　http：//www. trados. com. cn/

该论坛包括 Trados 相关的各种新闻资讯、安装使用说明、资料下载、视频教程等内容，为用户全面了解 Trados 提供参考。

6. 译疯网　http：//115. 29. 99. 1/

译疯网是国内一个专注于翻译的论坛，该论坛分为译热、译艺、译论、译闻等板块；有翻译软件答疑、计算机辅助翻译、机器翻译、翻译项目管理、格式翻译等多项主题，可供翻译爱好者进行学习交流。

7. 译网情深　http：//bbs. translators. com. cn/

译网情深翻译论坛是国内最活跃的翻译论坛之一，高质量的技术讨论、交流和互助社区吸引了大批翻译工作者和专家；该论坛建立有翻译擂台、翻译求助、本地化翻译、口译论坛、资格认证和等级考试、翻译工具及应用、资源共享等板块。

8. 译客加油站　http：//6trans. com/portal. php

译客加油站由北京阳光创译语言翻译有限公司创立，其技术论坛分为多个板块，包括 CAT 大家谈、CAT 工具及资源、功能专区、CAT 相关资源、CAT 软件开发及 CAT 培训、专业翻译论坛等。此外还有软件互助平台、疑译互助平台、热门话题等板块供翻译爱好者发帖交流。

三、CAT 视频教学资源简介

1. 学堂在线 MOOC 课程"计算机辅助翻译原理与实践"

https：//www. xuetangx. com/courses/PekingX/01718330X/_/about

该视频教程是北京大学语言信息工程系在学堂在线开设的 MOOC 课程，适用于翻译硕士专业研究生、外语专业高年级本科生、翻译工作者以及外语爱好者等。该课程主要讲授计算机辅助翻译技术的基础概念，学习多种计算机辅助翻译工具的使用方法，锻炼学生在技术环境下从事翻译工作等各类语言服务工作的能力，帮助学生理解信息化时代的语言服务工作。

2. edX MOOC：Principles and Practice of Computer Aided Translation

https：//courses. edx. org/courses/PekingX/01718330x/1T2014/info

该视频教程是北京大学语言信息工程系在 edX 平台开设的 MOOC 课程，也是学堂在线 MOOC 课程 "计算机辅助翻译原理与实践" 的更新版，并配有英文字幕。

3. SDLTrados 网络公开课　http：//i. youku. com/u/UMzExOTUzNTMy/videos

该视频专辑是 SDLTrados 官方网络公开课教程。

4. SDL Trados Studio 2011 官方中文教程

http：//www. xiangqun. net/video-tutorials/item/68-trados-2011-video-tutorial

该视频教程是象群网受 SDL 中国分公司的委托制作的官方教学教程，于 2013 年 1 月 9 日通过网络对外免费发布。该视频教程共 11 集，总时长 185 分钟，涵盖了从软件安装、创建项目、初译到审校的各个部分。视频中以范例演示的形式对软件界面、记忆库、术语库、编辑器、AutoSuggest、自动文本、Perfect Match 等内容做了详细讲解。

5. Trados 2014-2011 二十分钟入门（共三集）

http：//www. xiangqun. net/video-tutorials/item/74-trados-2014-2011-二十分钟入门

该视频教程是象群网《翻译软件二十分钟入门（公益）》系列教程的第三部，旨在帮助初学者 25 分钟内学会 Trados 2014 和 2011 的基本操作；这也是目前国内的第一部 Trados 2014 教程。

6. Déjà Vu 二十分钟入门（共三集）　　http：//v. youku. com/v _ show/id _ XNTkwMDY0NjQw. html

该视频教程是象群网《翻译软件二十分钟入门》系列的第四部。

7. Wordfast Pro 二十分钟入门（共二集）　　http：//v. youku. com/v _ show/id _ XNTk1Mzk3NjY4. html

该视频教程是象群网《翻译软件二十分钟入门》系列的第五部。

8. memoQ 二十分钟入门（共两集）　　http：//v. youku. com/v _ show/id _ XNTk3MDY2Mjc2. html

该视频教程是象群网《翻译软件二十分钟入门》系列的第六部。

9. 翻译技术实践　http：//www. youku. com/playlist_ show/id_20248386. html

该视频系列是山东师范大学翻译硕士中心徐彬的翻译技术实践课程录像专辑。

10. 影视翻译教程（初级）　　http：//www. xiangqun. net/video-tutorials/item/70-video-localization-tutorial

该视频教程共分为三个级别：初级、中级和高级。初级部分共 11 集，总时长 3 小时。初级教程详细地介绍了视频的基本概念、字幕工具软件、转换合并视频以及翻译字幕的基本流程。

11. 北京大学语言信息工程系计算机辅助翻译专业——翻译软件竞赛视频

http：//www. youku. com/playlist_ show/id_19073276. html

该视频系列是北京大学语言信息工程系计算机辅助翻译专业开展的翻译软件竞赛现场录像专辑。

附录二　中华人民共和国国家标准：翻译服务规范

（第 1 部分：笔译）

中华人民共和国国家标准

GB/T 19363.1—2003

翻译服务规范 第 1 部分：笔译①

Specification for Translation Service

Part 1：Translation

前　　言

本标准是根据翻译服务工作的具体特点，以 2000 版 GB/T 19000/ISO 9000 质量标准体系为指引，参考德国 DIN2345 标准，以规范行业行为，提高翻译服务质量，更好地为顾客服务。

本标准由中华人民共和国国家质量监督检验检疫总局提出。

本标准由中国标准化协会归口。

本标准主要起草单位：中央编译局、中国对外翻译出版公司、中国标准化协会、江苏钟山翻译有限公司。

本标准主要起草人：尹承东、许季鸿、杨子强、张南军。

GB/T 19363.1—2003

引　　言

顾客与翻译服务方的良好合作是提高翻译服务水平和保证翻译质量的前提，双方都应在事前充分了解各自对对方所期待的目标。本标准对此提出了相关要求，以更好地保证相关方面的利益。本标准编制出一个客观的，能协调双方利益的工作基础，借以加强对翻译质量的信任并消除事后可能出现的分歧。

翻译服务方的过程管理是保证翻译质量的有力措施，本标准中对业务接洽，翻译前的准备，翻译，审校，编辑，检验，顾客反馈意见，文档资料的管理，责任和保密等诸方面进行文字上的规范。要求翻译服务方加强对翻译过程中各个环节的管理，形成一个完整的

---

① 文献来源：国家标准化管理委员会，http：//www.sac.gov.cn，访问时间：2014 年 3 月 11 日。

质量保证体系和服务体系。

　　本规范采纳了 DIN2345 中符合我国国情的表述，对自由翻译者的要求没有编入本标准。由于口译服务与笔译服务有较大的区别，因此，本标准不包括口译服务。

GB/T 19363.1—2003

翻译服务规范 第 1 部分：笔译

1　适用范围

本标准规定了翻译服务提供过程及其规范。

本标准适用于翻译服务（笔译）业务，不包括口译服务。

2　规范性引用文件

下列文件中的条款通过本标准的引用而成为本标准的条款。凡是注日期的引用文件，其随后所有的修改单（不包括勘误的内容）或修订版均不适用于本标准，然而，鼓励根据本标准达成协议的各方研究是否可使用这些文件的最新版本。凡是不注日期的引用文件，其最新版本适用于本标准。

GB/T 788—1999 图书杂志开本及其幅画尺寸（neq ISO 6716：1983）

GB/T 3259 中文书刊名称汉语拼音拼写法

GB/T 19000—2000 质量管理体系 基础和术语（idt ISO 9000：2000）

3　术语和定义

3.1　翻译服务 translation service
为顾客提供两种以上语言转换服务的有偿经营行为。

3.2　翻译服务方 translation supplier
能实施翻译服务并具备一定资质的经济实体或机构。

3.3　顾客 customer
接受产品的组织或个人。［GB/T 19000—2000，定义 3.3.5］

3.4　原文 source language
源语言。

3.5　译文 target language
目标语言。

3.6　笔译 translation
将源语言翻译成书面目标语言。

3.7　原件 original
记载原文的载体。

3.8　译稿 draft translation

翻译结束未被审校的半成品。

3.9 译件 finished translation

提供给顾客的最终成品。

3.10 过程 process

一组将输入转化为输出的相互关联或相互作用的活动。

［GB/T 19000—2000，定义 3.4.1］

3.11 可追溯性 traceability

追随所考虑对象的历史，应用情况或所处场所的能力。

［GB/T 19000—2000，定义 3.5.4］

3.12 纠正 correction

为消除已发现的不合格所采取的措施。

［GB/T 19000—2000，定义 3.6.6］

3.13 纠正措施 corrective action

为消除已发现的不合格或其他不期望情况的原因所采取的措施。 ［GB/T 19000—2000，定义 3.6.5］

4 要求

4.1 翻译服务方的条件

4.1.1 对原文和译文的驾驭能力以及完成顾客委托所必需的人力资源。

4.1.2 对译文中所涉及的专业语言的翻译经验。

4.1.3 技术装备和办公设备。

4.1.4 履行合同的能力。

4.2 业务接洽

4.2.1 接洽场所

宽敞，明亮，整洁，设施齐备。

4.2.2 接洽人员

熟悉翻译工作过程，服务范围，收费标准，服务时限等诸方面内容。着装得体，语言文明，耐心解答顾客的咨询。

4.2.3 接洽的类型和内容

4.2.3.1 门市业务是数量较小或时间较短的翻译业务，应详细记录：

——客户的全称；

——联系方式；

——业务的语种和译成何种文字；

——译件使用的目的；

——双方认同的计字方法；

——约定的收费价格；

——译制的时限；

——译件的规格和质量要求；

——专有和特殊的术语（如果客户提供的话）；

——准确的译文称谓；

——预付的翻译费；

——原文和参考件的页数；

——译件的标识（在4.3中详述）等。

记录单上应有顾客签字确认。

4.2.3.2 批量或长期业务是数量较大或时间较长的翻译业务，应签订合同或协议书，除4.2.3.1中的部分条款外，合同或协议书还应当包括以下内容：

——顾客的全称；

——顾客的联系方式（电话，移动电话，传真，地址，邮编，E-mail 等）；

——约定的翻译服务内容（语种，项目，时限）；

——约定的交件形式；

——约定的验收条款；

——约定质量内容；

——约定的保密条款；

——约定的收费内容（计字方法，分项单价，图表的计字方法等）；

——约定的付款方式；

——约定的翻译质量纠纷仲裁；

——约定的违约和免责条款；

——约定的变更方式；

——其他。

4.2.4 其他事项

4.2.4.1 附加服务

如果顾客希望获得附加服务应与翻译服务方协商，附加服务有：

——编写专业术语；

——图形设计（包括图片，公式，表格）；

——图纸处理（A3 以上大图的填字，缩放等）；

——版式加工；

——制作版样，印刷；

——其他。

注：附加服务需另行结算。

4.2.4.2 署名

根据《著作权法》的规定，尊重著作权人的署名权，并采用适当的方式署名。

4.2.4.3 顾客的需要

翻译服务方应向顾客了解译文的使用范围及对象，以提供更好的翻译服务。

4.2.4.4　原文背景和专业术语

如有必要，顾客应提供相应的资料和支持。如：

——专业文献；

——专业术语；

——难词实义和缩略词汇表；

——相关的文字；

——背景资料；

——指定的特殊软件；

——参观现场或实物；

——提供有能力回答问题的联系人。

4.2.4.5　计字方法

计字一般以中文为基础。在原文和译文均为外文时，由顾客和翻译服务方协商。

——版面计字：按实有正文计算，即以排版的版面每行字数乘以全部实有的行数计算，不足一行或占行题目的，按一行计算；

——计算机计字：以文字处理软件的计数为依据，通常采用"中文字符数（不计空格）"。

4.3　追溯性标识

每份资料应用数字、字母或其他方式，明确其唯一的追溯性标识。应有如下一项或数项内容：

——顺序编号；

——批次；

——日期；

——数量（页数，规格）；

——语种；

——顾客代码。

4.4　翻译业务的管理

4.4.1　原文资料和工作安排

4.4.1.1　原文资料

对于原文资料的管理应做到：

——清点整理原件，检查有无漏页、缺页，不清晰处。如有，应向顾客说明，并要求顾客补充提供。若顾客无法提供清晰的原件，则在原件上用铅笔或其他可去除痕迹的标记注明。

——妥善保存顾客的原件，不得遗失，污毁（发生不可抗力除外）。翻译时应使用原件的复印件。

4.4.1.2　工作安排

根据顾客的需求，编制出译件完成的工序和时间计划，选择合格的译、审人员。

4.4.2　翻译

4.4.2.1　翻译人员

翻译人员应具备以下条件：

——有被认可的外语水平证书或与之相当的证书，特别是专业方面的证书；

——普通及专业的工作经验；

——专业能力；

——接受再培训和继续教育。

4.4.2.2　译前准备

应在翻译前仔细做好以下工作：

——审阅原文；

——熟悉所译资料涉及的专业内容，备齐相应的工具书；

——审阅自己已掌握的术语；

——审阅顾客提供的术语；

——审阅并整理顾客提供的资料；

——进一步查阅单词和专业术语（如在互联网或数据库）；

——在保密的前提下通过翻译服务方与顾客解决内容上、专业上和术语上的问题。

4.4.2.3　译文的完整性和准确度

译文应完整，其内容和术语应当基本准确。原件的脚注、附件、表格、清单、报表和图表以及相应的文字都应翻译并完整地反映在译文中。不得误译、缺译、漏译、跳译，对经识别翻译准确度把握不大的个别部分应加以注明。顾客特别约定的除外。

4.4.2.4　符号，量和单位，公式和等式应按照译文的通常惯例或国家有关规定进行翻译或表达。

4.4.2.5　名称，自然人的姓名，头衔，职业称谓和官衔

——除艺术家，政治家，历史名人，机构，组织，动植物，建筑，产品，文学著作，艺术作品，科学作品，地理名称等已有约定俗成的译文名称外。一般情况下姓名可不翻译，如果需要翻译，为了便于理解，可在第一次出现时，用括号加原文表示。中文姓名译成外文时，采用标准汉语拼音。

——头衔、职业、官衔可译出，亦可不译出。如果需要翻译，为了便于理解，可在第一次出现时，用括号加原文表示。中文译成外文时，参照国家正式出版物的译名。

——通信的地址及姓名外译中时应直接引用原文，中译外时参照有关国家的规定和标准。

4.4.2.6　日期

日期按译文语言。通常采用公历。

4.4.2.7　新词

对没有约定俗成译法的词汇，经与顾客讨论后进行翻译，新词应当被明确标示出来。

4.4.2.8 统一词汇

译文中专有词汇应当前后统一。

4.4.3 审校

4.4.3.1 审校人员资格

见 4.4.2.1

4.4.3.2 审校要求

审校应根据原文（复印件）和译稿进行逐字审核，并根据上下文统一专有词汇。

对名称、数据、公式、量和单位均需认真审核，审核后的译文应内容准确，行文流畅。审核时，应使用与翻译有别的色笔，以示区别。

4.4.3.3 审核内容

审核工作应包括以下内容：

——译文是否完整；

——内容和术语是否准确，文字表述是否符合要求；

——语法和辞法是否正确，语言用法是否恰当；

——是否遵守与顾客商定的有关译文质量的协议；

——译者的注释是否恰当；

——译文的格式、标点、符号是否正确。

注：根据与顾客商定的译文用途决定审核的次数。

4.4.4 编辑

翻译编辑的工作主要是根据原文的格式进行再加工的过程，使译件的幅面、版面、格式、字体、拼音符合 GB/T 788—1999 的要求；译件版面美观、大方、紧凑，图表排列有序，与原文相对应，章节完整。编辑时，应使用与翻译、审核有别的色笔，以示区别。

4.4.5 校对

文稿校对应对审核后的译文，按打字稿逐字校对，不得有缺、漏、错。发现有错时，应认真填写勘误表，交相关人员更正，并验核。

4.4.6 检验

应根据原文，译件进行最终检验。按照顾客要求，逐一进行检查。

4.4.7 印刷品及复印件

印刷品及复印件应符合顾客的要求。

4.5 质量保证

4.5.1 译件的质量保证期为交译件后的 6 个月以内。

质量保证期内，翻译服务方对合格的译件存在的少量的错、漏可采取：

a）打字件（电子版）负责更正；

b）印刷件负责出勘误表。

注：由于顾客原因出现的修改除外。

4.5.2 翻译服务方所提供的译件出现严重质量问题按合同约定处理，见 4.2.3.2。

4.6 资料存档及其他

4.6.1 翻译方所承接的资料翻译工作完成后，其相应的原件、复印件、翻译稿、审核稿、打字稿、勘误表、样本等相关资料的最短保存期为 12 个月。

存档的资料应标识准确，资料完整，便于查阅；如存储在计算机里，则应备份。

原件应完整的交还给顾客，并作相关记录。

4.6.2 在特殊情况下，应顾客要求，可在翻译工作完成后即将原件、译件以及相关的全部纸质或非纸质文稿交还给顾客。

注：在此情况下，翻译服务方不承担本部分 4.5 的责任。

4.7 顾客反馈和质量跟踪

翻译服务方应当指定专人对顾客反馈意见进行登记、整理，并针对反馈意见采取纠正或纠正措施进行整改。对顾客反馈的意见均应给予答复。

对批量业务的顾客，翻译服务方还应当进行前期、中期和后期的质量跟踪和走访，对顾客反映的问题应及时整改。

4.8 保密

翻译服务方应按照相关的法律、法规，为顾客保守商业和技术秘密，不得向任何第三方透露顾客的商业或技术秘密。

4.9 一致性声明

每个翻译服务方都可以自愿履行本标准的各项条款并负责任地声明是根据本标准提供翻译服务的（一致性声明）。

参 考 文 献

［1］ Allen, J. Post-editing ［A］. In Harold Somers （ed.） *Computers and Translation*: *A Translator's Guide* ［M］. Amsterdam and Philadelphia: John Benjamins Publishing Company, 2003.

［2］ ALPAC. Language and machines: computers in translation and linguistics ［R］. Washington, D. C.: National Academy of Sciences—National Research Council, 1966.

［3］ Austermuhl, F. *Electronic Tools for Translation* ［M］. Shanghai: Foreign Language Teaching and Reaearch Press, 2006.

［4］ Bowker, L. *Computer-aided Translation Technology*: *A Practical Introduction* ［M］. Ottawa: University of Ottawa Press, 2002.

［5］ Brace, Colin. TM/2: Tips of the Iceberg ［EB/OL］. *Language Industry Monitor*. Issue May-June, 1993. Available at: http: //www. mt-archive.

［6］ Brace, Colin. Bonjour, Eurolang Optimizer ［EB/OL］. *Language Industry Monitor*. Issue Mar-Apr, 1994. Available at: http: //www. lim. nl/monitor/optimizer. html.

［7］ Chan, Sin-wai. *A Dictionary of Translation Technology* ［M］. Hong Kong: The Chinese University Press, 2004.

［8］ Chan, Sin-wai. *A Chronology of Translation in China and the West* ［M］. Hong Kong: The Chinese University Press, 2009.

［9］ Chan, Sin-wai. *A Topical Bibliography of Computer* (-*aided*) *Translation* ［M］. Hong Kong: The Chinese University Press, 2008.

［10］ Chan, Sin-wai. Machine translation in Hong Kong ［A］. In Chan, Sin-wai. （ed.）. *Translation in Hong Kong*: *Past*, *Present and Future* ［M］. Hong Kong: The Chinese University Press, 2001.

［11］ Elita, Natalia and Monica Gavrila . Enhancing Translation Memories with Semantic Knowledge ［A］. *In Proceedings of the 1ˢᵗ Central European Student Conference in Linguistics* ［C］, 29-31 May 2006. Budapest, 24-26.

［12］ Esselink, Bert. *A Practical Guide to Localization* ［M］. Rev. ed. Amesterdam: John Bejamins, 2000.

［13］ Eurolux Computers. Trados: Smarter Translation Software ［EB/OL］. *Language Industry Monitor*. Issue Sep-Oct, 1992. Available at: http: //www. lim. nl.

［14］ Garcia, Ignacio & Vivian Stevenson. Trados and the Evolution of Languages Tools: The

Rise of De Facto TM Standard and Its Future with SDL [J]. *Multilingual Computing and Technology*, 2005 (7): 18-31.

[15] Gerasimov, Andrei. Trados—Is it a Must? [J]. *Translation Journal*, 2002 (4).

[16] Gotti, Fabrizio, Philippe Langlais, Elliott Macklovitch, Didier Bourigault, Benoit Robichaud, & Claude Coulombe. 3GTM: A Third-generation Translation Memory [A]. *In The 3rd Computational Linguistics in the North- East (CLINE) Workshop* [C], 2005. Gatineau, 26-30.

[17] Hummel, Jochen. TM, Trados and SDL. What's Next? [A]. *In Transltion and the Computer* [M]. London: The Association for Information Management, 2005.

[18] Hutchins, W. John. *Machine Translation: Past, Present and Future* [M]. Chichester: Ellis Horwood, 1986.

[19] Hutchins, W. John. The Origins of the Translator's Workstation [J]. *Machine Translation*, 1998 (4): 287-307.

[20] Hutchins, W. John. The Development and Use of Machine Translation System and Computer-based Translation Tools [A]. In Chen Zhaoxiong (ed.), *International Conference on MT&Computer Information Processing* [C]. Beijing: Research Center of Computer and Language Engineering, Chinese Academy of Science, 1999: 1-16.

[21] Hutchins, W. John. *Early Years in Machine Translation* [M]. Amsterdam and Philadelphia: John Benjamins Publishing Company, 2000.

[22] Hutchins, J. The development and use of machine translation systems and computer-aided translation tools [A]. Paper presented at *The International Symposium on Machine Translation and Computer Language Information Processing* [C], 26- 28 June 1999, Beijing.

[23] Hutchins, J. & Somers, H. *An Introduction to Machine Translation* [M]. London and San Diego: Academic Press, 1992.

[24] Kavak, Pinar. *Development of a Translation Memory System for Turkish to English* [D]. Unpublished Master Dissertation. Bogazici University, Turkey, 2009.

[25] Loh, Shiu-chang. Machine-aided Translation from Chinese to English [J]. *United College Journal*, 1975 (13): 143-155.

[26] Melby, Alan K. Design and Implementation of a Machine-assisted Translation System [A]. Paper presented at *The 7th International Conference Computational Linguistics* [C], 14-18 August 1978, Bergen.

[27] Melby, Alan K. Computer-assisted translation system: The standard design and a multi-level design [A]. In Association for Communicational Linguistics: Proceedings of the First Conference on Applied Natural Language Processing [C], 1983.

[28] Melby, Alan K. & Terry C. Warner. *The Possibility of Language: A Discussion of Nature*

of Language，*with Implications for Human and Machine Translation*［M］. Amsterdam and Philadelphia：John Benjamins Publishing Company，1995.

［29］ Muegge，Uwe. The Silent Revolution：Cloud-based Translation Management Systems ［A］. *TC World*［M］，2012.

［30］ Quah，C. K. *Translation and Technology* ［M］. Hingham：Kluwer Academic Press，2006.

［31］ Raff，Galina. Reviews. Translation Tools：Trados Translation Solution Freelance Edition ［J］. *Multilingual Computing and Technology*，2000（1）：25-28.

［32］ Samuelsson-Brown，G. F. *A Practical Guide for Translators*：4th *ed.* ［M］. Beijing：Foreign Language Teaching and Research Press，2006.

［33］ Samuelsson-Brown，G. F. *A Practical Guide for Translators*：5th *ed.* ［M］. Bristol：Multilingual Matters Ltd，2010.

［34］ Shih，Chung-ling. Using Trados's WinAlign Tool to Teach the Translation Equivalence Concept ［J］. *Translation Journal*，2006（2）.

［35］ Somers，Harold L. Eurotra Special Issue ［J］. *Multilingual*，1986（3）：129-177.

［36］ Somers Harold. *Computers and Translation* ［M］. Amsterdam and Philadelphia：John Benjamins Publishing Company，2003.

［37］ Somers Harold. Machine translation ［A］. In Mona Baker（ed.）. *Routledge Encyclopaedia of Traslation* ［M］. London and New York：Routledge，1998.

［38］ Sumita，Eiichiro & Yutaka Tsutsumi. A Translation Aid System Using Flexible Text Retrieval Based on Syntax-matching ［A］. *In Proceeding of the 2nd International Conference on Theoretical and Methodological Issues in Machine Translation of Natural Languages* ［C］，1988. Pittsburgh. Available at：http：// www. mt-archive. info/ TMI-1988-Sumita. pdf.

［39］ Wassmer，Thomas. Dr. Tom's Independent Software Reviews ［EB/OL］，2011. Available at：http：//www. localizationworks. com/DRTOM/Trados/TRADOS. html.

［40］ Wright，S. E. & Gerhard B. *Handbook of Terminology*（2 Volumes）［M］. Amsterdam and Philadelphia：John Benjamins Publishing Company，2001.

［41］ 常宝宝，张伟. 机器翻译研究的现状和发展趋势 ［J］. 术语标准化与信息化，1998（2）.

［42］ 陈善伟. 翻译科技新视野 ［M］. 北京：清华大学出版社，2014.

［43］ 崔启亮，胡一鸣. 翻译与本地化工程技术实践 ［M］. 北京：北京大学出版社，2011.

［44］ 冯志伟. 机器翻译与语言研究（上）［J］. 术语标准化与信息技术，2007（3）.

［45］ 冯志伟. 中国的翻译技术：过去、现在和未来 ［A］. 见黄昌宁，董振东. 计算器语言学文集 ［C］. 北京：清华大学出版社，1999：335-440.

［46］ 冯志伟. 机器翻译研究 ［M］. 北京：中国对外翻译出版公司，2004.

［47］教育部高等学校翻译专业教学协作组. 高等学校翻译专业本科教学要求（试行）［M］. 北京：高等教育出版社，2012：1，4-8.

［48］李正栓. 机器翻译简明教程［M］. 上海：上海外语教育出版社，2009.

［49］吕乐，闫栗丽. 翻译项目管理［M］. 北京：国防工业出版社，2014.

［50］吕立松，穆雷. 计算机辅助翻译技术与翻译教学［J］. 外语界，2007（3）.

［51］吕奇. 象牙塔外的翻译世界——《译者实用指南》（第5修订版）评介［J］. 东方翻译，2014（1）.

［52］吕奇. 计算机辅助翻译课程建设初探［J］. 翻译与文化研究（第六辑），2013.

［53］吕奇. 本科翻译专业CAT课程设计研究［J］. 黄冈师范学院学报，2014（4）.

［54］苗天顺. 计算机辅助翻译课程的探索与创新［J］. 大学英语，2010（9）.

［55］钱多秀. "计算机辅助翻译"课程教学思考［J］. 中国翻译，2009（4）.

［56］钱多秀. 计算机辅助翻译［M］. 北京：外语教学与研究出版社，2011.

［57］苏明阳. 翻译记忆系统的现状及其启示［J］. 外语研究，2007（5）.

［58］王传英，闫栗丽等. 翻译项目管理与职业译员训练［J］. 中国翻译，2011（1）.

［59］王华树. 浅议翻译实践中的术语管理［J］. 中国科技术语，2013（2）.

［60］王华树. MTI "翻译项目管理"课程构建［J］. 中国翻译，2014（4）.

［61］王华树. 翻译项目中的术语管理研究［J］. 上海翻译，2014（4）.

［62］王华伟，王华树. 翻译项目管理实务［M］. 北京：中国对外翻译出版有限公司，2013.

［63］王正. 翻译记忆系统的发展历程与未来趋势［J］. 编译论丛4，2011（1）：133-160.

［64］徐彬. 翻译新视野：计算机辅助翻译研究［M］. 济南：山东教育出版社，2010.

［65］徐彬. 计算机辅助翻译教学——设计与实施［J］. 上海翻译，2010（4）.

［66］徐彬，郭红梅，国晓立. 21世纪的计算机辅助翻译工具［J］. 山东外语教学，2007（4）.

［67］杨颖波，王华伟，崔启亮. 本地化与翻译导论［M］. 北京：北京大学出版社，2011.

［68］于红，张政. 项目化教学：理论与实践——MTI的CAT课程建设探索［J］. 中国翻译，2013（3）.

［69］俞敬松，王华树. 计算机辅助翻译硕士专业教学探讨［J］. 中国翻译，2010（3）.

［70］俞士汶. 计算机翻译理论［M］. 哈尔滨：哈尔滨工业大学出版社，2003.

［71］张霄军，王华树等. 计算机辅助翻译理论与实践［M］. 西安：陕西师范大学出版总社有限公司，2013.

［72］张政. 计算机翻译研究［M］. 北京：清华大学出版社，2006.

［73］张政. 国外机器翻译理论概述［J］. 外语研究，2003（6）.

［74］张政. "机器翻译"、"计算及翻译"还是"电子翻译"？［J］. 中国科技翻译，2003（2）.

［75］张政. 机器翻译刍议［J］. 中国科技翻译，2004（1）.

［76］ 张政. 机器翻译难点分析［J］. 外语研究，2005（5）.

［77］ 张政. 计算语言学与机器翻译导论［M］. 北京：外语教学与研究出版社，2010.

［78］ 周兴华. 计算机辅助翻译教学：方法与资源［J］. 中国翻译，2013（4）.

［79］ 朱玉彬. 技以载道，道器并举——对地方高校 MTI 计算机辅助翻译课程教学的思考［J］. 中国翻译，2012（3）.